普通高等教育"十一五"规划教材

电工电子技术

上册

主　编　肖志红
副主编　吴银川
参　编　张　欣

机　械　工　业　出　版　社

本教材分上下两册，共15章。编写的指导思想是：精选内容，注重基础，突出内容的先进性，同时注重应用，突出工程背景。

上册共8章，内容包括：电路的基本概念与基本定律、电路常用分析方法、暂态电路分析、正弦交流电路、磁路与变压器、交流电动机、电气控制技术、工厂用电与安全用电。每章配有难度适中的习题及部分习题参考答案。部分章节配有工程应用举例及Multisim仿真实例。

本书可作为高等院校工科非电类本科生、大专生及成人教育学生的教材或参考书，还可作为自学考试或相关工程技术人员的参考用书。

本书配有免费电子课件，欢迎选用本书作教材的老师登录www.cmpedu.com下载或发邮件到yu57sh@163.com索取。

图书在版编目（CIP）数据

电工电子技术．上册/肖志红主编．—北京：机械工业出版社，2010.5（2014.1重印）
普通高等教育“十一五”规划教材
ISBN 978-7-111-30144-8

Ⅰ.①电… Ⅱ.①肖… Ⅲ.①电工技术-高等学校-教材②电子技术-高等学校-教材 Ⅳ.①TM②TN

中国版本图书馆CIP数据核字（2010）第048517号

机械工业出版社（北京市百万庄大街22号 邮政编码100037）
策划编辑：于苏华 责任编辑：于苏华
版式设计：张世琴 责任校对：李锦莉
封面设计：张 静 责任印制：张 楠
北京京丰印刷厂印刷
2014年1月第1版·第4次印刷
184mm×260mm·13.25印张·326千字
标准书号：ISBN 978-7-111-30144-8
定价：23.00元

凡购本书，如有缺页、倒页、脱页，由本社发行部调换

电话服务
社服务中心：（010）88361066
销售一部：（010）68326294
销售二部：（010）88379649
读者购书热线：（010）88379203

网络服务
门户网：http：//www.cmpbook.com
教材网：http：//www.cmpedu.com

前　言

“电工电子技术”是普通高等学校理工科非电类专业的一门非常重要的技术基础课，是一门关于电学科的综合性、导论性、实践性的课程。本课程的中心任务是使非电类专业学生获得电工电子学科方面的基本理论、基本知识和基本技能，为学习后续课程及将来从事工程技术工作和科学研究工作打下基础。

本套教材是以教育部2005年颁发的“高等学校电工学基础课程教学基本要求”为依据，并充分考虑各院校新教学计划学时数及现代电工电子技术的发展趋势，结合教师多年的教学、科研经验编著的。全套教材分上下两册，共15章。

本教材编写的指导思想是：精选内容，注重基础，突出内容的先进性，同时注重应用，突出工程背景。对于非电类专业来说，电工电子技术基础内容多，学时少。因此，在编写教材时，我们注重基础内容的精选、突出电工电子技术的基本概念、基本理论、基本分析方法。在传统理论的基础上，本教材注重理论与实际的结合，大部分章节含有与之内容相适应的工程应用举例以及仿真实例，为理论和方法的学习奠定实际背景基础，同时充分利用软件仿真技术，最大化地提高教学效果。本书可作为普通高等学校理工科非电类专业教材，还可作为自学考试或相关工程技术人员的参考用书。

本教材上册由西安石油大学肖志红主编并统稿，吴银川为副主编，其中第1章、第2章、第6章、第7章由肖志红编著，第3章、第4章、附录由吴银川编著，第5章、第8章由上海医疗器械高等专科学校张欣编著，中英文名词对照及部分习题参考答案由肖志红、吴银川及张欣共同整理、编写。

西安石油大学沈金根教授在本书的编写过程中给予大量的帮助，并提出了许多宝贵意见；西安石油大学电子工程学院各位领导以及电工电子技术教学组胡长岭副教授、严正国副教授、宋久旭老师也对本书给予了大力支持；同时在本书的编写过程中作者吸取了参考文献中多位专家、学者的经验，受益匪浅。在此，对帮助过我们的老师、参考资料的作者、机械工业出版社、西安石油大学教务处、电子工程学院一并致以衷心的感谢。

由于作者水平有限，不妥和错误之处在所难免。敬请使用本教材的教师、同学以及广大读者提出宝贵意见。

编　者

2010年2月

目　录

第1章　电路的基本概念与基本定律

本章是全书的基础，主要介绍电路模型、电路的基本物理量及参考方向，电路的基本定律、电阻元件、电压源与电流源，以及电位的概念及计算。

1.1　电路模型

在现代人类生产与生活的各个领域中，充满着各种各样的电器设备，如电动机、雷达导航设备、计算机、电视机、手机等。这些电器设备尽管用途不同，性能各异，但几乎都是由各种基本电路组成的。那么什么是电路？电路的作用是什么？

1.1.1　电路的定义

电路（Circuit）是指为了某种需要，由一些电工设备或元器件按一定方式连接起来的电流的通路。电路也可称为网络。在电路理论中，“电路”与“网络”这两个术语并无严格的区别，使用时，含义是相同的。

图1-1是手电筒照明电路示意图。电路由三部分组成：

1）干电池，它是提供电能的装置，简称电源（Source），它的作用是将其他形式的能量转换为电能（图中，干电池是将化学能转换为电能）。

2）灯泡，是用电装置，称为负载（Load），它将电源供给的电能转化为其他形式的能量（图中，当开关闭合时，电流从电源的正极通过导线流过灯泡中的灯丝，并回到电源负极。当灯丝有电流流过时，就将电能变成了热能和光能）。

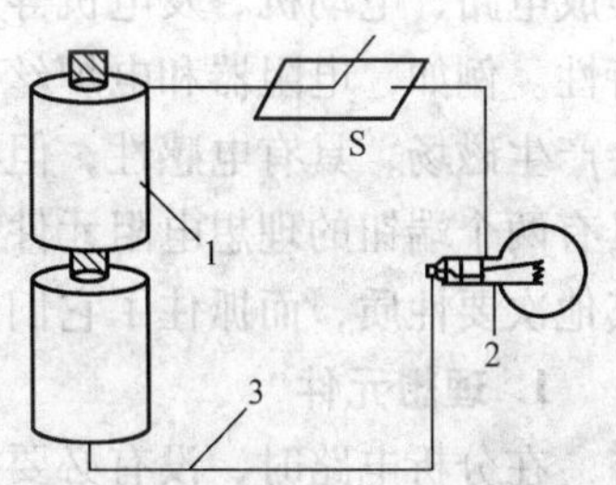

图1-1　手电筒照明电路示意图
1—干电池　2—灯泡　3—手电筒筒体

3）手电筒的筒体，即连接电源与负载的中间环节。中间环节的作用是将电源和负载连接起来形成闭合电路，在电路中起着传送电能、分配电能和控制整个电路的作用。最简单的中间环节可以仅仅是连接导线，而复杂的中间环节则可以是具有控制、保护、检测等功能的由许多元器件组成的系统。

日常生活中，虽然实际电路种类繁多，大到跨省界、国界、洲界的供配电系统，小到在纽扣大小的芯片上集成上百万或更多元器件的集成电路，但无论是简单电路，还是复杂电路，从本质上来说，都是由电源、负载和中间环节三部分组成，因此它们又称为组成电路的三要素。

1.1.2　电路的作用

电路的组成方式很多，但就其功能来说可概括为两个方面。其一，是实现电能的传输和转换。典型的例子是电力系统中的发电、输电电路。发电厂的发电机组将其他形式的能量

（热能、水的势能、核能、太阳能等）转换成电能，通过变压器、输电线输送给各个用户，在那里又把电能转换成机械能（如负载是电动机）、光能（如负载是照明工具）、热能（如负载是电炉、电烙铁等），为人们生产、生活所利用。其二，是实现信号的产生、传递、变换、处理与控制。这方面典型的例子有电话，它就是把语音转变为电信号，通过电路传送给接收方的。还有，例如收音机、电视机电路等，接收天线把载有语言、音乐、图像信息的电磁波接收后，通过接收机电路把输入信号变换或处理为人们所需要的输出信号，送到扬声器或显像管，再还原为语言、音乐或图像。收音机电路示意图如图 1-2 所示。

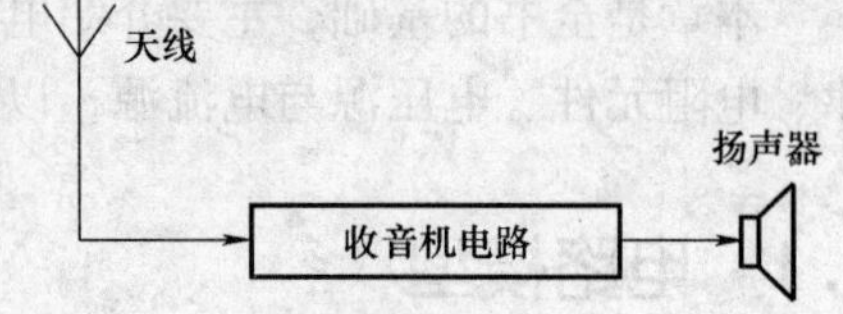

图 1-2 收音机电路示意图

电路多种多样，不论是电能的传输和转换电路，还是信号的传递与处理电路，其中电源（或信号源）的电压和电流称为激励（Excitation），由激励引起的结果（如某个元器件上的电流、电压）称之为响应（Response）。激励和响应的关系就是作用和结果的关系，往往对应着输入与输出的关系。所谓分析电路，就是在已知电路结构和元件参数的条件下，讨论电路的激励和响应之间的关系。

1.1.3 理想元件与电路模型

实际电路是由具体的元器件组成，常用的元器件有电阻器、电容器、电感器、晶体管、集成电路、电动机、发电机等。电路元器件种类繁多，但一些元器件在电磁方面有着共同的特性。例如，电阻器和电炉丝，它们的共同特性是消耗电能，虽然当它们有电流流过时，还会产生磁场，具有电感性，但在低频状态下，电感微小，可以忽略不计。因此，可以用一个具有两个端钮的理想电阻元件来反映它们消耗电能的特性。这样就抽掉了这些实际元器件的其他次要性质，而抓住了它们所表现的主要共性——消耗电能。

1. 理想元件

在分析电路时，没有必要把元器件的全部物理特性都加以考虑，使问题复杂化。为了便于对实际电路进行分析和数学表述，常常将实际电路元器件理想化（模型化），即在一定条件下突出其主要的电磁性质，忽略其次要性质，把它近似地看作理想元件。理想元件，是假想出来的、只具有单一物理特性的元件。理想元件又可称为实际元器件的理想化模型。基本的理想元件有：理想电阻元件、理想电感元件、理想电容元件和理想电源等。图 1-3 所示为理想电阻、电容、电感元件的电路图形符号。

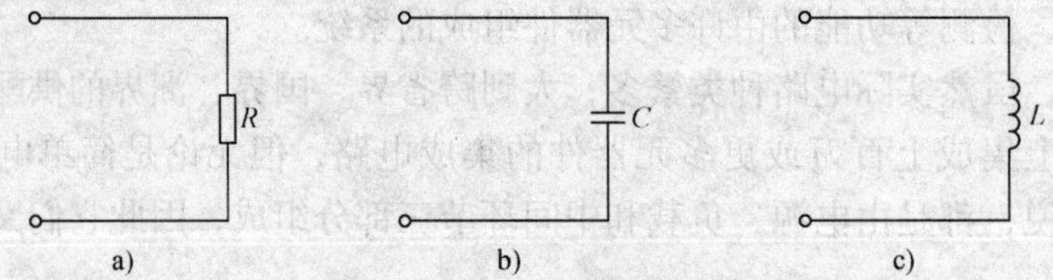

图 1-3 理想电阻、电容、电感元件的电路图形符号

a）电阻元件 b）电容元件 c）电感元件

理想元件只具有某种确定的电磁性能，如理想电阻元件只消耗电能；理想电容元件只储存电场能；理想电感元件只储存磁场能。理想元件在实际中并不存在。

不同的实际电路元器件，只要具有相同的主要电磁性能，在一定条件下都可用同一个模型表示，如灯泡、电炉丝、电阻器这些不同的实际电路元器件在低频电路里都可用电阻元件 R 表示。

同一个实际电路元器件在不同的应用条件下，可以有不同的模型。实际元器件如何近似和抽象、如何建立模型，与具体的应用有关。例如一个电感器，如图 1-4a 所示，它在直流情况下可用一根理想导线或一个阻值很小的电阻元件作为它的模型，如图 1-4b 所示；在工作频率比较低时，可以用一个电感元件或电阻元件和电感元件的串联作为模型，如图 1-4c、d 所示；在工作频率比较高时还需考虑电容效应，所以，其模型还应包含电容元件，如图 1-4e 所示。

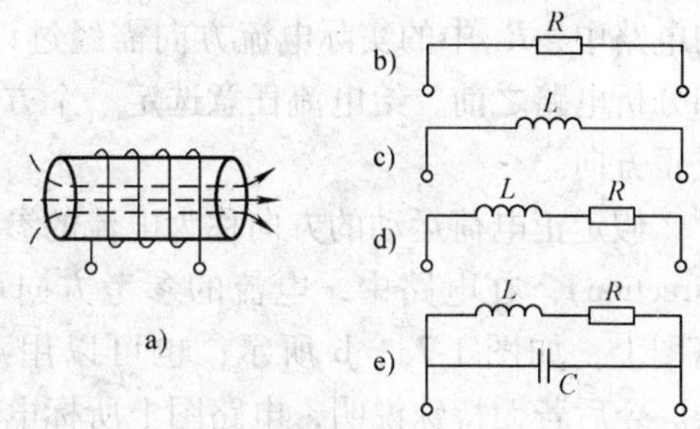

图 1-4　实际电感元件在不同应用条件下的模型

2. 电路模型

由一些理想元件所组成的电路就是实际电路的电路模型（Circuit model）。今后如果不作特殊说明，所研究的元件都是理想元件（今后涉及的一般均为理想元件，故往往略去"理想"二字，简称元件），所分析的电路都是电路模型，简称电路。

电路模型都有一定的适用条件，同一个实际电路在不同的使用场合和不同的精度要求下，会得出不同的电路模型。

将实际电路中各元器件用理想元件图形符号表示，这样画出的电路图称为实际电路的电路模型图，也称作电路原理图。手电筒电路的电路模型图如图 1-5 所示。图中，R_L 表示灯泡；S 表示开关；E 表示电池电动势；R_0 表示电池的内阻；手电筒筒体用理想开关和没有电阻的理想导线来表示。

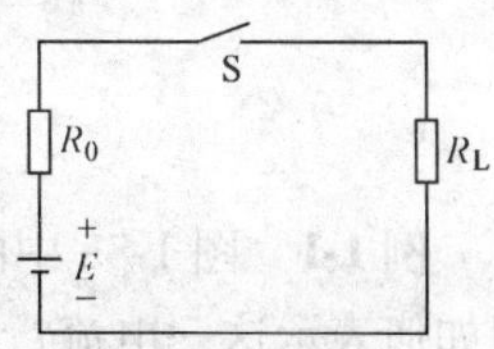

图 1-5　手电筒电路的电路模型图

1.2　电路变量

电路的特性主要由电流、电压、电动势和功率等物理量描述。本节重点介绍电流、电压、电动势的概念和参考方向，以及功率的计算。

1.2.1　电流

带电粒子有秩序的定向移动形成电流（Current）。它的大小用电流强度来描述。单位时间内通过导体横截面的电荷量定义为电流强度，简称电流，用符号 i 表示，即

$$i(t)=\frac{\mathrm{d}q}{\mathrm{d}t} \tag{1-1}$$

如果电流的大小和方向都不随时间而变化，即 $\mathrm{d}q/\mathrm{d}t$ = 常数，这种电流称为直流电流（Direct Current，dc 或 DC），用大写字母 I 表示。如果电流的大小和方向都随时间而变化，则称为交流电流（Alternating Current，ac 或 AC），用小写字母 i 表示。

电流这个物理量的单位是安培（库仑每秒），简称安，用大写字母 A 表示。大电流用千

安（kA），小电流用毫安（mA）或微安（μA）表示。

习惯上，正电荷定向移动的方向称为电流的实际方向。在简单电路中，电流的实际方向很容易确定，但当电路比较复杂时，电流的实际方向往往难以预先知道，例如在图 1-6 所示的电路中，R_3 中的实际电流方向需经过计算才能确定。因此，为了方便起见，必须在计算和分析电路之前，给电流任意选定一个方向，作为参考方向或正方向。

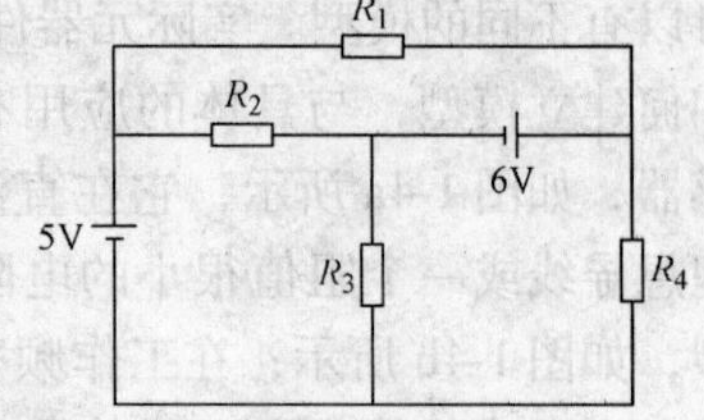

图 1-6　含两个电源的直流电路

假定正电荷运动的方向称为电流的参考方向（Reference Direction）。在电路中，电流的参考方向可以用箭头标在电路图上，如图 1-7a、b 所示；也可以用双下标表示，例如 i_{ab}。今后若无特殊说明，电路图上所标电流方向是电流的参考方向。在分析电路的时候，参考方向可以任意选定，并以此为准进行计算，若经计算得出电流为正值，说明所设参考方向与实际方向一致；若经计算得出电流为负值，说明所设参考方向与实际方向相反。电流值的正与负，在设定参考方向的前提下才有意义。对电路中电流设参考方向还有另一方面的原因，那就是，在交流电路中电流的实际方向分时间段在交替改变，因此很难在这样的电路中标清楚电流的实际方向，而引入电流的参考方向可解决这一难题。

图 1-7　电流的参考方向

例 1-1　图 1-8a 中的方框用来泛指元件。设 1A 的电流由 a 向 b 流过图中所示元件，试问如何表示这一电流？

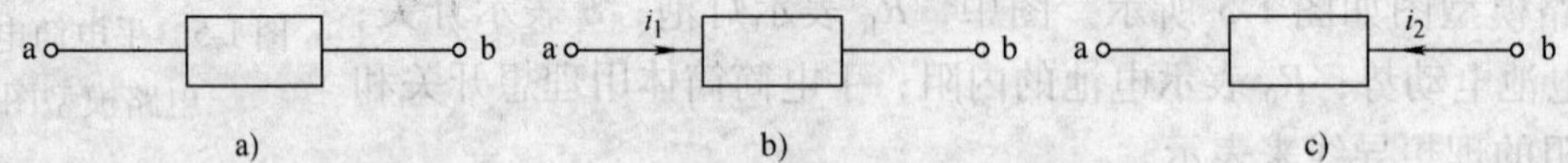

图 1-8　例 1-1 图

解：有两种表示方式。

（1）用图 1-8b 表示：$i_1 = 1\text{A}$。这是因为电流的参考方向与实际方向一致。

（2）用图 1-8c 表示：$i_2 = -1\text{A}$。这是因为电流的参考方向与实际方向相反。

1.2.2　电压与电动势

电荷在电路中移动，就会有能量的交换发生。电荷在电路的某些部分（例如电源处）获得能量而在另一些部分（如电阻元件处）失去能量。为了便于分析能量的互换，引入“电压”、“电动势”的概念。

1. 电压

电压（Voltage）是描述电场力对电荷做功大小的物理量。在电路中，任意两点之间的电位差称为这两点的电压。a、b 两点的电压即电场力把单位正电荷由电路中 a 点移到 b 点所做的功，即

$$u(t) = \frac{\mathrm{d}w}{\mathrm{d}q} \tag{1-2}$$

式(1-2)中，dw 是单位正电荷由电路中 a 点移到 b 点所获得或失去的能量。当 $u>0$ 时，说明 a 点的电位高于 b 点的电位，正电荷 dq 在移动中失去能量。当 $u<0$ 时，说明 b 点的电位高于 a 点的电位，正电荷 dq 在移动中获得能量。

电压分直流电压和交流电压，直流电压用 U 表示，交流电压用 u 表示。电压的单位是伏特，简称伏，用符号 V 表示。高电压可以用千伏（kV）表示，低电压可以用毫伏（mV）表示，也可以用微伏（μV）表示。

电压的实际方向是由高电位点指向低电位点，即电压降的方向。在进行电路分析时，正像电流需要假设参考方向一样，电压也需要假设参考方向。

电压的参考方向为假设电位真正降低的方向。可用“+”、“-”表示参考极性，如图 1-9 所示，“+”表示假定的高电位端，“-”号表示假定的低电位端。图 1-9 中，方框用来泛指元件，如果 U 为正值，表示 a 点电位高，b 点的电位低，电压的参考方向和真实方向相同；如果 U 为负值，表示 a 点电位低，b 点的电位高，电压的参考方向和真实方向相反。

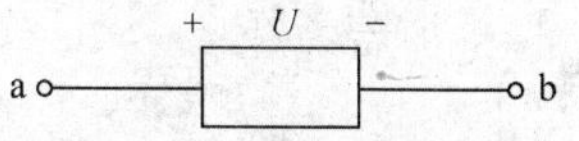

图 1-9　电压的参考方向

注意：在未标出参考极性的情况下电压的正负毫无意义。

电压的参考方向还可用双下标表示，U_{ab} 表示电压的参考方向由 a 指向 b，脚标中第一个字母 a 表示假设电压参考方向的正极性端，第二个字母 b 表示假设电压参考方向的负极性端。$U_{ab}=-U_{ba}$。

电源内部通过电源力建立的电场正极与负极之间的电位差，称为电动势（Electromotive Force）。用 E 或 e 表示，单位也为伏特。电源内部借助外力（例如干电池的化学能产生的力，也可称为电源力）使正负电荷分开，正电荷聚集一端（正极），负电荷聚集另一端（负极），于是电源内部建立起电场。当电路接通时，电流通过外电路由电源正极流向负极，外电路中电场力做功，将电能转换为非电能。同时电源内部电源力做功，将非电能转换为电能，重新建立起电场，使电流持续不断，电源内部电流从低电位流向高电位。

电压的方向从高电位指向低电位，是电场力作用的方向。电动势的方向定义为电源力作用的方向，由低电位指向高电位。电动势反映的是电源内部的物理过程，电源电压是电源端钮的外在表现。

2. 关联参考方向

电压和电流的参考方向可以分别选定，但为了方便起见，常将一段电路的电压、电流参考方向选得一致，即电流的参考方向使得电流从电压的“+”参考极性流入，从“-”参考极性流出。这种电压、电流参考方向选得一致的情况称为关联参考方向（关联正方向），可简称为电压电流关联；反之，电流、电压的参考方向相反称为非关联参考方向。如图 1-10 所示，图 a 中电压、电流为关联参考方向，图 b 中电压、电流为非关联参考方向。

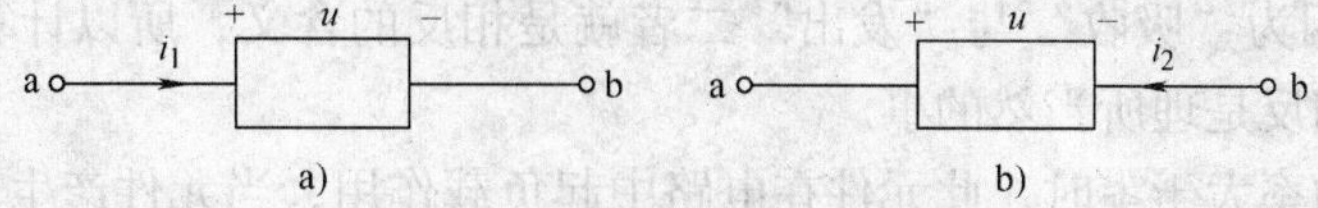

图 1-10　电压电流的关联参考方向

关于电压和电流的参考方向，需注意：

1）电流、电压的实际方向是客观存在的，而参考方向是人为选定的。当电流、电压的参考方向与实际方向一致时，电流、电压值取正号；反之取负号。

2）在求解电路时，必须遵循“先标参考方向，后计算”的原则。否则计算得出的电压、电流正负值是没有意义的。虽然参考方向的指定具有任意性，但一经指定，在求解过程中不应改变。

3）一般来说，同一段电路的电压和电流的参考方向可以各自选定，但为了分析方便，常采用关联参考方向。当采用关联参考方向时，两个参考方向中只标出任一个即可。

1.2.3 功率

单位时间做功大小称为功率（Power），或者说做功的速率称为功率。在电路中所述的功率即是电场力做功的速率，以符号 $p(t)$ 或 p 表示

$$p(t) = \frac{\mathrm{d}w(t)}{\mathrm{d}t} \tag{1-3}$$

功率的单位是瓦特，简称瓦，符号是 W，1W = 1J/s。

在电路中，人们更关注的是功率与电流、电压之间的关系。

由式(1-1)、式(1-2)可得到元件的功率与电流、电压之间的关系为

$$p = ui \tag{1-4}$$

直流电路中

$$P = UI$$

对一完整的电路来说，它产生的功率与消耗的功率总是相等的，即电路中电源产生的功率等于负载取用的功率和电源内阻消耗的功率之和，这称为功率平衡。这一点由能量守恒定律很容易理解。

在实际电路中，正电荷经过某个元件从高电位移到低电位，电荷的电势能减少，根据能量守恒定律，电路元件应吸收功率；反之，正电荷从低电位移到高电位，电势能增加，该电路元件应发出（产生）功率。据此可有结论：若一段电路，其实际电压、电流同方向，则该段电路吸收功率；若实际电压、电流反方向，则该段电路产生功率。因此在计算一段电路的吸收功率时会有以下两个公式：

当电压、电流选用关联参考方向时

$$p = ui \tag{1-5}$$

当电压、电流选用非关联参考方向时

$$p = -ui \tag{1-6}$$

当 $p>0$ 时，电路实际吸收功率；当 $p<0$ 时，电路实际发出功率。若计算一段电路的产生功率，无论 u、i 参考方向关联或非关联情况，所用公式与计算吸收功率时的公式恰恰相反，即 u、i 参考方向关联，产生功率用 $p=-ui$ 计算；u、i 参考方向非关联，产生功率用 $p=ui$ 计算。这是因为“吸收”与“发出”二者就是相反的含义，所以计算吸收功率与发出功率的公式符号相反是理所当然的事。

当元件吸收功率大于零时，此元件在电路中起负载作用，当元件产生功率大于零时，此元件在电路中起电源作用。

练习与思考题

1-2-1 图 1-11 中方框表示电路元件，设 $I_1=1\text{A}$，$I_2=2\text{A}$，$I_3=3\text{A}$，$I_4=4\text{A}$，$U_1=1\text{V}$，

$U_2=-2V$，$U_3=3V$，$U_4=-4V$。（1）计算元件 1、2 吸收的功率 P_1、P_2；（2）计算元件 3、4 产生的功率 P_3、P_4。（1W，−4W，9W，−16W）

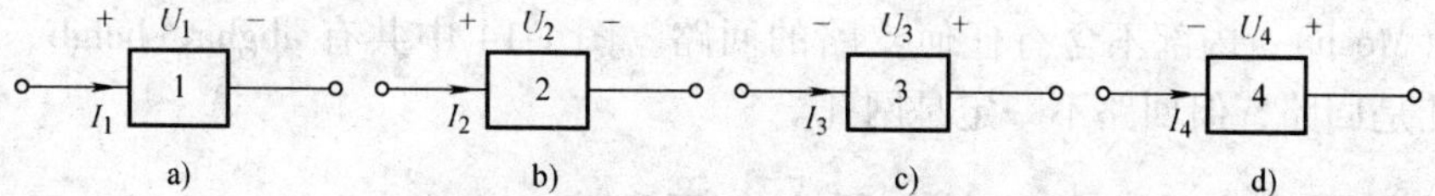

图 1-11　练习与思考题 1-2-1 图

1-2-2　图 1-12 所示一段直流电路 N，电流参考方向如图中所示，已知直流电压表读数为 5V，并知 N 吸收功率为 10W，求电流 I。（−2A）

1-2-3　图 1-13 所示一段直流电路 N，已知电流表读数为 2mA，并知 N 产生的功率为 6mW，求电压 U。（−3V）

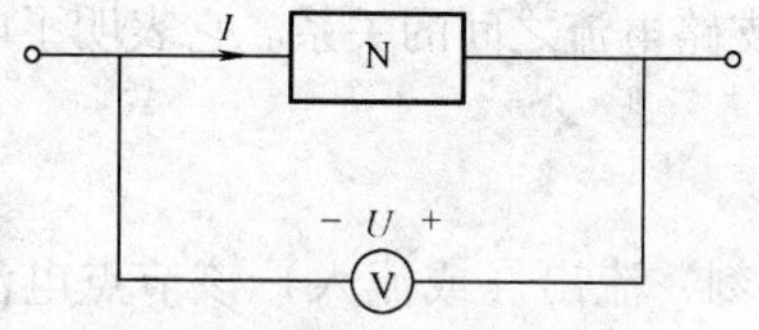

图 1-12　练习与思考题 1-2-2 图

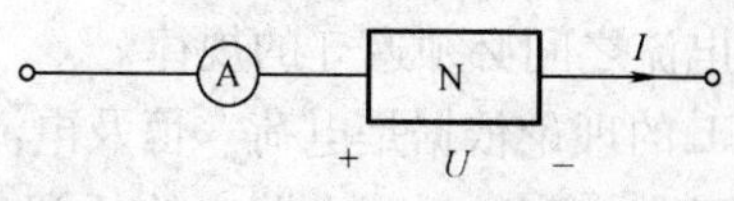

图 1-13　练习与思考题 1-2-3 图

1.3　基尔霍夫定律

研究电路首先要了解电路的基本规律，电路的基本规律包括两方面的内容，一是电路作为一个整体要遵循什么基本规律，二是电路的各元件有什么表现，即元件特性如何？这两方面都是不可缺少的，因为电路是由元件组成的，整个电路表现如何，既要看这些元件怎样构成一个整体，又要看各个元件各有何特点。

本节要讨论的基尔霍夫定律（Kirchhoff's Law）就是电路作为一个整体要遵循的基本规律。

1.3.1　几个电路名词

为了表达电路的基本规律，先介绍几个名词。

支路（Branch）：电路中每一个二端元件（有两个端钮的元件）就叫一条支路。但为了分析方便，往往用分支定义支路，即流过同一电流的几个元件的串联组合作为一条支路。图 1-14 中，若以二端元件来定义支路，电路中共有六条支路，若以分支来定义支路，电路中共有四条支路。

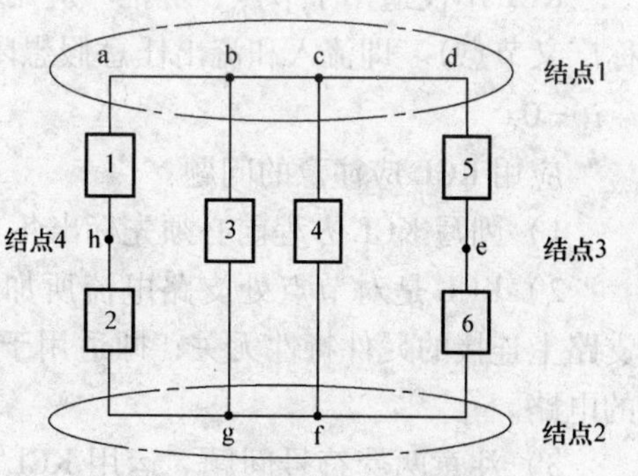

图 1-14　支路、结点示意图

节点（Node）：支路的连接点称为节点（结点）。图 1-14 中，若以二端元件来定义支路，电路中共有四个节点，若以分支来定义支路，电路中共有两个节点。初学者往往将 a、b、c、d 看成四个节点，这会给今后分析电路带来麻烦，在电路理论中，a、b、c、d 以理想导线相连，从电的角度来看，是相同的端点，是一个节点。

回路（Loop）：电路中任一闭合的路径称为回路，图 1-14 中有六个回路。

网孔（Mesh）：内部不含有任何支路的回路。图 1-14 中共有 abgha、bcfgb、cdefc 三个网孔。网孔是回路，但回路不一定是网孔。

1.3.2 基尔霍夫电流定律与基尔霍夫电压定律

基尔霍夫定律包括基尔霍夫电流定律（Kirchhoff′s Current Law，KCL）和基尔霍夫电压定律（Kirchhoff′s Voltage Law，KVL）。它反映了电路中所有支路电压和电流所遵循的规律，是分析电路的基本定律。基尔霍夫定律与元件特性构成了电路分析的基础。

1. 基尔霍夫电流定律

基尔霍夫电流定律用来确定连接在同一节点的各支路电流之间的关系。它表明了电路中各支路电流之间必须遵守的规律。

KCL 的理论依据是电荷守恒及电流连续性。

KCL 的内容：对于电路中的任意节点，在任意时刻，流出（或流入）该节点电流的代数和等于零，即

$$\sum_{k=1}^{n} i_k(t) = 0 \tag{1-7}$$

式中，$i_k(t)$表示流入或流出该节点的第 k 条支路的电流；n 为与节点相连的支路数。

在图 1-15 中，对于节点 A，各支路的电流存在的关系为

$$i_1 + i_2 - i_3 - i_4 = 0 \tag{1-8}$$

在列方程时，如设流入节点的电流参考方向为正，那么流出该节点的电流参考方向为负，反之亦然。可将式(1-8)改写成

$$i_1 + i_2 = i_3 + i_4$$

即对于任一电路中的任一节点，在任一时刻，流向某一节点的电流代数和应该等于由该节点流出的电流代数和，即

$$\sum i_{入} = \sum i_{出} \tag{1-9}$$

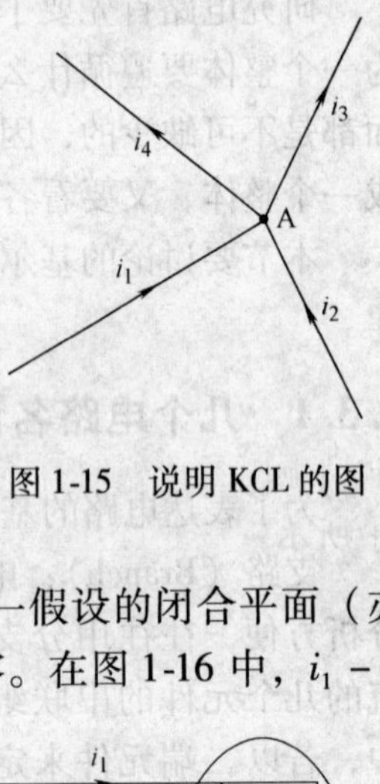

图 1-15 说明 KCL 的图

KCL 表达了电路中支路电流之间的关系，这是一个线性关系，称连接于同一节点的各支路电流线性相关。

KCL 不仅适用于节点，可推广应用于电路中包围部分电路的任一假设的闭合平面（亦称广义节点）。即流入和流出任意假想闭合平面的电流的代数和为零。在图 1-16 中，$i_1 - i_2 + i_3 = 0$。

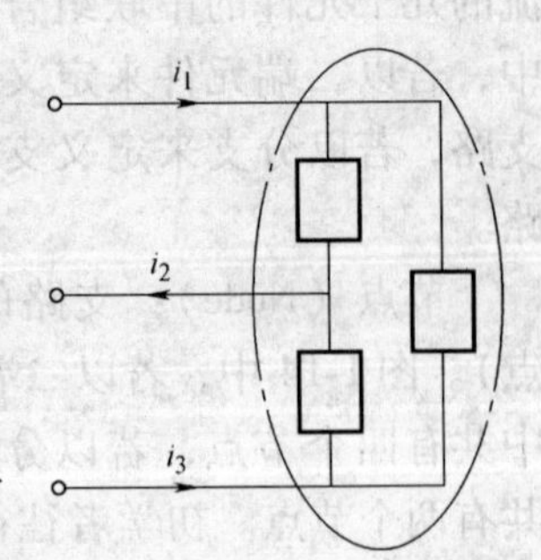

图 1-16 KCL 的推广应用

应用 KCL 应注意的问题：

1）列写 KCL 方程前必须先标出各支路电流的参考方向。

2）KCL 是对节点处支路电流所加的约束，具有普遍性，与支路上连接的元件特性无关，即适用于任意时刻、任意元件构成的电路。

3）注意两套符号问题。运用 KCL 时，时常需和两套符号打交道，其一是方程中各项前的正、负符号，其正负取决于电流参考方向对节点的相对关系；另一是电流本身数值的正负号，反映

了电流参考方向与实际方向是否相同。

例 1-2　如图 1-17a 所示，已知 $I_1=-18\text{A}$，$I_2=3\text{A}$，$I_3=10\text{A}$，$I_4=10\text{A}$，$I_6=-2\text{A}$，求 I_5 及流过电阻的电流。

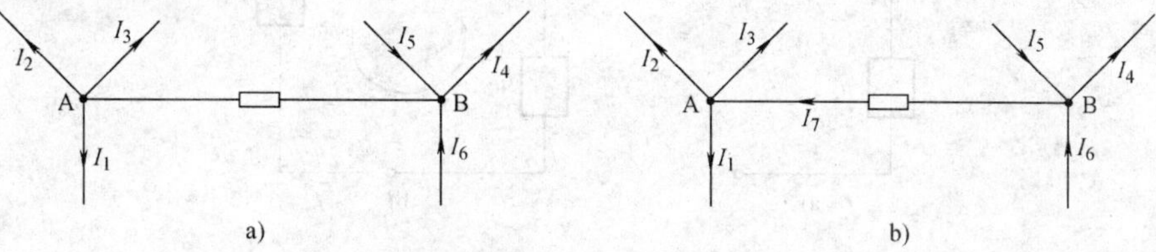

图 1-17　例 1-2 图

解： 首先应设出流过电阻元件的电流参考方向，如图 1-17b 所示，然后利用 KCL 列节点 A、B 的方程。

节点 A：根据 KCL 列方程可得　$I_7-I_2-I_1-I_3=0$

代入数据后解得　$I_7=-5\text{A}$

节点 B：根据 KCL 列方程可得　$I_5+I_6-I_4-I_7=0$

代入数据后解得　$I_5=7\text{A}$

2. 基尔霍夫电压定律

上面讲述的基尔霍夫电流定律，它表明了电路中各支路电流之间必须遵守的规律，这规律体现在电路中的各节点上。另外一条基尔霍夫电压定律，表明电路中各支路电压之间必须遵守的规律，这规律体现在电路中的各个回路中。KVL 是以能量守恒、电荷守恒为理论依据。

KVL 的内容：任一时刻，沿任一回路，在任意绕行方向上各段电路电压降或电压升的代数和恒等于零，即

$$\sum_{k=1}^{n} u_k(t)=0 \tag{1-10}$$

式中，$u_k(t)$表示回路中第 k 个元件或支路的电压；n 为回路包含的元件或支路数。

在应用 KVL 列方程时，首先应标明回路中各元件电压参考方向，然后选定回路绕行方向，顺时针或逆时针都可。在图 1-18 所示回路中，若选各电压的参考方向和绕行方向如图中所示，从 a 点开始绕行，可得

$$u_1+u_2-u_3-u_4=0$$

在列方程时，如果选定绕行方向上元件电压降为正，那么电压升为负，反之亦然。

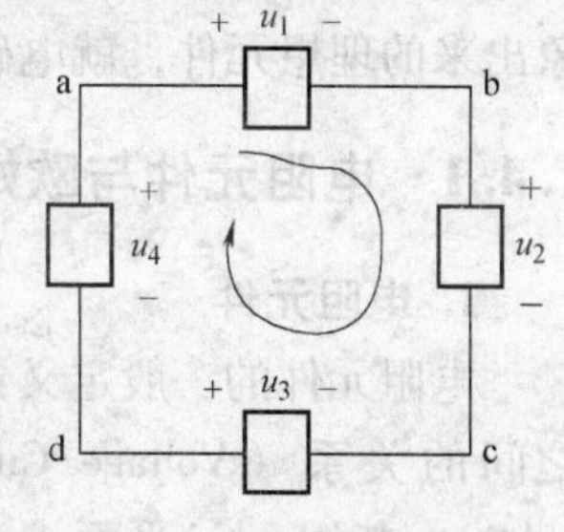

图 1-18　说明 KVL 的图

KVL 也可推广适用于电路中任一假想的回路，如在图 1-19a 中，该电路未形成闭合回路，但仍可应用 KVL 列方程，即将其想象成图 1-19b 所示电路，按图 1-19b 所示绕行方向，列方程：$u_3-u_2-u_1=0$。

应用 KVL 时应注意的问题：

1）KVL 是对回路中的支路电压所加的约束，与回路各支路上连接的是什么元件无关，与电路是线性还是非线性无关。

2）KVL 方程是按电压参考方向列写，与电压实际方向无关。

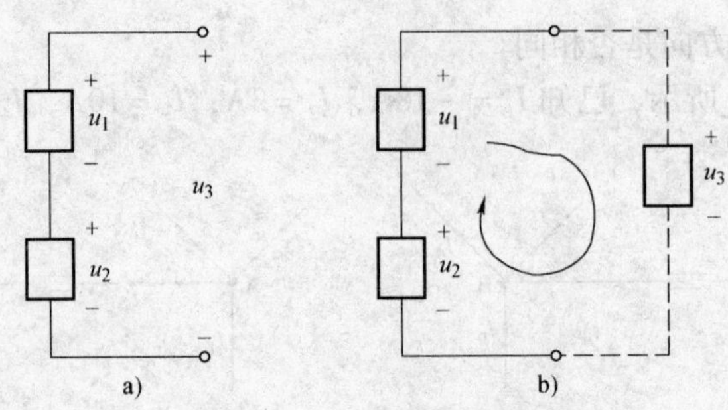

图 1-19 KVL 的推广应用

练习与思考题

1-3-1 图 1-20 所示电路中，已知电流 $i_1=1\text{A}$，$i_2=2\text{A}$，$u_1=3\text{V}$，$u_3=5\text{V}$，求 i_3 及 u_2。(-3A，8V)

1-3-2 图 1-21 中 A、B、C 三元件分别代表电源或负载，电流、电压的参考方向如图所示。已知 $I_\text{A}=-2\text{A}$，$I_\text{B}=3\text{A}$，$U=10\text{V}$，试判断哪个元件是电源？哪个元件是负载？（A 为电源，B 为电源，C 为负载）

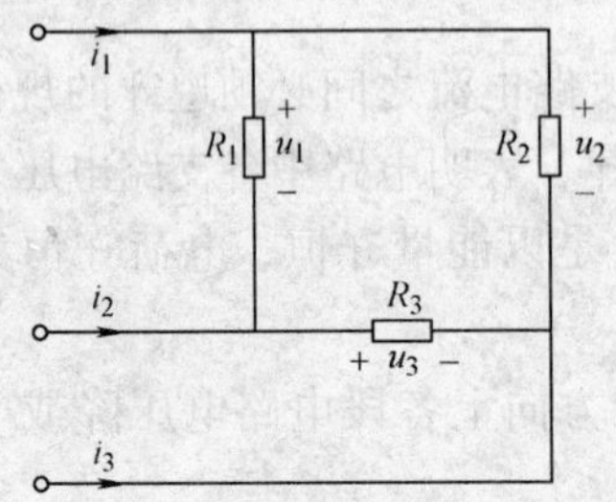

图 1-20 练习与思考题 1-3-1 图

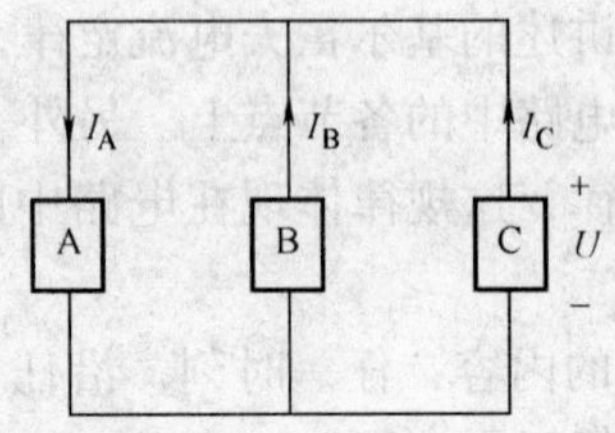

图 1-21 练习与思考题 1-3-2 图

1.4 电阻元件

电阻元件（Resistor）是电路的基本元件之一，是从对电流呈现阻力的实际元器件中抽象出来的理想元件，就电磁性能讲它只消耗电能。

1.4.1 电阻元件与欧姆定律

1. 电阻元件

电阻元件的一般定义：一个二端元件，如果在任意时刻，其端电压 u 与流经它的电流 i 之间的关系（Voltage Current Relation，VCR，或称为伏安关系，Volt Ampere Relation，VAR），能用 $u-i$ 平面或 $i-u$ 平面上的一条曲线描述，就称为电阻元件。若该曲线是通过原点的直线，则称为线性电阻元件，否则称为非线性电阻元件。若曲线不随时间变化，则称为时不变电阻元件，否则称为时变电阻元件。线性电阻元件的显著特点是阻值不随其上电压或电流数值变化；时不变电阻元件的显著特点是阻值不随时间变化。本书主要涉及线性时不变电阻元件。今后如无特殊说明，电阻元件一词就指线性时不变电阻元件。一般实际中使用的诸如碳膜电阻、金属膜电阻、线绕电阻元件等都可近似看作是这类电阻元件。

一组电阻元件的 VCR 曲线如图 1-22 所示。

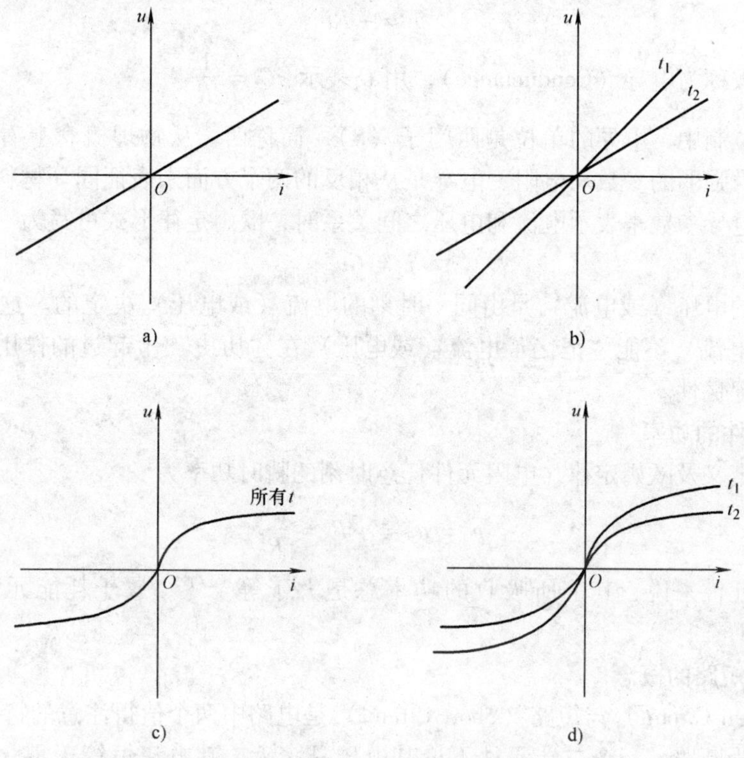

图 1-22　电阻元件的 VCR 曲线

a）线性时不变电阻元件的 VCR 曲线　b）线性时变电阻元件的 VCR 曲线
c）非线性时不变电阻元件的 VCR 曲线　d）非线性时变电阻元件的 VCR 曲线

电阻元件电压和电流的比值称为电阻，电阻是电阻元件的电路参数，反映材料导电能力的强弱，用 R 表示。电阻的单位为欧姆（Ω），简称欧，计量高电阻时，以千欧（kΩ）或兆欧（MΩ）为单位。线性电阻元件的电路图形符号如图 1-23 所示。电阻值与其工作电压、电流无关，是一个常数。习惯上电阻元件称为电阻。

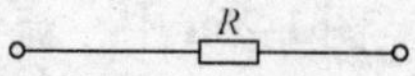

图 1-23　线性电阻元件电路图形符号

2. 欧姆定律

线性电阻元件伏安关系为欧姆定律（Ohm's Law），欧姆定律是分析电路的基本定律之一。

对于图 1-24a 中所示电阻，欧姆定律用下式表示：

$$u = Ri \tag{1-11}$$

欧姆定律体现了电阻元件对电流呈阻力的本质，电流要流过就必然要消耗能量，因此沿电流流动方向就必然会出现电压降，由于电流与电压降的真实方向总是一致的，所以只有在关联参考方向的前提下，才可运用式(1-11)。

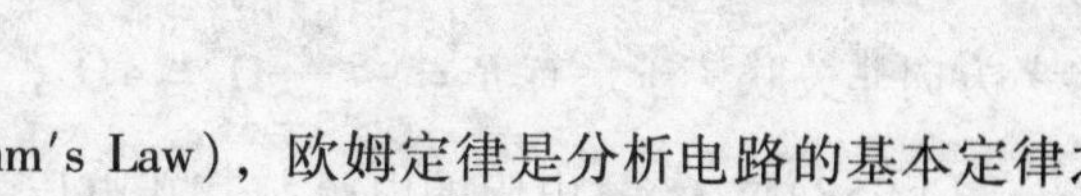

如果电阻 R 上的电流、电压参考方向非关联，如图 1-24b 所示，则欧姆定律公

a)　b)

图 1-24　欧姆定律

式中应冠以负号

$$u = -Ri \tag{1-12}$$

电阻的倒数称为电导（Conductance），用 G 表示，$G = \frac{1}{R}$。

在国际单位制中，电导的单位是西门子（S），简称西。从物理概念上看，电导也是反映材料导电能力强弱的参数。电阻、电导是从相反的两个方面来表征同一材料特性的两个电路参数，应用电导参数来表示电流和电压之间关系时，欧姆定律形式可写为

$$i = Gu \tag{1-13}$$

电阻元件的电压（或电流）是由同一时刻的电流（或电压）决定的。这就是说电阻元件的电压（或电流）不能“记忆”电流（或电压）在“历史”上起过的作用，把电阻的这种特性称为无记忆性。

3. 电阻元件的功率

由功率的定义及欧姆定律，电阻元件任意时刻的瞬时功率为

$$p = ui = i^2R = \frac{u^2}{R} \tag{1-14}$$

对于电阻元件来说，其上所吸收的功率总是大于等于零，属于耗能元件（Dissipative Element）。

4. 开路与短路的概念

开路（Open Circuit）与短路（Short Circuit）是电路中两个值得注意的特殊情况。

开路又称为断路：一个二端元件不论其电压是多大，其电流恒等于零，则此元件为开路，可认为 $R = \infty$ 或 $G = 0$。

短路：一个二端元件不论其电流多大，其电压恒等于零，则此元件称为短路，可认为 $R = 0$ 或 $G = \infty$。

例 1-3 已知各电阻的端电压和电流如图 1-25 所示，求各电阻值。

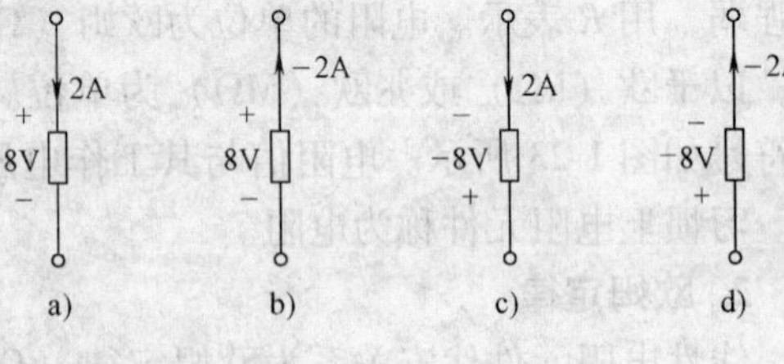

图 1-25a 中，流过电阻的电流与其端电压参考方向关联，于是有 $R = \frac{8}{2}\Omega = 4\Omega$。

图 1-25b 中，流过电阻的电流与其端电压参考方向非关联，于是有 $R = -\frac{8}{-2}\Omega = 4\Omega$。

图 1-25c 中，流过电阻的电流与其端电压参考方向非关联，于是有 $R = -\frac{-8}{2}\Omega = 4\Omega$。

图 1-25 例 1-3 图

图 1-25d 中，流过电阻的电流与其端电压参考方向关联，于是有 $R = \frac{-8}{-2}\Omega = 4\Omega$。

应用欧姆定律时注意两套符号的问题。公式前的符号，取决于电流、电压参考方向是否关联；电压或电流本身的正负号，取决于实际方向与参考方向是否一致。

例 1-4 电路如图 1-26a 所示，E_1、E_2、R_1、R_2、R_3、R_4 均已知，求电压 U。

解：如图 1-26b 所示，因为 a、b 之间断开，电源 E_1 和电阻 R_4 上没有电流流过，$I_1 = 0$，$I_4 = 0$，所以可得出 $I_2 = I_3$。

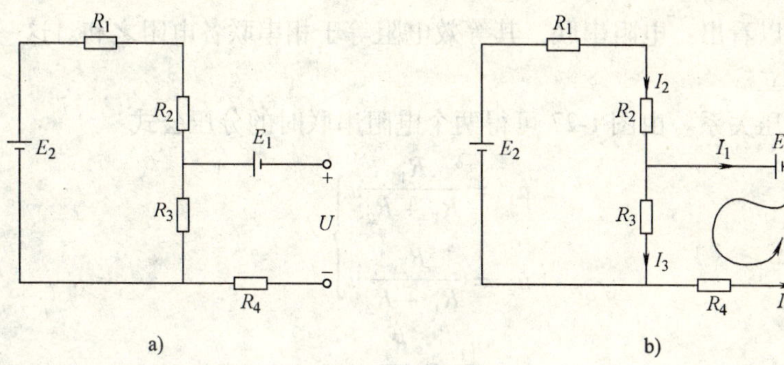

图 1-26　例 1-4 图

根据 KVL 可列出

$$(R_1 + R_2 + R_3)I_3 - E_2 = 0$$

得出

$$I_3 = \frac{E_2}{R_1 + R_2 + R_3}$$

根据 KVL 的推广应用可列出

$$-E_1 + I_3R_3 - U = 0$$

得出

$$U = -E_1 + I_3R_3$$

即

$$U = -E_1 + \frac{E_2R_3}{R_1 + R_2 + R_3}$$

注意：元件上的电压和电流如果只标其中一个，通常认为电压和电流是关联的。

1.4.2　电阻的串联与并联

1. 电阻的串联

如果电路中两个或多个电阻依次首尾连接，中间没有分支，这种连接方式叫做串联（Series Connection）。相串联的电阻流过的是同一个电流。图 1-27a 表示两个电阻串联，设电压、电流参考方向关联，根据欧姆定律和 KVL 可计算出 a、b 两端的电压为相串联两电阻电压之和

$$u = u_1 + u_2 = R_1i + R_2i = (R_1 + R_2)i = Ri$$

$$R = R_1 + R_2 \tag{1-15}$$

于是，可以根据式(1-15)画出如图 1-27b 所示的电路。由于图 1-27a 和图 1-27b 所示的两个电路电压 u 和电流 i 完全相同，所以，从电路的外部端钮 a、b 看来，电阻 R 和两个串联的电阻 R_1、R_2 效果是相同的。把电阻 R 称为两个串联电阻的等效电阻（Equivalent Resistor）。

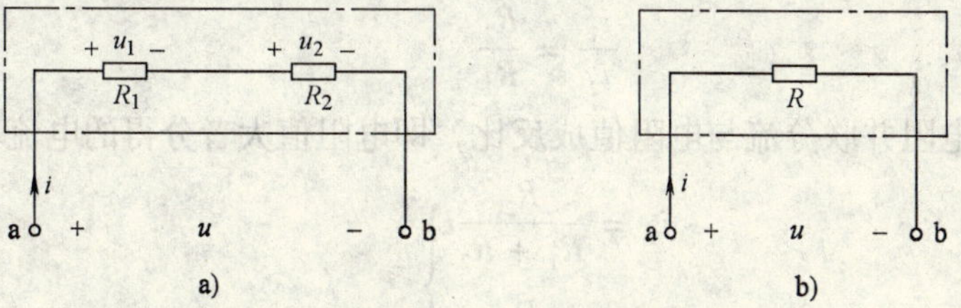

图 1-27　电阻串联及等效电阻

由式(1-15)可以看出：电阻串联，其等效电阻等于相串联各电阻之和。这一结论对两个以上电阻串联亦成立。

电阻串联有分压关系。由图 1-27 可得两个电阻串联时的分压公式

$$\left.\begin{aligned} u_1 &= \frac{R_1}{R_1 + R_2}u \\ u_2 &= \frac{R_2}{R_1 + R_2}u \end{aligned}\right\} \tag{1-16}$$

同时可得到

$$\frac{u_1}{u_2} = \frac{R_1}{R_2} \tag{1-17}$$

由式(1-17)可以看出：电阻串联分压与电阻值成正比，即电阻值大者分得的电压大。若知串联电阻的分电压，由分压关系式也容易求出串联电阻两端的总电压。

对于有多个电阻串联的情况，等效电阻为

$$R = \sum_{k=1}^{n} R_k \tag{1-18}$$

2. 电阻的并联

如果电路中有两个或多个电阻连接在两个公共的节点之间，则这样的连接方式称为电阻的并联（Parallel Connection）。并联电阻两端电压相同。

图 1-28a 是两个电阻相并联的电路，图 1-28b 是单个电阻 R 的电路。

对于图 1-28a $$i = i_1 + i_2 = \frac{u}{R_1} + \frac{u}{R_2} = \left(\frac{1}{R_1} + \frac{1}{R_2}\right)u$$

对于图 1-28b $$i = \frac{1}{R}u$$

如果让图 1-28a、b 所示的两个电路的电压 u 和电流 i 完全相同，可得

$$\frac{1}{R} = \frac{1}{R_1} + \frac{1}{R_2}$$

即 $$R = \frac{R_1 R_2}{R_1 + R_2}$$

从电路的外部端钮 a、b 看来，两个电阻 R_1、R_2 并联的效果和一个电阻 R 是相同的。所以，把电阻 R 称为两个并联电阻的等效电阻。

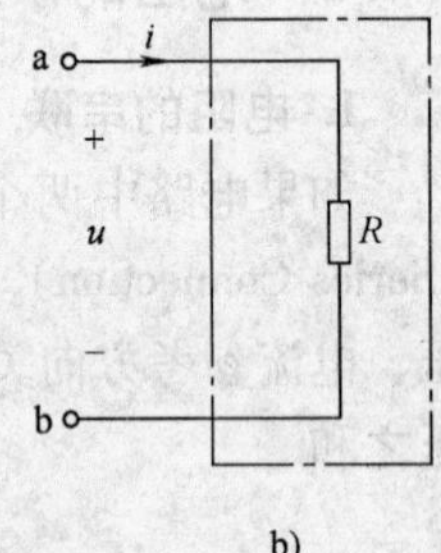

图 1-28　两电阻并联及等效电路

电阻并联有分流关系。由图 1-28 可得到

$$\frac{i_1}{i_2} = \frac{R_2}{R_1} \tag{1-19}$$

式(1-19)表明：电阻并联分流与电阻值成反比，即电阻值大者分得的电流小

$$\left.\begin{aligned} i_1 &= \frac{R_2}{R_1 + R_2}i \\ i_2 &= \frac{R_1}{R_1 + R_2}i \end{aligned}\right\} \tag{1-20}$$

式(1-20)是两个电阻并联时求分流的计算公式，如果已知电阻并联电路中某一电阻上的分电流，也可应用欧姆定律及 KCL 方便地求出总电流。

可以证明，如果有 n 个电阻并联，其等效电阻的倒数等于相并联各电阻倒数之和

$$\frac{1}{R}=\frac{1}{R_1}+\frac{1}{R_2}+\cdots+\frac{1}{R_n}$$

或写成

$$G=\sum_{k=1}^{n}G_k \tag{1-21}$$

分流公式可以写为

$$i_k=\frac{G_k}{\sum_{k=1}^{n}G_k}i \tag{1-22}$$

式中，i_k 为第个 k 电阻元件的电流。

例 1-5　求图 1-29a 所示电路中 a、b 间的等效电阻。

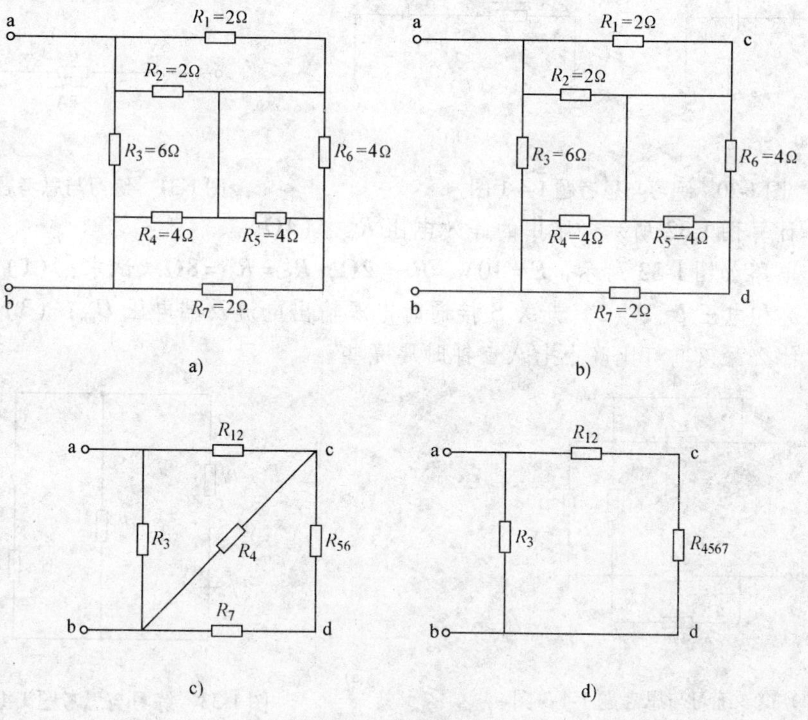

图 1-29　例 1-5 图

解：既有电阻串联又有电阻并联的电路称电阻混联电路。分析混联电路的关键问题是如何判别电阻串、并联，这是初学者感到较难掌握的地方。判别混联电阻的串、并联关系一般应先看电路的结构特点，再研究电压电流关系。同时还可对电路做一些变形，例如，可对部分电路做一些翻转，对电路中的短路线可以任意压缩与伸长，对多点接地点可以用短路线相连等。

为了分析方便，可对图中的节点做一些标注，如图 1-29b 所示。从图中可看出，R_1 和 R_2 并联，R_5 和 R_6 并联，因此，图 b 可画成图 c 的形式。其中

$$R_{12}=\frac{R_1R_2}{R_1+R_2}=\frac{2\times 2}{2+2}\Omega=1\Omega$$

$$R_{56} = \frac{R_5R_6}{R_5+R_6} = \frac{4\times4}{4+4}\Omega = 2\Omega$$

在图 c 中，R_{56}与 R_7 串联再和 R_4 并联。图 c 可画成图 d 的形式。其中

$$R_{4567} = \frac{R_4R_{567}}{R_4+R_{567}} = \frac{4\times(2+2)}{4+(2+2)}\Omega = 2\Omega$$

可得到

$$R_{ab} = \frac{R_3(R_{12}+R_{4567})}{R_3+R_{12}+R_{4567}} = \frac{6\times(1+2)}{6+(1+2)}\Omega = 2\Omega$$

练习与思考题

1-4-1 写出图 1-30 所示电路电压、电流关系方程。

1-4-2 电路如图 1-31 所示，已知 $U_{ab}=-12\text{V}$，求电阻值。(5Ω)

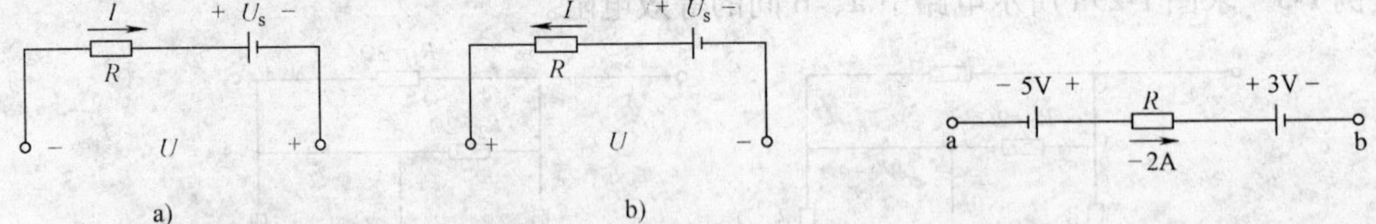

图 1-30 练习与思考题 1-4-1 图　　图 1-31 练习与思考题 1-4-2 图

1-4-3 计算图 1-32 所示电路中的等效电阻 R_{ab}。(4Ω)

1-4-4 电路如图 1-33 所示，$E=10\text{V}$，$R_0=2\Omega$，$R_1=R_2=8\Omega$。试求：(1) 开关断开时电源输出电流和电压 U_{ab}；(2) 开关 S 接通时电源输出电流及端电压 U_{ab}；(3) 利用所得结论说明，为什么深夜电灯比晚上七八点钟时要亮些。

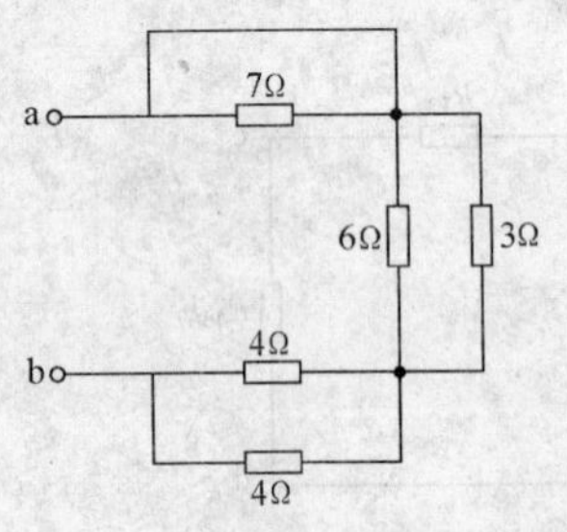

图 1-32 练习与思考题 1-4-3 图

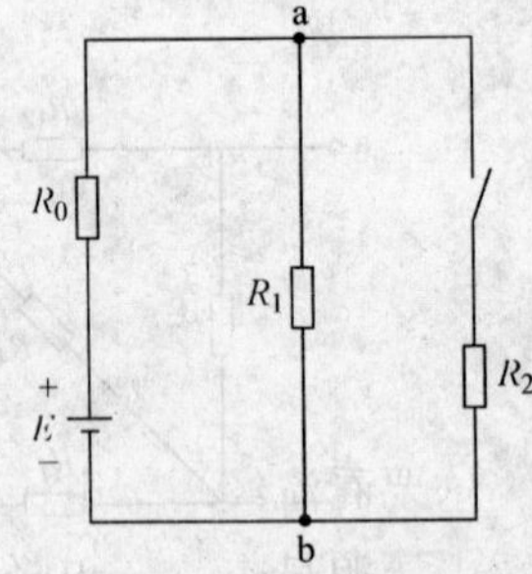

图 1-33 练习与思考题 1-4-4 图

1.5 电压源与电流源

实际电路中的耗能元器件在有电流流动时，会不断消耗能量，因此，必须有提供能量的元器件或装置，这样的装置称为电源。常用的直流电源有干电池、蓄电池、直流发电机、直流稳压电源和直流稳流电源等；常用的交流电源有电力系统提供的正弦交流电源、交流稳压电源和产生多种波形的各种信号发生器等。虽然实际电源结构各异，但它们有共性存在，在进行电路分析时，有必要找出它们的共性，并用相应的电路模型去表示。一个实际电源可以用两种不同的电路模型去表示，一种是电压源（Voltage Source），一种是电流源（Current Source）。

1.5.1 电压源

1. 理想电压源

理想电压源（Ideal-voltage Source）是一个二端元件，是从实际电压源中抽象出来的理想化模型。其端电压在任意瞬间与通过它的电流无关，它两端的电压是一个定值 U_s 或是一定时间函数 $u_s(t)$，电路图形符号如图 1-34 所示。

如果电压源的电压是定值，则称之为直流电压源；电压随时间变化的电压源，称为时变电压源。

图 1-35 所示为理想电压源的 VCR 曲线（即电源端电压与输出电流之间关系的曲线，又称电源外特性曲线），在任一时刻，它是 u—i 平面上平行于电流轴的一条直线。当电压源的电压为零时，其特性曲线与电流轴重合，此时电压源相当于短路。

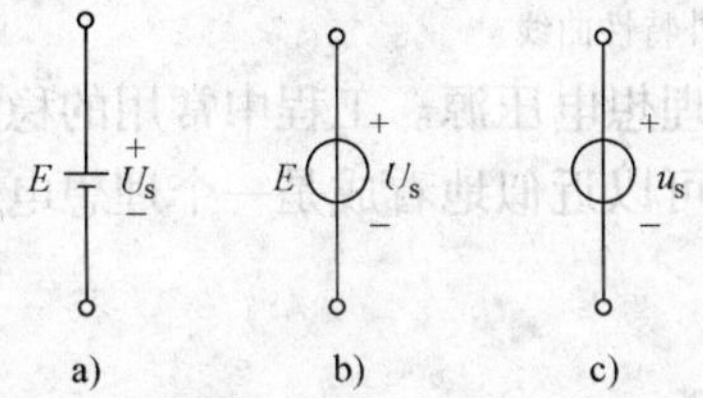

图 1-34 理想电压源的电路图形符号
a）电池的图形符号 b）直流电压源的图形符号
c）时变电压源的图形符号

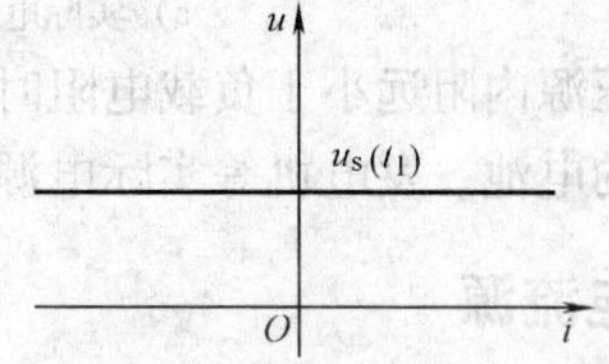

图 1-35 理想电压源（在时刻 t_1）的 VCR 曲线

理想电压源有如下特点：

1）电压是一个定值 U_s 或是一定时间函数 $u_s(t)$，理想电压源的端电压与流经它的电流方向、大小无关。

2）理想电压源的端电压由自身决定，而流经它的电流由它及外电路所共同决定，或者说它的输出电流随外电路变化。例如，一个端电压为 5V 的电源，当它和任何外电路相连接时，不论流过它的电流是多少，其端电压总保持 5V。电流可以以不同的方向流过电源，因此理想电压源可以对电路提供能量（起电源作用），也可以从外电路接受能量（当作其他电源的负载），这要看流经理想电压源电流的实际方向而定。

3）理想电压源是不允许短路的。

2. 实际电压源

理想电压源实际上是不存在的，无论是干电池还是发电机，在对外提供功率的同时，不可避免地存在内部功率损耗。也就是说，实际电源是存在内阻的。

实际电压源可以用一个理想电压源 E 和内阻 R_0 相串联的模型来表示，如图 1-36a 中的虚线框内所示。图中，R_L 为负载。

电压源空载时，电源端电压为

$$U = E$$

接上负载后为

$$U = E - R_0 I \tag{1-23}$$

式(1-23)说明，在接通负载后，实际电压源的端电压 U 低于理想电压源的电压 E，端电压随负载电流的增大而下降，如图 1-36b 所示。实际电压源的内阻 R_0 越小，或当内阻远小于负载电阻时，电源的外特性曲线越接近于理想电压源，可认为 $U \approx E$，此时当电流（负载）变动时，电源的端电压变动不大，说明它带负载能力强。

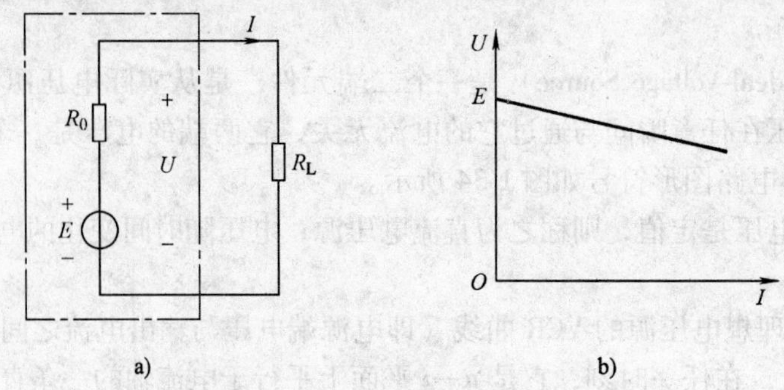

图 1-36 实际电压源工作情况

a）实际电压源 b）实际电压源的外特性曲线

当电压源内阻远小于负载电阻时可将此电压源看成理想电压源。工程中常用的稳压电源以及通常的电池、发电机等实际电源在一定电流范围内可以近似地看成是一个理想电压源。

1.5.2 电流源

在日常生活中，常常看到手表、计算器等采用太阳能电池作为电源，这些太阳能电池是用硅等材料制成的半导体器件。它与干电池不同，当受到太阳光照射时，将激发产生电流，该电流是与入射光强度成正比的，基本上不受外电路影响，像太阳能电池这类电源，在电路中可以用电流源模型来表示。

1. 理想电流源

理想电流源（Ideal-current Source）是另一种理想电源。

理想电流源的定义是：如果一个二端元件接入任意电路后，由该元件流入电路的电流总能保持定值 I_s 或是一定的时间函数 $i_s(t)$，而与其端电压无关，则此二端元件称为理想电流源。电路图形符号如图 1-37a 所示。

图 1-37b 所示为理想电流源的外特性曲线，在任一时刻，它是平行于电压轴的一条直线，当电流源的电流为零时，其特性曲线与电压轴重合，相当于开路。

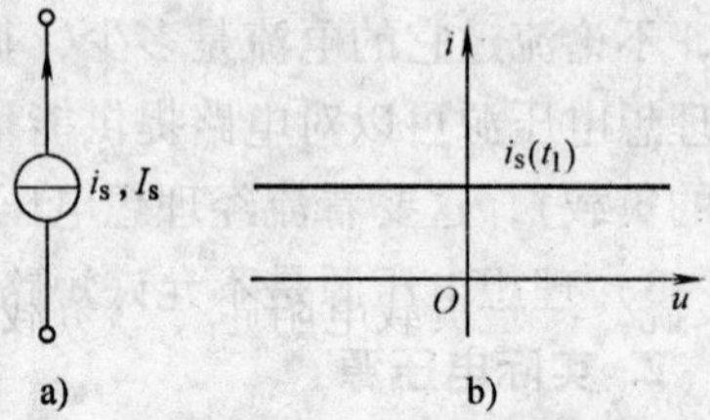

图 1-37 理想电流源

a）理想电流源的符号

b）理想电流源的外特性曲线

理想电流源有如下特点：

1）对任意时刻，理想电流源两端的电流是一个定值或是一定时间函数，与外电路无关。

2）理想电流源发出的电流由其本身决定，而其两端电压由其本身与外电路共同决定。和理想电压源一样，理想电流源可以对外电路提供能量（起电源作用），也可以从外电路接受能量（当作其他电源的负载），这要由理想电流源的电流和端电压的实际方向而定。

3）理想电流源是不允许开路的。

2. 实际电流源

理想电流源实际上也是不存在的，只是实际电流源在一定条件下的理想化近似模型。实际上，由于内电阻的存在，电流源中的电流并不能全部输出，有一部分将在电流源内部流过。因此，实际电流源可用一个理想电流源与内电阻相并联的电路模型来表示。图 1-38a 中的虚线框内所示为一实际电流源的电路模型。图 1-38b 所示为实际电流源的外特性曲线。特性曲线的倾斜程度由内阻决定，内阻越小，曲线越陡；内阻越大，曲线越平缓，R_0 支路对 I_s 的分流越小。

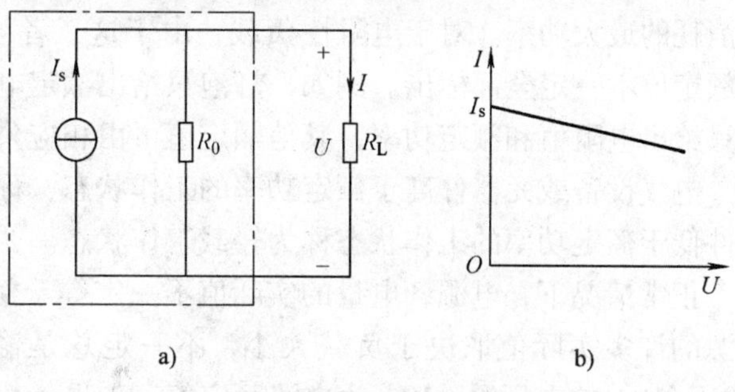

图 1-38　实际电流源工作情况
a）实际电流源　b）实际电流源的外特性曲线

当电源内阻远大于负载电阻时，R_0 支路的分流很小。则可认为 $I \approx I_s$，此时可将此电流源看成理想电流源。实验室中的直流稳流电源就属于这种类型。晶体管的集电极电流接近于理想电流源的条件，在电路分析时，许多由晶体管及相应电路组成的电流源在一定条件下可当作理想电流源。

1.5.3　电源和负载的判别

一般来说，电源在电路中是作为提供功率的元件出现的，但是，在实际电路中电源有的向电路提供电能，起到真正电源的作用，有的吸收电能转化为化学能、机械能等（如蓄电池），成为其他电源的负载。那么如何判断电源在电路中是起到真正电源的作用还是起到负载作用呢?

判断一个元件是电源还是负载最直接的方法是求功率。真正吸收功率的元件为负载，真正产生功率的元件为电源。在图 1-39 所示的电路中，电流 $I = 1\text{A}$，5V 电压源吸收的功率为 $P_{5V} = 5 \times 1\text{W} = 5\text{W}$，它是负载。8V 电压源吸收的功率为 $P_{8V} = -1 \times 8\text{W} = -8\text{W}$，它是电源。

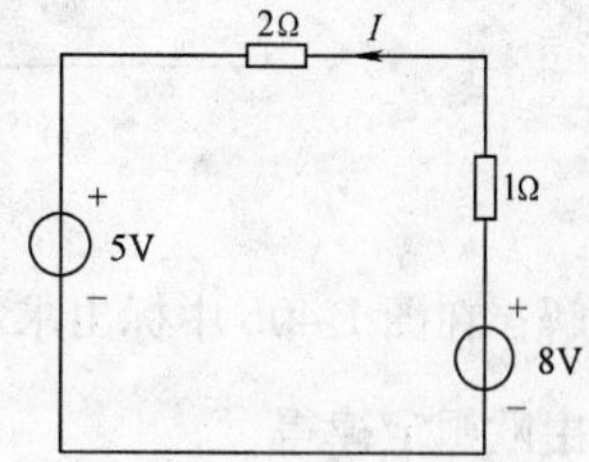

图 1-39　含两个直流电压源的电路

人们常提到负载的大小或增减问题，负载大了，不是负载电阻大了，而是指负载消耗的功率增大。对于电压源来说，所接负载电阻越小，负载消耗功率越大；对于电流源来说，所接负载电阻越大，负载消耗功率越大。

1.5.4　额定工作状态

额定值（Rated Value）是制造厂商为使产品在给定的工作条件下正常运行而规定的正常允许值，一般标注在产品铭牌或说明书上，包括额定电压、电流、功率、温升、转速等，用相应的物理量加下标 N 来表示，如 U_N、I_N、P_N。电气设备工作在额定值的情况称为额定工作状态。

电源设备的额定值一般包括额定电压 U_N、额定电流 I_N 和额定容量 S_N。其中，U_N 和 I_N 是指电源设备安全运行所规定的电压和电流限额；额定容量 $S_N = U_N I_N$，表征了电源最大允许的输出功率。

负载的额定值一般包括额定电压 U_N、额定电流 I_N 和额定功率 P_N。其中，额定电压指电气设备或元器件在正常工作条件下允许施加的最大电压；额定电流指电气设备或元器件在正常工作条件下允许通过的最大电流；额定功率指在额定电压和额定电流下消耗的功率，即允许消耗的最大功率。对于电阻性负载，由于这三者与电阻 R 之间具有一定的关系，所以它的额定值不一定全部标出。例如，灯泡只给出额定电压和额定功率；碳膜电阻、金属膜电阻等只给出电阻值和额定功率，其他额定值可由相应公式算得。

电气设备或元器件高于额定功率的工作状态，称“过载（超载）状态”，电气设备或元器件低于额定功率的工作状态称为轻载工作状态。

正常情况下，电源各电量的实际值不一定等于额定值。首先，电源有波动现象；其次，电源的许多实际值取决于负载大小，不一定总是输出规定的最大允许电流和功率。例如220V、10A 的电压源，10A 为电流额定值，如果负载为 110W 的灯泡，则电源实际输出电流为 0.5A。

通常应合理地使用电气设备，尽可能使它们工作在额定状态下，这样既安全可靠又能充分发挥设备的作用。如果各实际值超过额定值，会大大缩短设备的使用寿命，在严重的情况下甚至会使电气设备损坏。反之，如果各实际值低于额定值，也会使用电设备不能正常发挥作用，甚至造成设备损坏（如三相异步电动机）。

例 1-6　求图 1-40a 中电压源产生的功率。

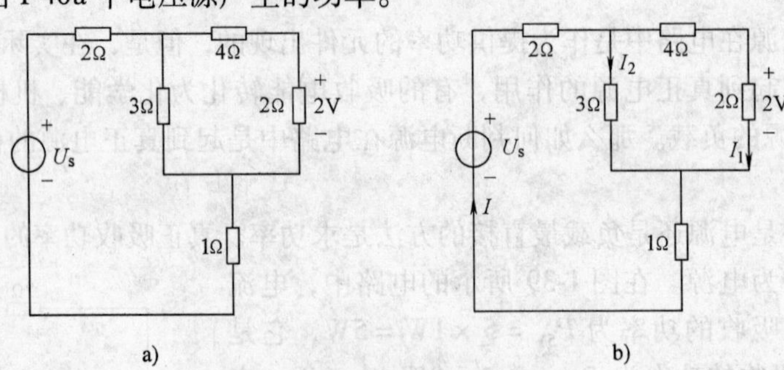

图 1-40　例 1-6 图

解：在图 1-40b 中标出求解所需各电流的参考方向。

由欧姆定律得　$I_1 = \frac{2}{2} = 1\text{A}$

由 KVL 得　$(4+2)I_1 - I_2 \times 3 = 0$

所以　$I_2 = 2\text{A}$

由 KCL 得　$I = I_1 + I_2 = 3\text{A}$

由 KVL 求 U_s　$I \times 2 + I_2 \times 3 + I \times 1 = U_s = 15\text{V}$

电压源产生的功率　$P = U_s I = 45\text{W}$

例 1-7　有一个 200Ω、1W 的碳膜电阻用于直流电路，问在使用时电流、电压不得超过多大的数值?

解：电流流过电阻必然消耗电能而发热，为使电阻能够正常工作，不因温度过高被烧坏，使用时一定不能超过其额定值。市售的碳膜、金属膜电阻通常分为额定功率为 1/8W、1/4W、1/2W、1W 及 2W 等几种。功率损耗较大时可选用线绕电阻。

本题解答如下：

$$|I| = \sqrt{\frac{P}{R}} = \sqrt{\frac{1}{200}}\text{A} = \frac{1}{10\sqrt{2}}\text{A} \approx 71\text{mA}$$

$$|U| = R|I| = 200 \times 71 \times 10^{-3}\text{V} = 14.2\text{V}$$

此电阻在使用时，电流不能超过 71mA，电压不能超过 14.2V。

练习与思考题

1-5-1　图 1-41 所示电路，直流理想电流源 $I_s = 2A$。求：$R = 0\Omega$、$R = 3\Omega$ 时电流 I、电压 U 及电流源产生功率 P_s。(2A，0V，0W；2A，6V，12W)

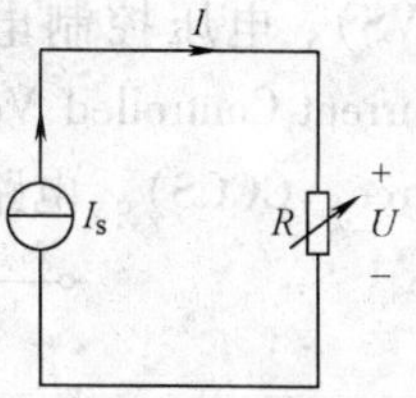

1-5-2　电路如图 1-42 所示，已知 $U_s = 3V$，$I_s = 2A$，求流过电压源的电流及电流源两端电压。(1A，7V)

1-5-3　电路如图 1-43 所示，求电流 I_1、I_2。(2A，-5A)

1-5-4　如图 1-44 所示，一个 3A 的理想电流源与不同的外电路相接，求 3A 电流源在三种情况下分别产生的功率 P_s，并判断它是电源还是负载。(27W，15W，-15W)

图 1-41　练习与思考题 1-5-1 图

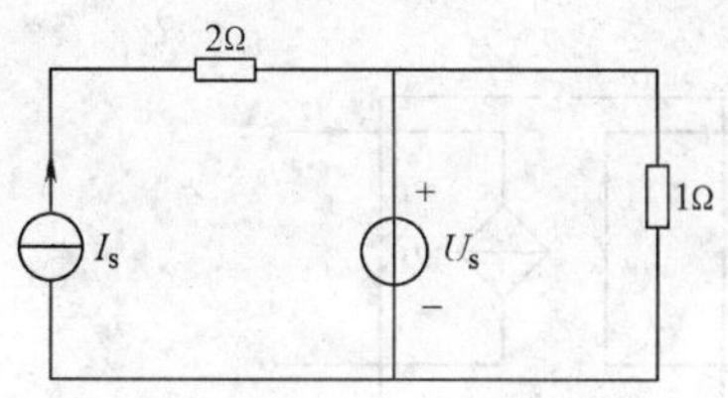

图 1-42　练习与思考题 1-5-2 图

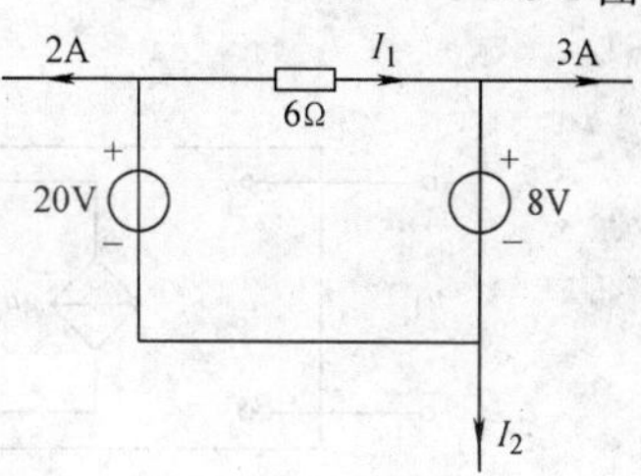

图 1-43　练习与思考题 1-5-3 图

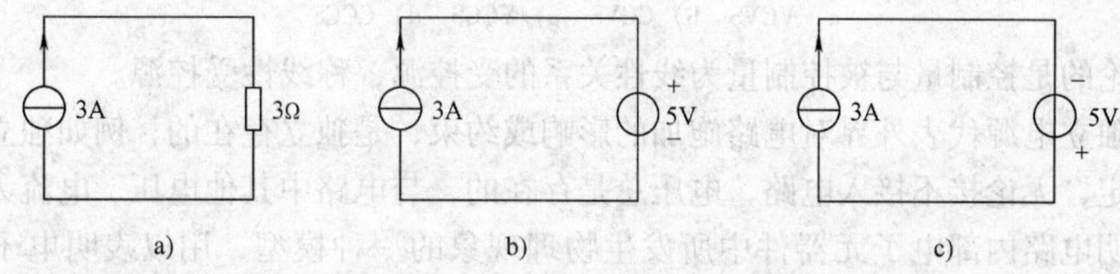

图 1-44　练习与思考题 1-5-4 图

1-5-5　有两只额定电压和额定功率分别为 110V/100W 和 110V/60W 的白炽灯，今欲串联在额定电压为 220V 的电源上使用，是否可以？如果两只都是 110V/60W 的白炽灯，又如何？

1.6　受控源

1.5 节介绍的电源，其源电压或源电流不受外电路的影响而独立存在，故又称为独立电源。在电子电路中还将会遇到另一种类型的电源：其源电压或源电流受电路中另外一处的电压或电流所控制，不能独立存在，这种电源称为受控电源，简称受控源（Controlled Source）。当控制的电压或电流消失或等于零时，受控源的源电压或源电流也将等于零。受控源与独立电源不同，它用来描述电路中不同之处电压与电流之间的关系，即同一电路中某处的电压或电流受另一处的电压或电流的控制的现象。

受控源是由电子元器件抽象而来的一种模型。一些电子元器件，如晶体管，具有输入端的电压（电流）能控制输出端的电压或电流的特点，因此人们提出了受控源元件。受控源是一种具有四个端子的元件，有两个控制端钮（又称输入端），两个受控端钮（又称输出端）。受控源就其输出端所呈现的性能看，可分为受控电压源、受控电流源，当被控制量是电压时，用受控电压源表示；当被控制量是电流时，用受控电流源表示。根据控制量与被控制量的不同，受控源可分为如下四种：电压控制电压源（Voltage Controlled Voltage Source，VCVS）、电压控制电流源（Voltage Controlled Current Source，VCCS）、电流控制电压源（Current Controlled Voltage Source，CCVS）和电流控制电流源（Current Controlled Current Source，CCCS）。电路图形符号如图 1-45 所示。

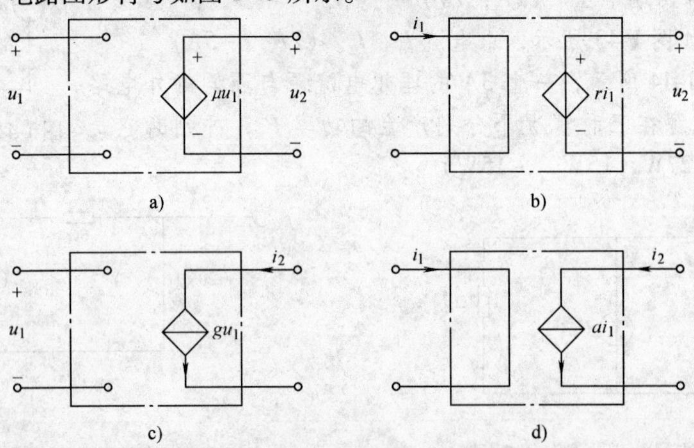

图 1-45　四种受控源

a）VCVS　b）CCVS　c）VCCS　d）CCCS

本书讨论的是控制量与被控制量为线性关系的受控源，称线性受控源。

注意：独立电源代表外界对电路施加的影响或约束，是独立存在的，例如独立电压源电压由本身决定，无论接不接入电路，电压总是存在的，与电路中其他电压、电流无关，而受控源只是表明电路内部电子元器件中所发生物理现象的一种模型，用以表明电子元器件的“互参数”或电压、电流“转移”关系的一种方式而已，受控源电压（或电流）由控制量决定。独立电源在电路中起“激励”作用，在电路中产生电压、电流，而受控源是反映电路中某处的电压或电流对另一处的电压或电流的控制关系，在电路中不能作为“激励”。为了与独立电源相互区别，受控源的图形符号用菱形表示。

电压控制电压源如图 1-45a 所示，其输入控制量是电压 u_1，输出电压是 u_2。输出电压与控制电压的关系为

$$u_2 = \mu u_1 \tag{1-24}$$

式中，控制系数 μ 是量纲为一的常数，称为转移电压比，或电压放大系数。

电流控制电压源如图 1-45b 所示，其输入控制量是电流 i_1，输出电压是 u_2。输出量与控制量的关系为

$$u_2 = ri_1 \tag{1-25}$$

式中，控制系数 r 具有电阻的量纲，称为转移电阻。

电压控制电流源如图 1-45c 所示，其输入控制量是电压 u_1，输出电流是 i_2。输出量与控制量的关系为

$$i_2 = gu_1 \tag{1-26}$$

式中，控制系数 g 具有电导的量纲，称为转移电导。

电流控制电流源如图 1-45d 所示，其输入控制量是电流 i_1，输出电流是 i_2。输出量与控制量的关系为

$$i_2 = \alpha i_1 \tag{1-27}$$

式中，控制系数 α 是量纲为一的常数，称为转移电流比，或电流放大系数。

含受控源的电路仍可根据 KCL、KVL 以及元件的 VCR 来求解，只是特别需要注意控制量与被控量的关系。

例 1-8 电路如图 1-46a 所示，求 u_s 及受控源的功率。

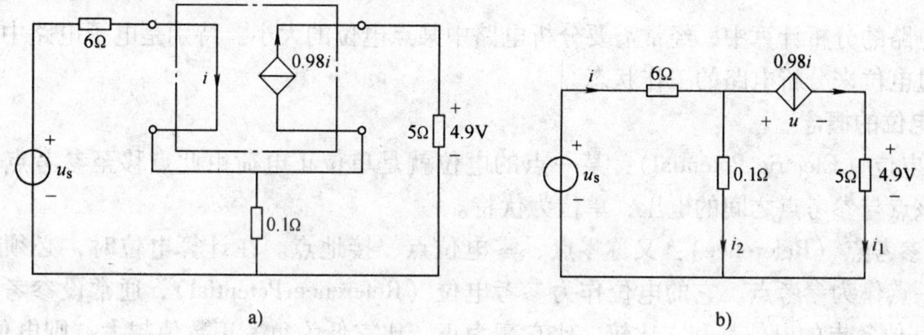

图 1-46 例 1-8 图

解：图 1-46a 中所示受控源为 CCCS。受控源的特点是输出电压或电流受其他支路电压或电流控制，但在画图时不一定局限于图 a 中的形式，为简便起见，通常把图 1-46a 绘成图 1-46b 的形式。

$$i_1 = \frac{4.9}{5}\text{A} = 0.98i = 0.98\text{A}$$

可得
$$i = 1\text{A}$$

由 KCL
$$i_2 = i - i_1 = 0.02\text{A}$$

由 KVL
$$u_s = 6 \times 1\text{V} + 0.1 \times 0.02\text{V} = 6.002\text{V}$$

受控源吸收的功率
$$p = 0.98 \times (0.002 - 4.9)\text{W} = -4.8\text{W}$$

即受控源产生的功率为 4.8W。

练习与思考题

1-6-1 电路如图 1-47 所示，求电流 I。(1.6A)

1-6-2 电路如图 1-48 所示，$I_s = 10\text{A}$，求各元件吸收的功率。（-100W，-200W，300W）

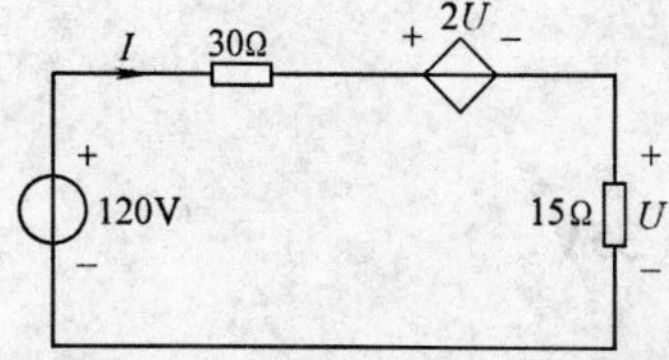

图 1-47 练习与思考题 1-6-1 图

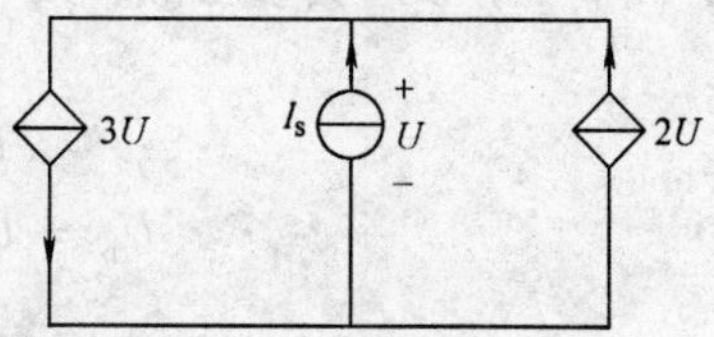

图 1-48 练习与思考题 1-6-2 图

1-6-3 电路如图1-49所示，求电压 U。(12V)

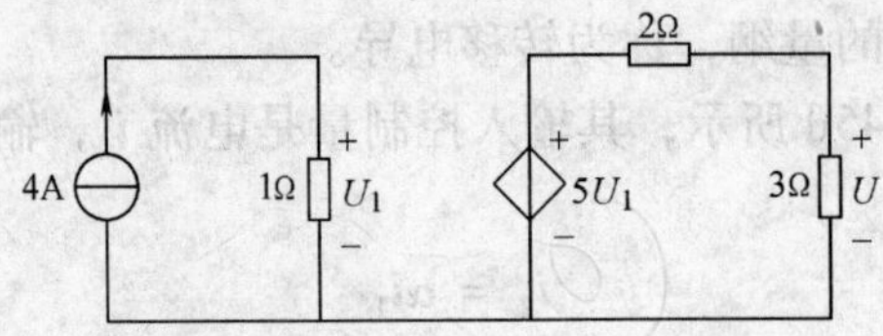

图1-49 练习与思考题1-6-3图

1.7 电路中电位的计算

在电路的分析计算中，经常需要分析电路中某点电位的大小。特别是电子电路中，常常需要通过电位来分析电路的工作状态。

1. 电位的概念

1）电位（Electric Potential）：某一点的电位就是单位正电荷由此点移至参考点所做的功，即该点与参考点之间的电压，单位为伏特。

2）参考点（Reference）：又称零点、零电位点、接地点。在计算电位时，必须选定电路中某一点作为参考点。它的电位作为参考电位（Reference Potential），通常设参考电位为0V，而其他各点的电位都和它比较，比它高为正，比它低为负。正数值越大，则电位越高；负数值越大，则电位越低。参考点的符号采用接地符号“⊥”，参考点并不是真的与大地相接，在许多电子设备中通常把金属机壳作为参考点。

3）电位的符号：电位用 $u(U)$ 或 $v(V)$ 加下标表示，例如a点电位可以表示为 U_a 或 V_a。

2. 电位的计算

下面用一道例题来说明电位的分析计算。

例1-9 求图1-50a中各点电位（d、a分别为参考点）。

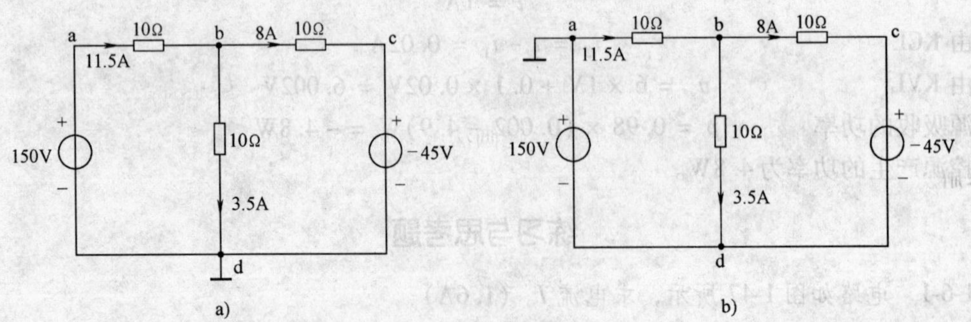

图1-50 例1-9图

解： 图a中，设d为参考点，则

$$U_d = 0V$$

$$U_a = U_{ad} = 150V$$

$$U_b = U_{bd} = 3.5 \times 10V = 35V$$

$$U_c = -45V$$

图b中，设a为参考点，则

$$U_a = 0$$

$$U_d = U_{da} = -U_{ad} = -150\text{V}$$

$$U_b = U_{ba} = -115\text{V}$$

$$U_c = -195\text{V}$$

可见参考点选择得不同，各点的电位也不同，但任意两点之间的电压是固定不变的，不会因参考点不同而不同（各点电位是相对的，两点之间电压是绝对的）。

3. 简化画法

在电路分析中，为了绘图方便，通常采用图 1-51 所示的简化画法，电源可不用电路图形符号，而改为只标出其极性及电位值。图 1-51 中，a 端标出 +150V，表示电压源的正极接在 a 端，其电压值为 150V，负极接在参考点 d 端。c 端标出 −45V，表示电压源负极接在 c 端，电压值为 45V，正极接参考点 d。

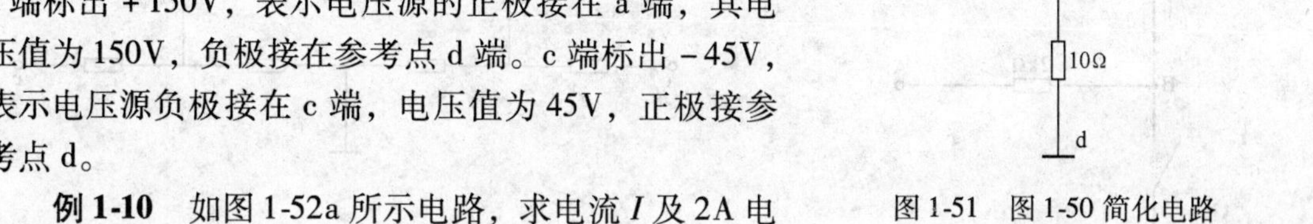

图 1-51　图 1-50 简化电路

例 1-10　如图 1-52a 所示电路，求电流 I 及 2A 电流源发出的功率。

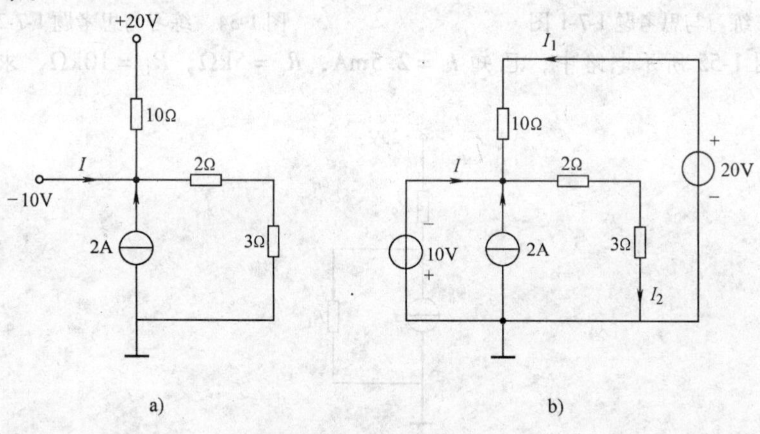

图 1-52　例 1-10 图

解： 初学者求解时可将图 a 所示的简化画法改画成图 b 所示的一般性电路，根据图 b 所示求解。

在 10Ω 电阻、20V 电压源、10V 电压源回路中，依据 KVL 列方程

$$10I_1 - 20 - 10 = 0$$

$$I_1 = 3\text{A}$$

在 2Ω 电阻、3Ω 电阻、10V 电压源回路中，依据 KVL 列方程

$$(2+3)I_2 = -10$$

$$I_2 = -2\text{A}$$

故

$$I = -I_1 + I_2 - 2$$

$$I = -7\text{A}$$

2A 电流源产生的功率为

$$P = -2 \times 10\text{W} = -20\text{W}$$

故 2A 电流源实际是吸收了 20W 的功率。

练习与思考题

1-7-1 计算图 1-53 所示电路在开关断开和闭合时 A 点的电位 V_A。(6V, 0V)

1-7-2 在图 1-54 所示电路中，当设 c 点为参考点时，$U_a=-6V$，$U_b=-2V$，$U_d=-3V$，$U_e=-4V$，求 U_{ab}、U_{bc}、U_{cd}、U_{de} 各是多少？($U_{ab}=-4V$、$U_{bc}=-2V$、$U_{cd}=3V$、$U_{de}=1V$)

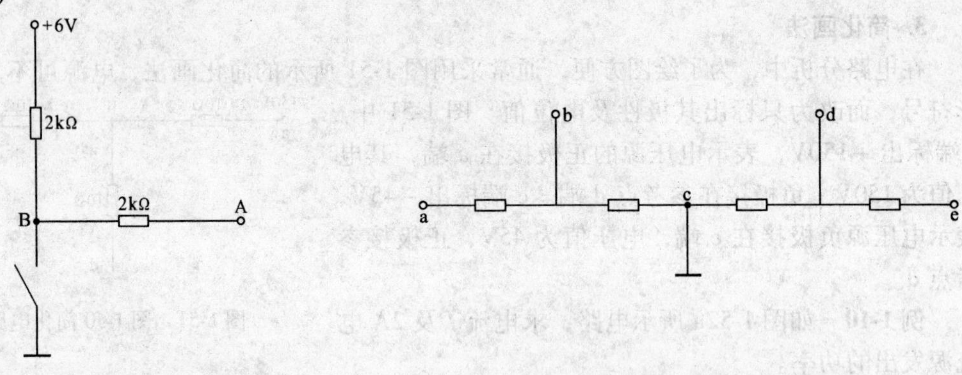

图 1-53 练习与思考题 1-7-1 图

图 1-54 练习与思考题 1-7-2 图

1-7-3 图 1-55 所示电路中，已知 $I_c=2.5mA$，$R_c=5k\Omega$，$R_L=10k\Omega$，求电流 I。($I=0.5mA$)

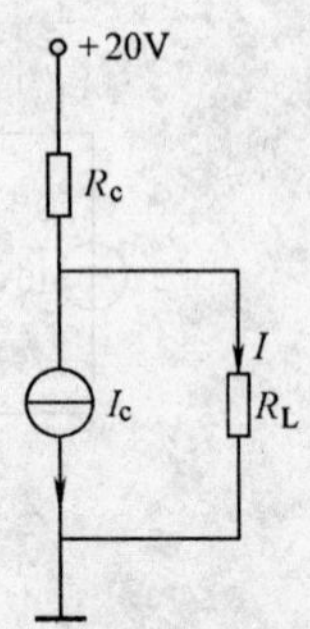

图 1-55 练习与思考题 1-7-3 图

习 题

1-1 图 1-56 所示电路中方框用来泛指元件。已知四个元件的电压均为 5V，且知 $I_A=1A$，$I_B=-2A$，元件 C、D 吸收的功率分别为 $P_C=-20W$，$P_D=10W$。试求元件 A、B 吸收的功率 P_A、P_B 及 I_C、I_D 的值。

1-2 电路如图 1-57 所示，试分别根据电表读数情况计算网络 N_2 吸收的功率。(1) $I=1A$，$U=1V$；(2) $I=-1A$，$U=1V$；(3) $I=1A$，$U=-1V$；(4) $I=-1A$，$U=-1V$。

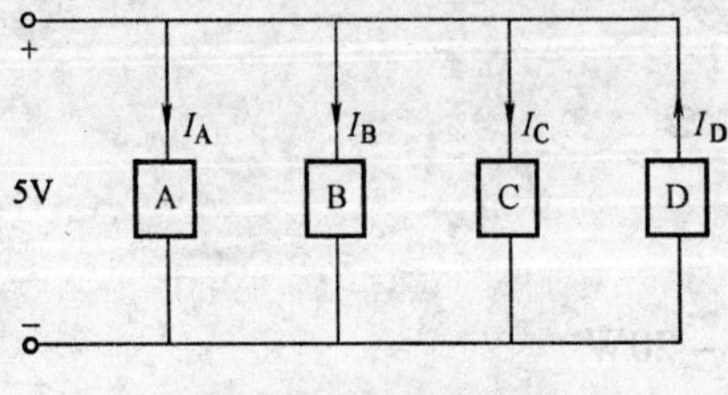

图 1-56 习题 1-1 图

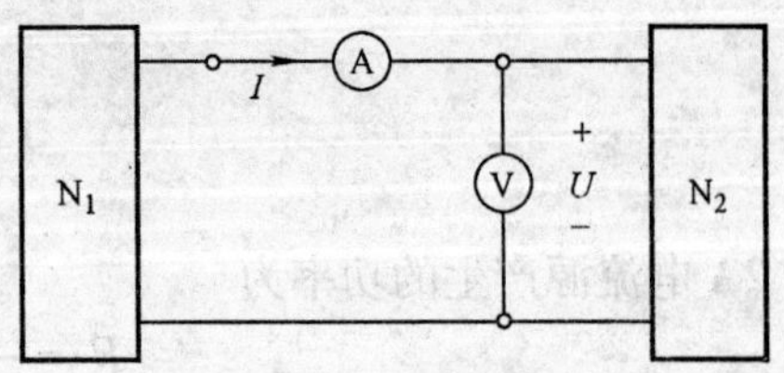

图 1-57 习题 1-2 图

1-3　对某汽车蓄电池充电要用恒定的电流 3A 充电 4h 可达 12V，求：(1) 充电消耗的电能；(2) 若电费为 0.48 元/(kW·h)，充电电费是多少？

1-4　在图 1-58 中，五个元件代表电源或负载。今通过实验测量得知 $I_2=6\text{A}$，$I_3=10\text{A}$，$U_1=140\text{V}$，$U_4=-80\text{V}$，$U_5=30\text{V}$。(1) 求 U_2、U_3；(2) 判断哪些元件是电源，哪些是负载；(3) 计算各元件的功率，电源发出的功率和负载取用的功率是否平衡？

1-5　如图 1-59 所示电路，求 I_1、I_2、I_3，U_1、U_2、U_3。

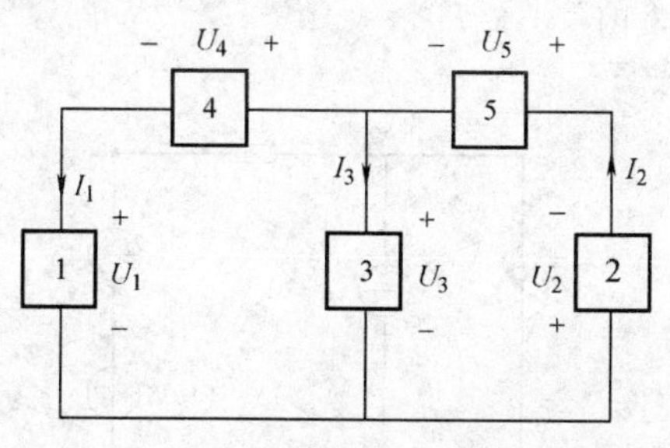

图 1-58　习题 1-4 图

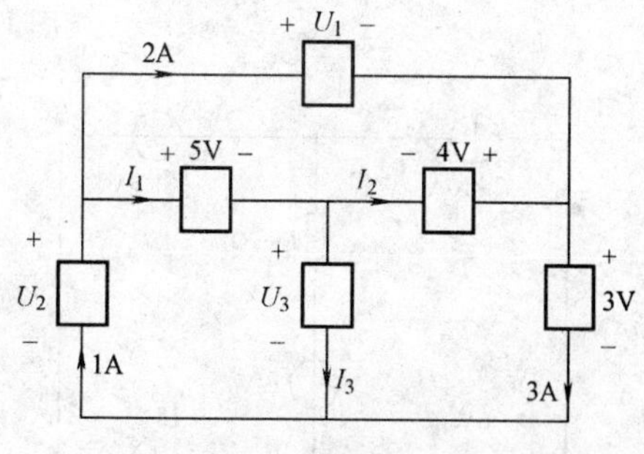

图 1-59　习题 1-5 图

1-6　求图 1-60 所示电路的等效电阻 R_{ab}。

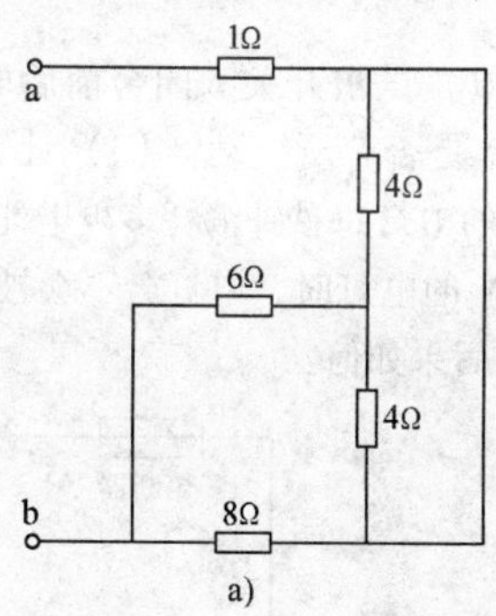

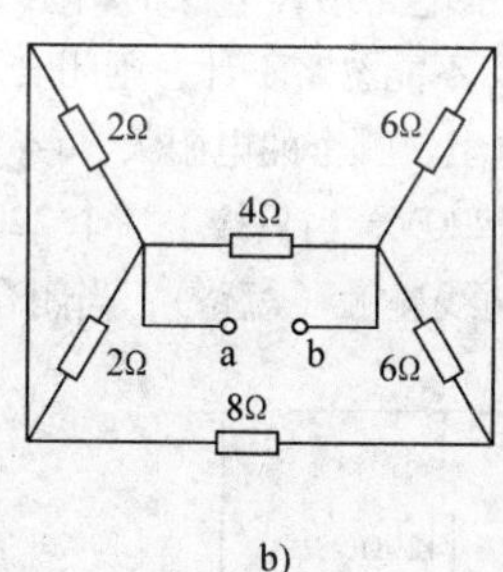

图 1-60　习题 1-6 图

1-7　图 1-61 是某电路的一部分，试求电流 I、电压 U_s 和电阻 R。

1-8　图 1-62 所示电路，求开关 S 打开时的电压 U_{ab} 和开关 S 闭合时的电流 I_{ab}。

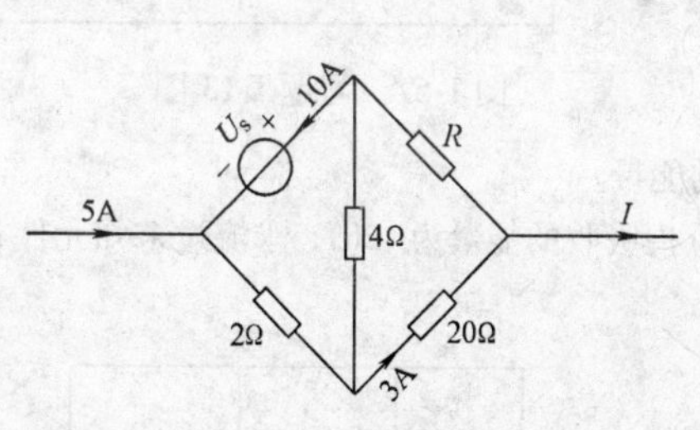

图 1-61　习题 1-7 图

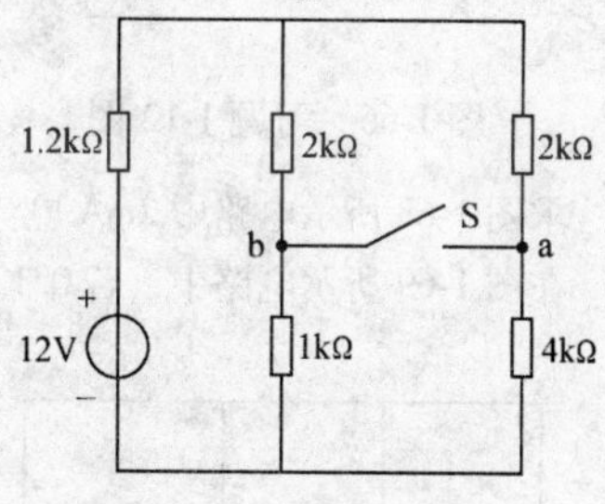

图 1-62　习题 1-8 图

1-9　分别计算图 1-63a、b、c 所示三个电路中电压源、电流源产生的功率。

1-10　图 1-64 所示电路。(1) 求 I_s、U_s 电源吸收的功率；(2) 若 $R=0$，问 (1) 中所求的两功率如何变化？

1-11　求图 1-65 电路中 4A 电流源及 ab 支路产生的功率。

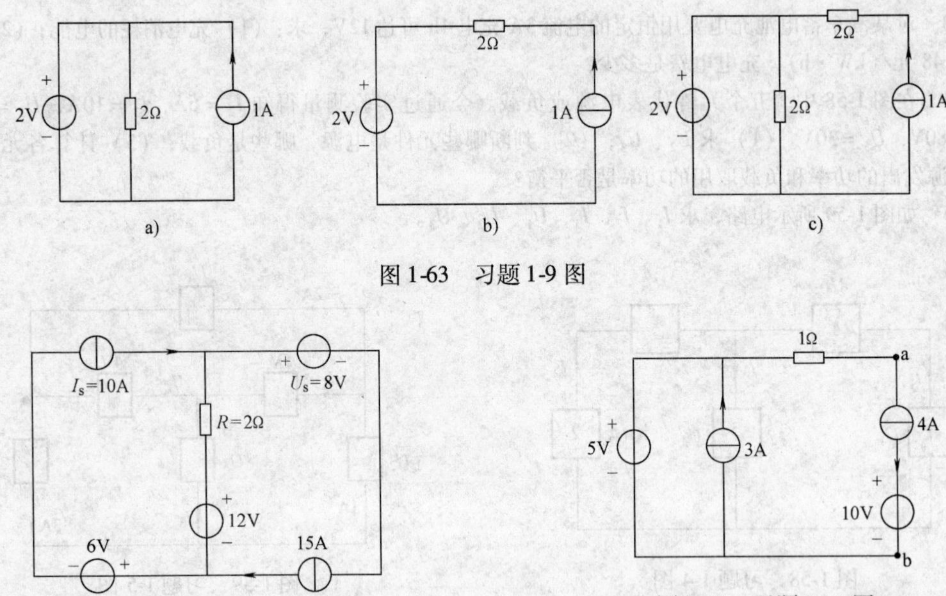

图 1-63 习题 1-9 图

图 1-64 习题 1-10 图

图 1-65 习题 1-11 图

1-12 求图 1-66 所示电路中电流源产生功率 P_s。

1-13 在图 1-67 所示电路中，电源的内阻为零。(1) 试求开关 S 闭合前后电路中的电流 I_1、I_2、I；(2) 如果电源的内阻 R_0 不能忽略不计，则闭合 S 时，I_1 是否有所变动？(3) 计算 200W 和 100W 电灯在 220V 电压下工作时的电阻，哪个的电阻大？(4) 100W 的电灯每秒钟消耗多少电能？(5) 设电源的额定功率为 125kW，端电压为 220V，当只接上一个 220V、60W 的电灯时，电灯会不会被烧毁？(6) 如果由于接线不慎，100W 电灯的两线碰触（短路），当闭合 S 时，后果如何？

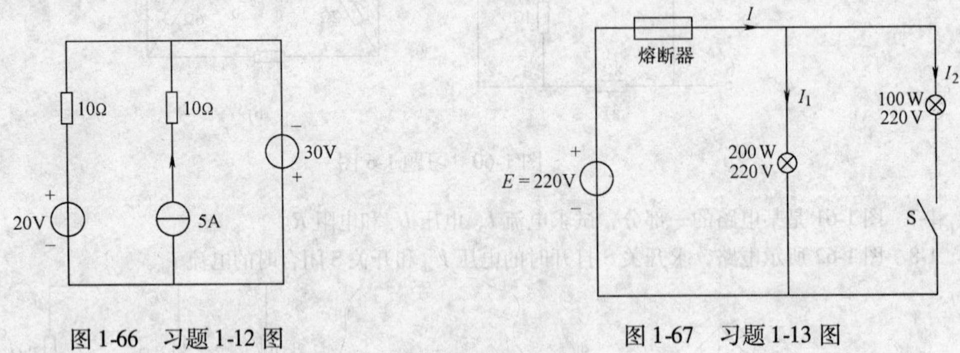

图 1-66 习题 1-12 图

图 1-67 习题 1-13 图

1-14 求图 1-68 所示电路中 2mA 电流源在 1h 内吸收的能量。

1-15 在图 1-69 所示电路中，若 0.1A 电流源在 0.5min 内吸收的能量为 120J，求流过未知元件 A 中的电流 I。

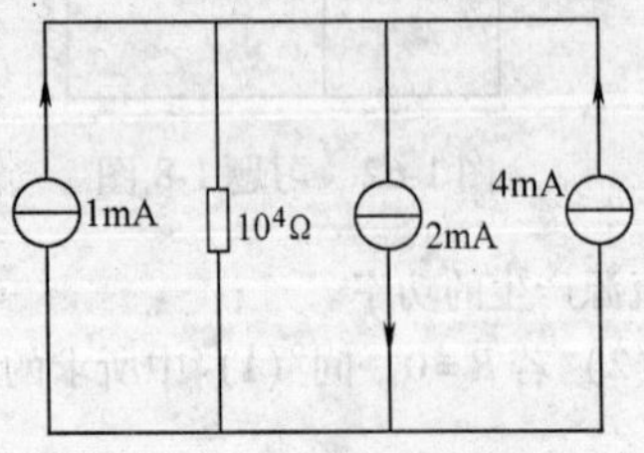

图 1-68 习题 1-14 图

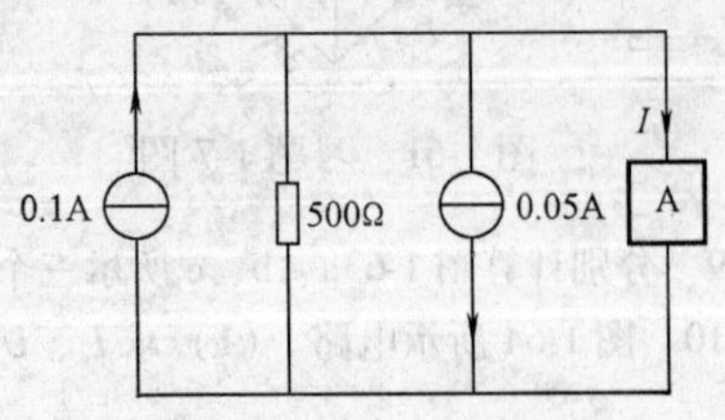

图 1-69 习题 1-15 图

1-16　电路如图 1-70 所示。(1) 求 -5V 电压源提供的功率；(2) 如果要使 -5V 电压源提供的功率为零，4A 电流源应改变为多大电流？

1-17　电路如图 1-71 所示，试求电流源电压 u 和电压源电流 i、u_x 和 i_x。

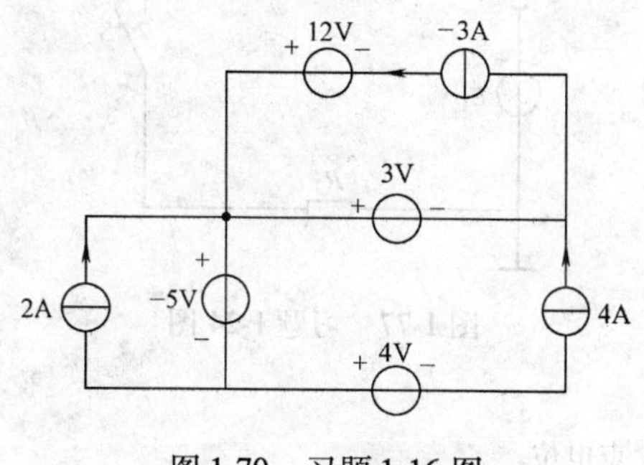

图 1-70　习题 1-16 图

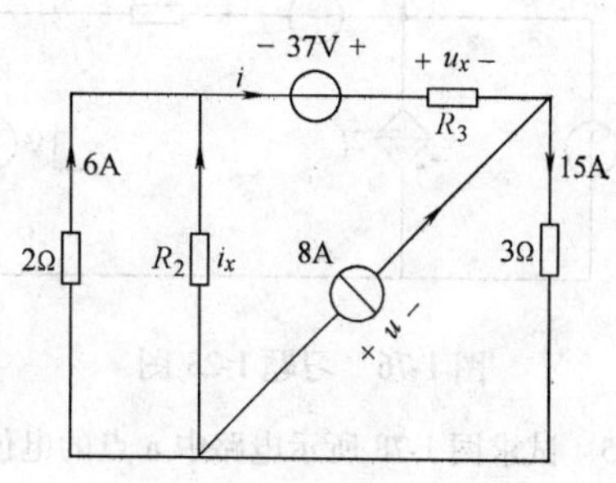

图 1-71　习题 1-17 图

1-18　求图 1-72 所示电路的电压 U。

1-19　求图 1-73 所示电路的电压 U。

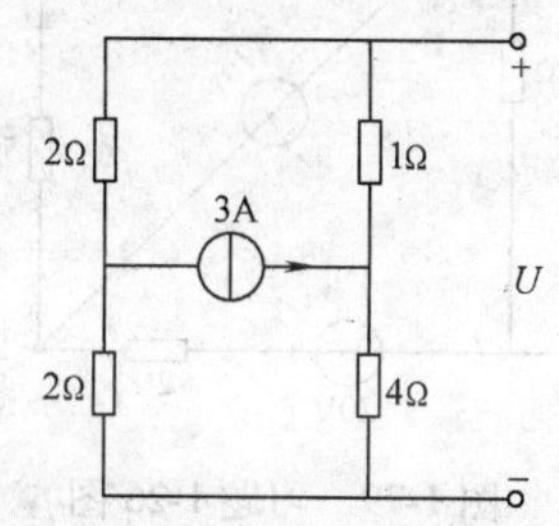

图 1-72　习题 1-18 图

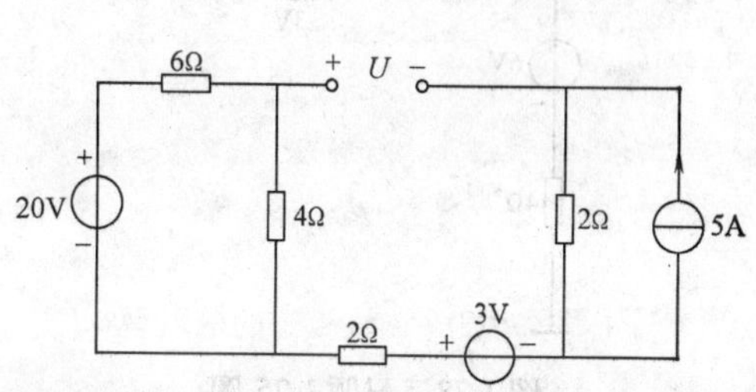

图 1-73　习题 1-19 图

1-20　有两只电阻，其额定值分别为 40Ω、10W 和 200Ω、12.5W，试问它们允许通过的电流是多少？如将两者串联起来，其两端最高允许电压可加多大？

1-21　图 1-74 所示电路中 N 为直流电源，当开关 S_1 断开时，电压表读数为 10V，当开关 S_1 和 S_2 均闭合时，电流表读数为 20A。试求：(1) 该电源的电动势 E 和内阻 R_0；(2) 若 S_1 闭合、S_2 断开时，电流表读数为 10A，则 R_L 为多少？R_L 吸收的功率 P_L 为多少？证明此时 R_L 获得的功率为最大值。

1-22　电路如图 1-75 所示，其中受控源参数 $r=5\Omega$。试求各元件吸收的功率。

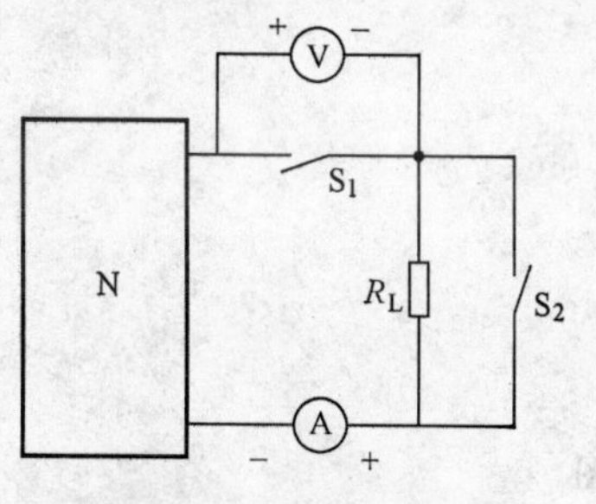

图 1-74　习题 1-21 图

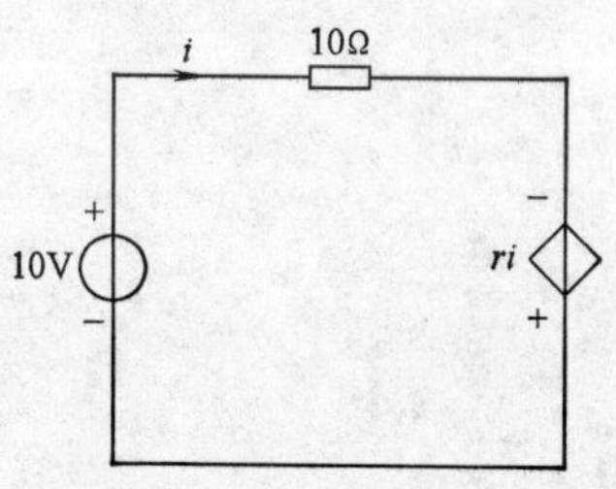

图 1-75　习题 1-22 图

1-23　求图 1-76 电路中各电压源、电流源及受控源的功率，判别电路是否功率平衡。

1-24　电路如图 1-77 所示，已知 $E_1=10V$，$E_2=2V$，$R_1=1\Omega$，$R_2=3\Omega$，$R_3=4\Omega$。试求：(1) S 打开时 A、B 两点电位；(2) S 闭合时 A、B 两点电位。

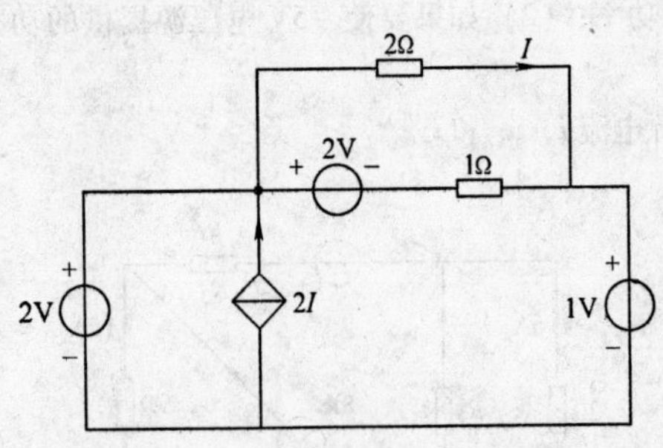

图 1-76 习题 1-23 图

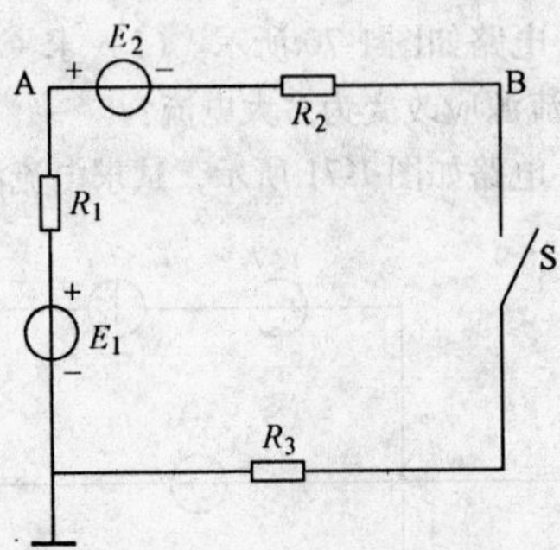

图 1-77 习题 1-24 图

1-25 试求图 1-78 所示电路中 a 点的电位。

1-26 图 1-79 所示电路中，A 点悬空，试求电流 I 和 A 点电位。

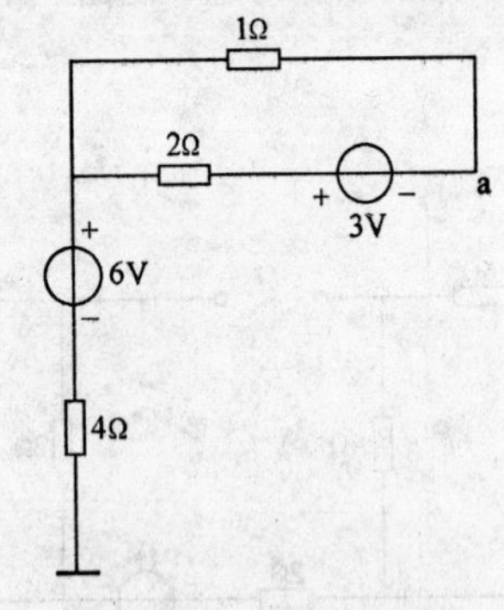

图 1-78 习题 1-25 图

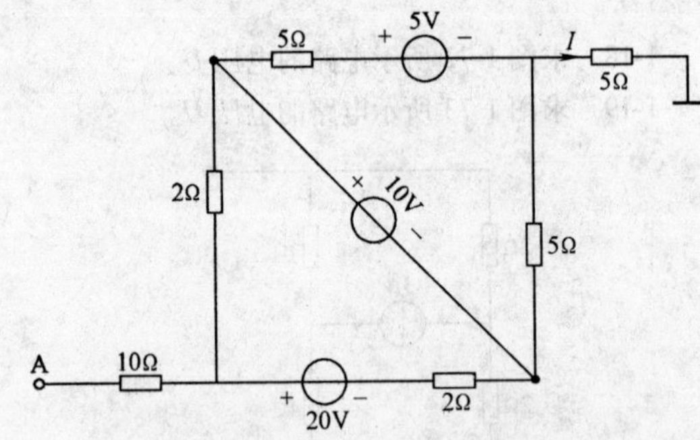

图 1-79 习题 1-26 图

1-27 图 1-80 所示电路中，求：（1）A 点电位 V_A；（2）计算各电源的功率，判别它们是电源还是负载？

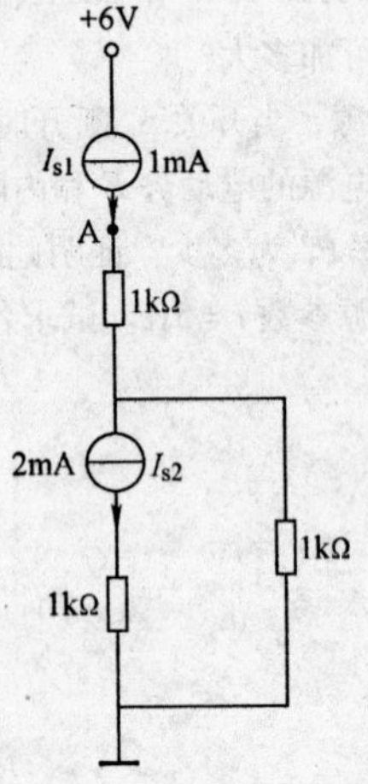

图 1-80 习题 1-27 图

第 2 章　电路常用分析方法

2.1　等效变换法

“等效”在电路理论中是很重要的概念，电路等效变换（Equivalent Transformation）是电路分析中经常使用的方法。在计算中可把一个复杂的二端网络（对外有两个端钮的网络）用简单的二端网络代替，从而简化计算过程。

电路等效的一般定义：如果一个二端网络 N 和另一个二端网络 N′的伏安关系完全相同，则这两个二端网络对任意的外电路来说是等效的。

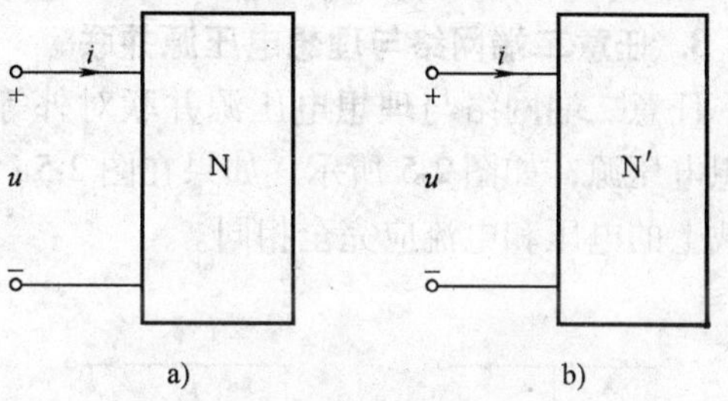

图 2-1　具有相同 VCR 的两部分电路

如果电路 N 和 N′的结构、元件参数完全不相同，但它们只要具有相同的 VCR，那么就是相互等效的，这两个二端网络可以相互代换，代换前的电路和代换后的电路对任意外电路是等效的，如图 2-1 所示。

例如，在第 1 章中介绍的串联等效电阻、并联等效电阻的公式其实就是应用了等效的概念。

当 $R=R_1+R_2+R_3+\cdots+R_N$ 时，图 2-2a 和图 2-2b 中虚线框中的电路对外电路等效，它们对外电路 A 的影响完全相同。

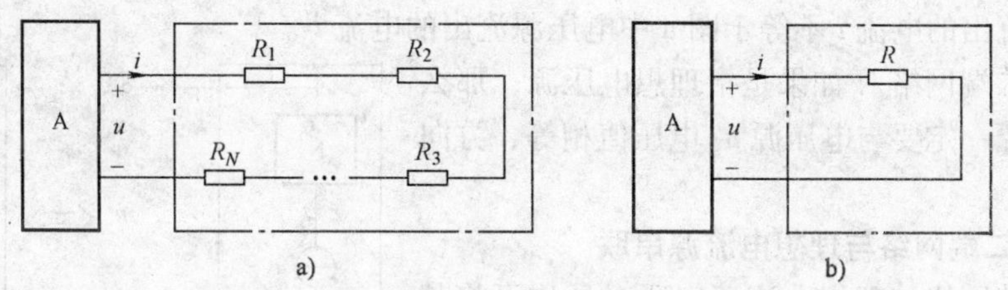

图 2-2　电阻的串联等效

等效变换法包括的内容很多，这里只介绍电源的等效变换和电阻的 Y 形（星形）与 Δ 形（三角形）联结的等效变换。

2.1.1　电源的等效变换

1. 理想电压源串联

几个理想电压源串联对外可等效成一个理想电压源，其电压等于相串联理想电压源端电压的代数和。

如图 2-3 所示，两理想电压源串联，由 KVL 可得到其等效电压源电压值为

$$u_s = u_{s1} + u_{s2} \tag{2-1}$$

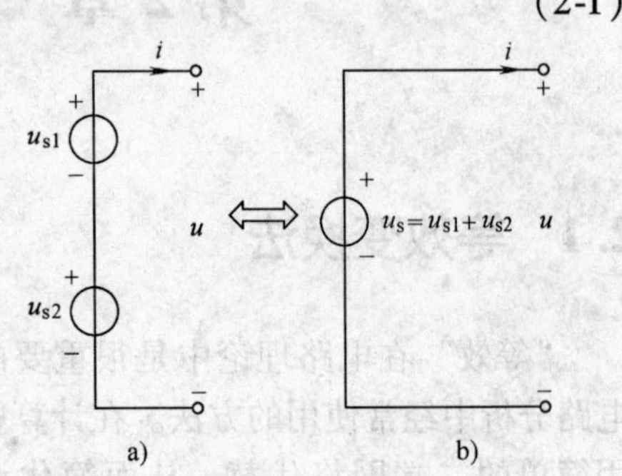

图 2-3 理想电压源串联等效

2. 理想电流源并联

几个理想电流源并联可等效成一个理想电流源，其输出电流等于相并联理想电流源输出电流的代数和。

如图 2-4 所示，两理想电流源并联，由 KCL 可得到其等效电流源电流值为

$$i_s = i_{s1} + i_{s2} \tag{2-2}$$

3. 任意二端网络与理想电压源并联

任意二端网络与理想电压源并联对外等效为此理想电压源，如图 2-5 所示。如果在图 2-5a 和 b 的 a、b 端钮上同时外接同样的负载，那么负载上的电压和电流应完全相同。

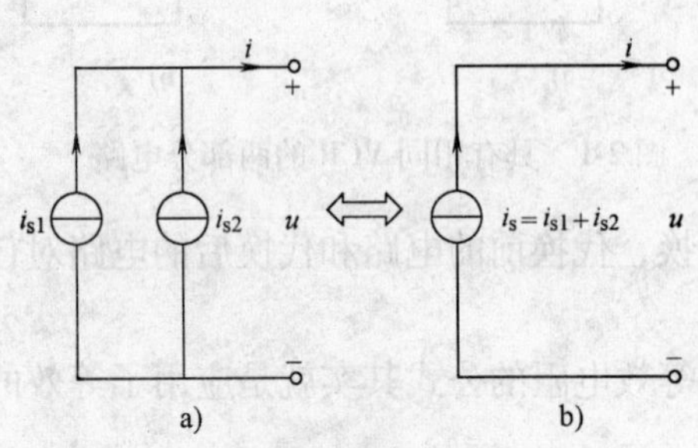

图 2-4 理想电流源并联等效

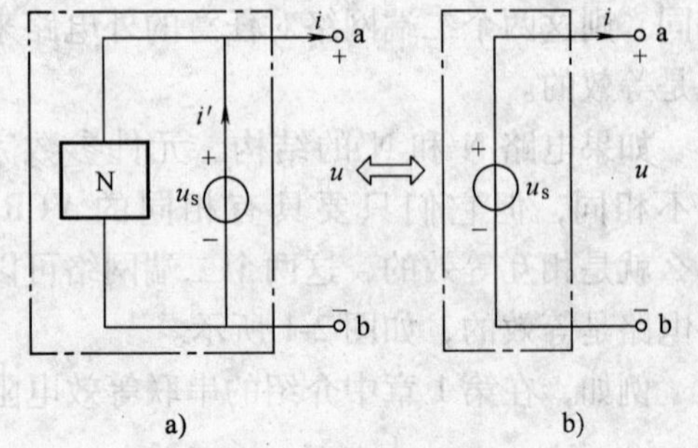

图 2-5 任意二端网络与理想电压源并联等效

注意，“等效”是对虚线框起来的二端网络外部等效，而内部是不等效的。例如图 2-5b 中，电压源流出的电流 i 不等于图 a 中电压源流出的电流 i'。

这里的二端网络 N 如果是指理想电压源，那么此理想电压源一定要与电压源 u_s 电压值相等、方向一致。

4. 任意二端网络与理想电流源串联

任意二端网络与理想电流源串联对外均可将其等效为此理想电流源，如图 2-6 所示。同样，如果在图 2-6a 和 b 的 a、b 端钮上同时外接同样的负载，那么负载上的电压和电流应完全相同。

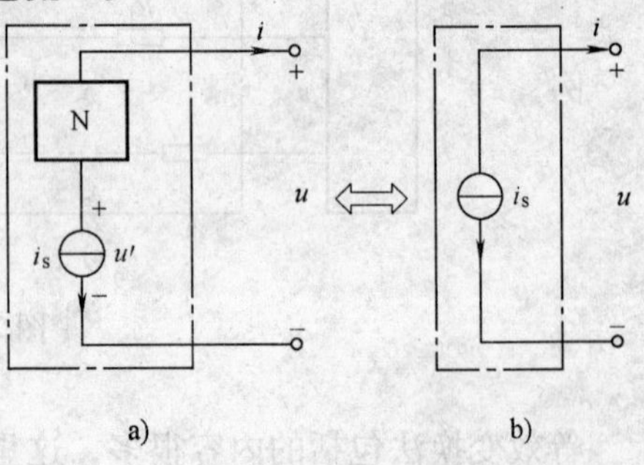

图 2-6 任意元件与理想电流源串联等效

应注意，等效是对虚线框起来的二端网络外部等效。图 2-6b 中电流源两端的电压 u 不等于图 a 中电流源两端的电压 u'。二端网络 N 如果是指理想电流源，那么此理想电流源的电流值与方向，一定要与理想电流源 i_s 一致。

5. 实际电压源、电流源模型的等效互换

实际电压源与电流源模型如图 2-7 所示，在满足一定的条件下，这两种电源也是可以对

外相互等效的，根据电路等效的条件，只要图 2-7a、b 的 VCR 完全相同，这两种电源对外相互等效。

图 2-7a、b 表示的电压源和电流源的 VCR 分别为

$$u = u_s - R_0 i$$

$$u = R_0' i_s - R_0' i$$

可见，如果要让实际电压源、实际电流源等效，应满足

$$R_0 = R_0' \tag{2-3}$$

$$u_s = R_0 i_s \tag{2-4}$$

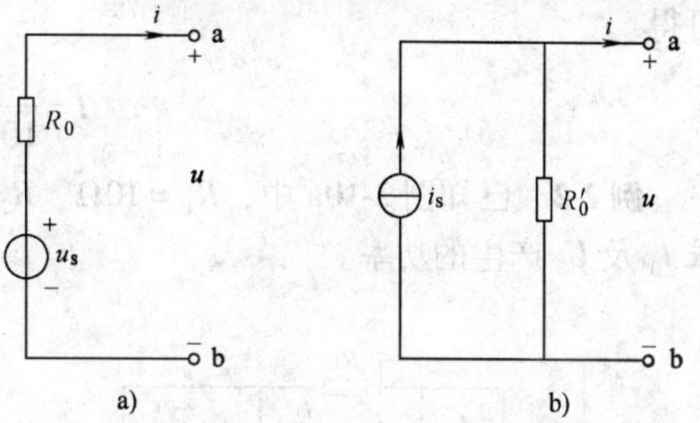

a)　　b)

图 2-7　实际电压源与电流源模型

电压源、电流源模型互换等效如图 2-8 所示。

应用实际电源互换等效分析电路问题时还应注意这样几点：

1）这种等效并不局限于电源模型，可以这样总结：电压为 U_s 的理想电压源和电阻串联都可以等效为电流为 U_s/R_0 的理想电流源和这个电阻并联。

2）电压源和电流源的等效是对外电路而言的，或是对电源输出电流 i、端电压 u 的等效，对电源内部讲是不等效的。如图 2-8a、b 两电路的 a、b 端钮接相同的负载，两图中的负载电压、电流、功率是完全相同的。但对于内部电路（框内）不等效。例如，R_0 上的电流对于图 2-8a：$i_{R_0} = i$；图 2-8b：$i_{R_0} = i_s - i$。如果负载开路了，图 2-8a：$i_{R_0} = 0$；图 2-8b：$i_{R_0} = i_s$。

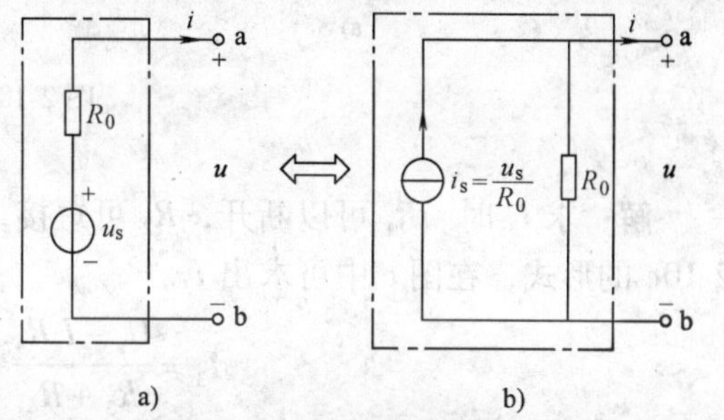

图 2-8　电压源、电流源模型等效互换

3）理想电压源和理想电流源之间不能等效，原因是这两种理想电源定义本身是相互矛盾的，二者不会具有相同的 VCR。

4）等效互换时要特别注意理想电压源的极性和理想电流源的电流方向。

例 2-1　求图 2-9a 电路中的电流 I。

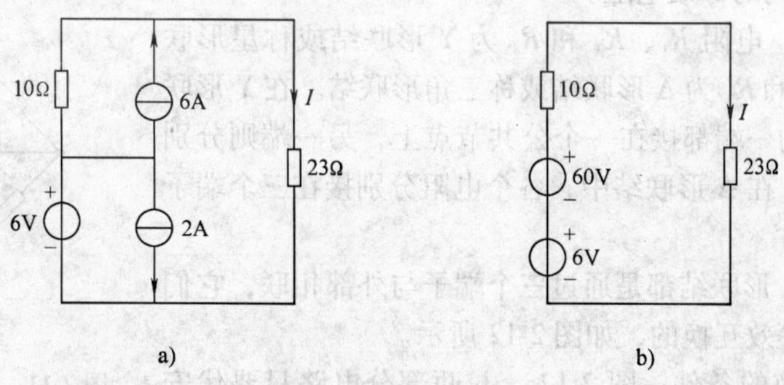

图 2-9　例 2-1 图

解： 图 2-9a 中，2A 电流源与 6V 电压源并联，对于 23Ω 电阻来说，可等效成 6V 电压

源。6A 电流源与 10Ω 电阻并联可对外等效成 60V 电压源与 10Ω 电阻串联，如图 2-9b 所示。可得

$$I = \frac{66}{10 + 23} = 2\text{A}$$

例 2-2 已知图 2-10a 中，$R_1 = 10\Omega$、$R_2 = 8\Omega$、$R_3 = 4\Omega$、$R_4 = 2\Omega$、$U_s = 10\text{V}$、$I_s = 2\text{A}$，求 I_3 及 U_s 产生的功率。

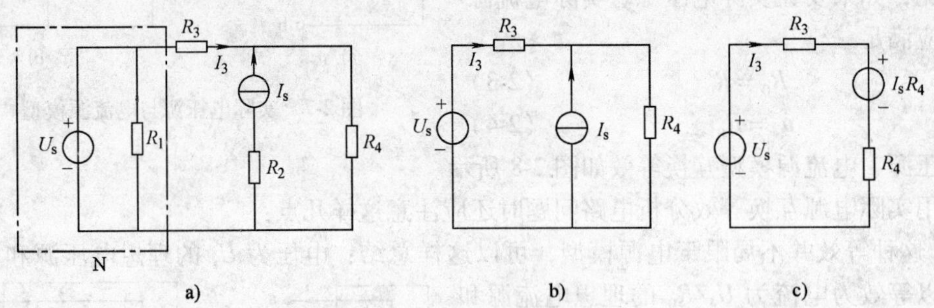

图 2-10 例 2-2 图

解： 求 I_3 时，R_1 可以断开，R_2 可短接，如图 2-10b 所示，再经电源的等效互换变成图 2-10c 的形式，在图 c 中可求出 I_3。

$$I_3 = \frac{U_s - I_s R_4}{R_3 + R_4} = \frac{10 - 2 \times 2}{6}\text{A} = 1\text{A}$$

求 U_s 的功率时，R_1 就不能去掉。因为流过 U_s 的电流不仅与图 a 中 N 之外电路有关，还与 R_1 有关。电压源 U_s 产生的功率

$$P = U_s I_{U_s} = 10 \times \left(\frac{10}{10} + I_3\right) = 20\text{W}$$

2.1.2 电阻的 Y 形联结与 Δ 形联结的等效变换

在电路中，有时电阻的联结既非串联又非并联，如图 2-11 所示，很难用电阻的串、并联求节点 1、2 之间的等效电阻。

在图 2-11 中，电阻 R_1、R_3 和 R_4 为 Y 形联结或称星形联结；电阻 R_1、R_2 和 R_3 为 Δ 形联结或称三角形联结。在 Y 形联结中，各个电阻的一端都接在一个公共节点上，另一端则分别接到三个端子上；在 Δ 形联结中，各个电阻分别接在三个端子的每两个之间。

Y 形联结和 Δ 形联结都是通过三个端子与外部相联，它们之间是可以进行等效互换的，如图 2-12 所示。

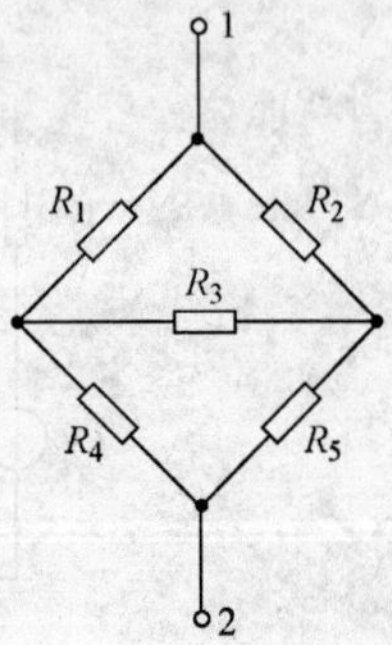

图 2-11 电阻的 Y 形联结和 Δ 形联结

根据等效变换的条件，图 2-12a、b 两部分电路只要伏安关系相同，即当它们对应端子间的电压相同时，流入对应端子的电流也必须分别相等，那么它们之间就可以进行等效互换。也就是经过这样变换后，不影响电路其他部分的电压和电流。

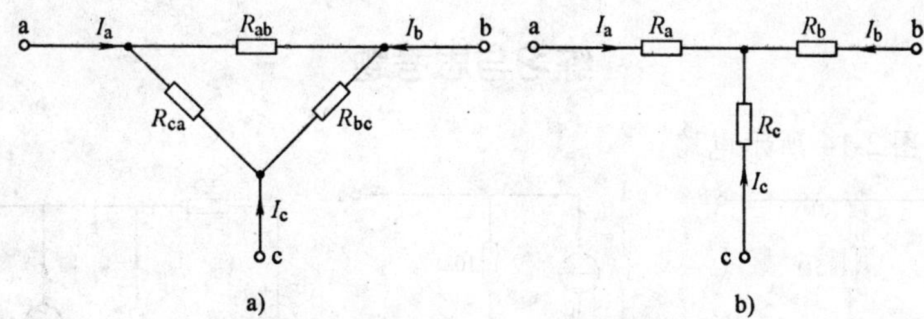

图 2-12　电阻 Y 形联结和 Δ 形联结的等效互换

满足上述条件后可得出：

将 Y 形联结等效变换为 Δ 形联结时

$$\left.\begin{aligned}R_{ab}&=\frac{R_aR_b+R_bR_c+R_cR_a}{R_c}\\R_{bc}&=\frac{R_aR_b+R_bR_c+R_cR_a}{R_a}\\R_{ca}&=\frac{R_aR_b+R_bR_c+R_cR_a}{R_b}\end{aligned}\right\}\tag{2-5}$$

将 Δ 形联结等效变换为 Y 形联结时

$$\left.\begin{aligned}R_a&=\frac{R_{ab}R_{ca}}{R_{ab}+R_{bc}+R_{ca}}\\R_b&=\frac{R_{bc}R_{ab}}{R_{ab}+R_{bc}+R_{ca}}\\R_c&=\frac{R_{ca}R_{bc}}{R_{ab}+R_{bc}+R_{ca}}\end{aligned}\right\}\tag{2-6}$$

应用电阻的 Y 形联结与 Δ 形联结的等效变换，在某些特定情况下，可大大简化计算过程。

例如，在图 2-13 中求电流 I，在图 a 中，如果能将 a、b、c 三端间的连成三角形（Δ 形）的三个电阻等效变换为星形（Y 形）联结的另外三个电阻，那么，电路的结构形式就变为图 2-13b 所示。显然，该电路中五个电阻串、并联的关系很明了，这样，就很容易计算电流 I 了。

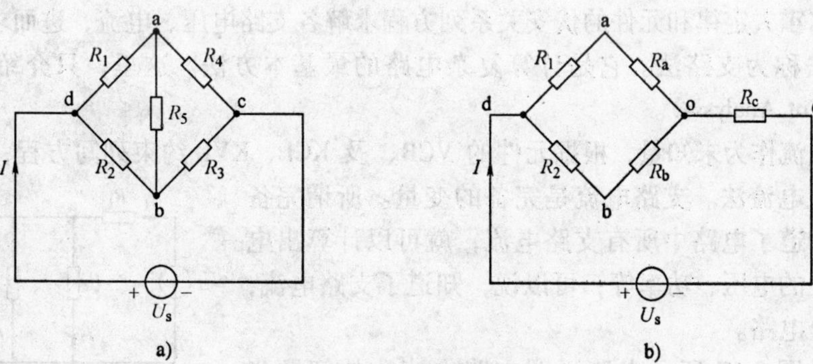

图 2-13　Y-Δ 等效变换实例

练习与思考题

2-1-1 化简图 2-14 所示电路。

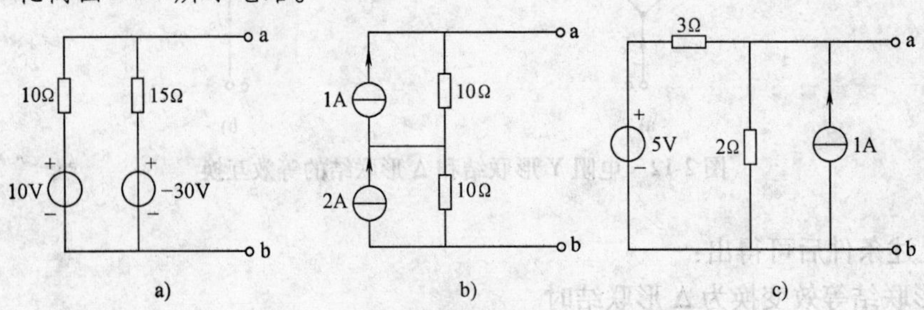

图 2-14 练习与思考题 2-1-1 图

2-1-2 求图 2-15 所示两电路中的电流 I。(2A，2A)

2-1-3 求图 2-16 所示两电路中的电压 U。(3V，10V)

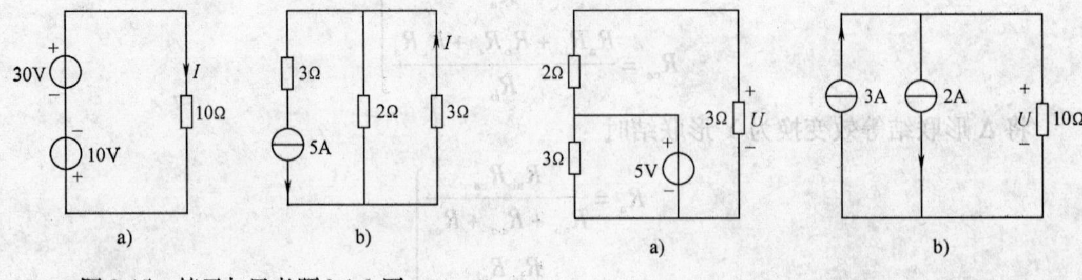

图 2-15 练习与思考题 2-1-2 图

图 2-16 练习与思考题 2-1-3 图

2.2 支路电流法

基尔霍夫定律和元件的伏安关系被称为电路的两类约束，是分析所有电路的基础。其中，基尔霍夫定律反映了电路作为一个整体所服从的规律；元件的伏安关系反映了电路中各元件的特点。

电路中所有的电压、电流都受两类约束支配，因此可应用这两类约束列方程来求解电路。应用基尔霍夫定律和元件的伏安关系列方程求解各支路电压、电流，进而求解电路中其他电量的方法称为支路法。它是计算复杂电路的最基本方法。这里，只介绍支路电流法（Branch Current Analysis）。

以支路电流作为未知量，根据元件的 VCR、及 KCL、KVL 约束列写方程，求解电路的方法称为支路电流法。支路电流是完备的变量。所谓完备性，即如果知道了电路中所有支路电流，就可以计算出电路中任何一处的电压、功率等；可以说，知道了支路电流，即可求解整个电路。

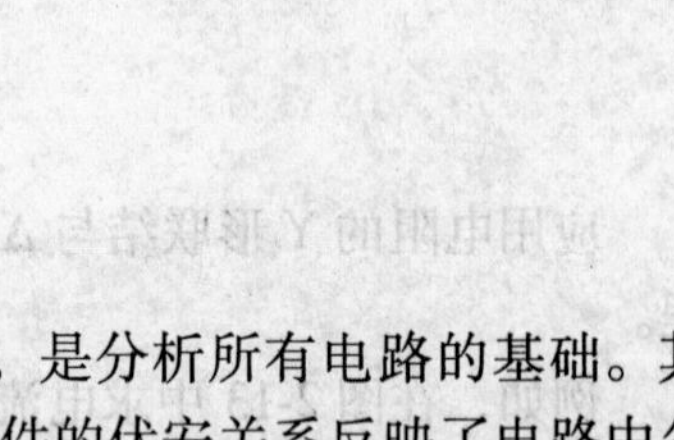

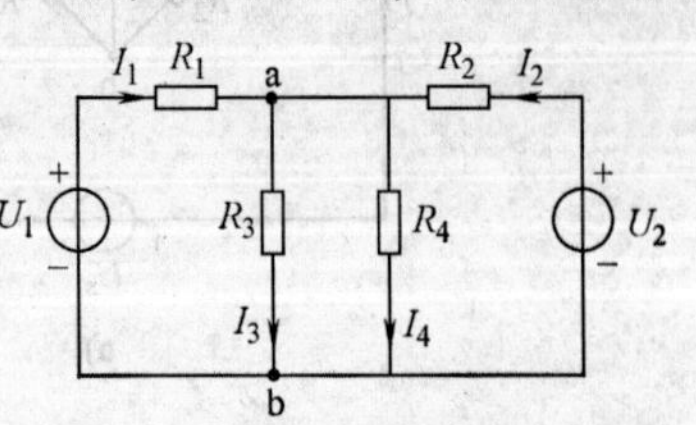

图 2-17 含 4 条支路的电路

下面通过图 2-17 所示电路说明支路电流法的解题步骤。

电路中有 4 条支路，应建立 4 个相互独立的 KCL、KVL 方程。

1）首先在电路图中标出各支路电流的参考方向。

2）列写独立的 KCL 方程。

因电路有两个节点，可列两个 KCL 方程

节点 a　$$I_1+I_2-I_3-I_4=0 \tag{2-7}$$

节点 b　$$I_3+I_4-I_1-I_2=0$$

这两个方程不是独立的，由一个可导出另一个。因此只能选其中一个。

3）列写独立的 KVL 方程。共需列 3 个独立的 KVL 方程，独立的 KVL 方程必须取自一组独立的回路，所谓“一组独立的回路”是指每个回路中包含新的支路。在回路很多的情况下，取网孔肯定可以保证其独立性。电路中有 3 个网孔，列出相应的 KVL 方程

$$\left.\begin{aligned}I_1R_1+I_3R_3-U_1=0\\I_3R_3-I_4R_4=0\\I_2R_2+I_4R_4-U_2=0\end{aligned}\right\} \tag{2-8}$$

4）联立式（2-7）、式（2-8）的 4 个方程，即可求解出各支路电流，进而求解电路中其他的电压、功率等。

对于具有 n 个节点、b 条支路的电路来说，首先应从 n 个节点中任意择 $n-1$ 个节点，依 KCL 列写 $n-1$ 个电流方程。之后再依据 KVL 列写 $b-(n-1)$ 个网孔电压方程。

例 2-3　电路如图 2-18 所示，应用支路电流法列出求解 I_5 所需的方程。

图 2-18　例 2-3 图

解：这是一个桥式电路，它在电子测量当中应用很广，很多压力、温度测量电路都用到它。

电路中共有 4 个节点、6 条支路，共需列 6 个方程。首先任选 3 个节点列 KCL 方程：

节点 a　$$I_1-I_2-I_5=0$$

节点 b　$$I_5+I_3-I_4=0$$

节点 c　$$I_4+I_2-I=0$$

之后列写三个网孔的 KVL 方程：

网孔 abda　$$I_5R_5-I_3R_3+I_1R_1=0$$

网孔 acba　$$I_2R_2-I_4R_4-I_5R_5=0$$

网孔 dbcd　$$I_3R_3+I_4R_4-U_s=0$$

联立求解这 6 个方程，即可得到 I_5。

应用支路电流法列方程是分析电路最基本的方法，但方程数目较多，为求解电路带来一定困难。以后还会学到其他的方法。

练习与思考题

2-2-1　电路参见图 1-71，试用支路电流法求电流源电压 u 和电压源电流 i、u_x 和 i_x。

2-2-2　电路如图 2-19 所示，应用支路电流法列出求解电流 I_1 所需方程。

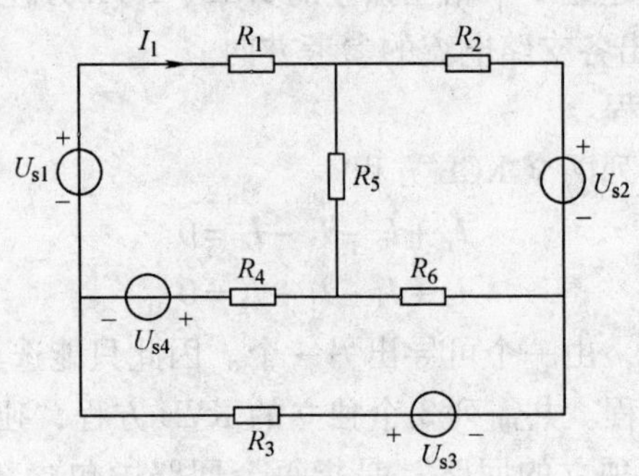

图 2-19 练习与思考题 2-2-2 图

2.3 叠加定理

叠加定理（Superposition Theorem）是线性电路（由线性元件及独立源所组成的电路）的一个非常重要的定理，它为求解含有多个电源的电路提供了一种行之有效的方法，并经常作为建立其他电路定理的基本依据。

齐次性与叠加性是线性电路中非常重要的特性。齐次性是指当一个激励作用于线性电路时，电路中任意的响应与该激励成正比；而叠加性是由叠加定理反映的。

叠加定理内容：当线性电路中有几个独立源（激励）共同作用时，电路中任意支路的电流和电压（响应）等于电路中各个独立源单独作用时，在该支路产生的电流或电压的代数和。

这里某个电源单独作用，是指其他电源不作用，即其他电压源的输出电压和电流源的输出电流为零，那么理想电压源相当于短路，理想电流源相当于开路。

例如图 2-20a 所示含两个电源的电路，在求电流 I_2 时，可在图 b 中求得 I_2'，在图 c 求得 I_2''，I_2 可看成 I_2'和 I_2''的叠加

$$I_2 = I_2' + I_2'' = \frac{1}{R_1 + R_2}U_s + \frac{R_1}{R_2 + R_2}I_s$$

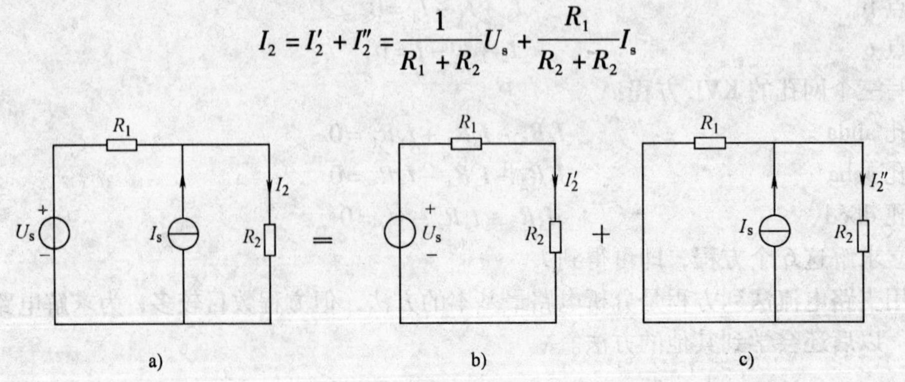

图 2-20 叠加定理的应用

例 2-4 用叠加定理求图 2-21a 中的电流 I_x。

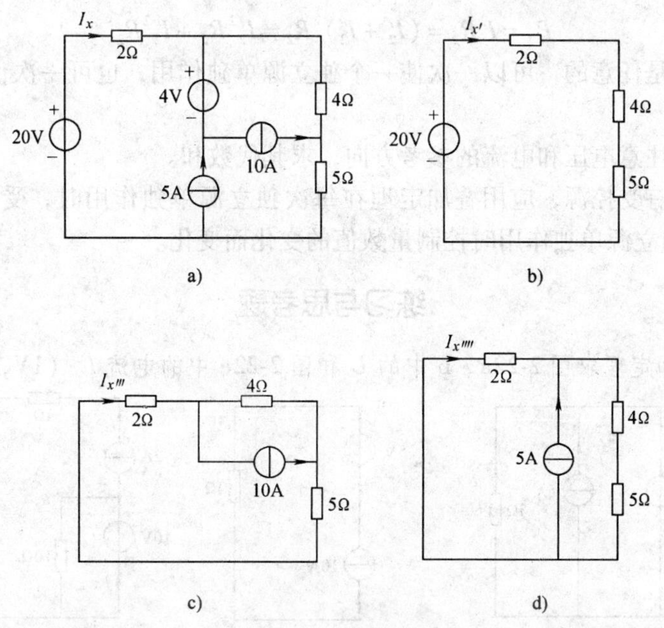

图 2-21 例 2-4 图

解：此题可应用叠加定理，分别求得每个电源单独作用于电路时流过 2Ω 电阻的电流，然后叠加起来得到 I_x。

（1）20V 电源单独作用时（见图 2-4b）

$$I_{x'}=\frac{20}{2+4+5}\text{A}=\frac{20}{11}\text{A}$$

（2）4V 电源单独作用时 $I_{x''}=0\text{A}$

（3）10A 电源单独作用时（见图 2-4c）

$$I_{x'''}=\frac{4}{2+4+5}\times 10\text{A}=\frac{40}{11}\text{A}$$

（4）5A 电源单独作用时（见图 2-4d）

$$I_{x''''}=-5\times\frac{5+4}{2+4+5}\text{A}=-\frac{45}{11}\text{A}$$

（5）$I_x=I_{x'}+I_{x''}+I_{x'''}+I_{x''''}=\dfrac{15}{11}\text{A}$

本例采用叠加定理分析电路，其过程似乎并不太简洁，甚至有些麻烦。应该申明，叠加定理的重要性在于它所贡献的思想方法：在多激励源情况下，可将其一一作单独处理。更重要的是，即使只有一个激励信号源，当它不是如直流信号源、正弦信号源这样的规则函数信号源，而是任意函数信号源时，可以用数学方法把这个任意复杂函数化为规则函数之和，然后再一一单独作用。这一点将在非正弦周期电路中进一步说明。

应用叠加定理时应注意：

1）此定律只适应于求解线性电路的电压和电流，不适用于直接计算功率。例如在图 2-20 中，电阻 R_2 的功率

$$P_2 = I^2 R_2 = (I_2' + I_2'')^2 R_2 \neq I_2'^2 R_2 + I_2''^2 R_2$$

2）叠加方式是任意的，可以一次使一个独立源单独作用，也可一次使几个独立源单独作用。

3）叠加时应注意电压和电流的参考方向，求其代数和。

4）若电路中有受控源，应用叠加定理在每次独立源单独作用时，受控源要保留其中，其数值要随每一独立源单独作用时控制量数值的变化而变化。

练习与思考题

2-3-1 用叠加定理求图2-22a、b中的U和图2-22c中的电流I。（1V，-10V，3A）

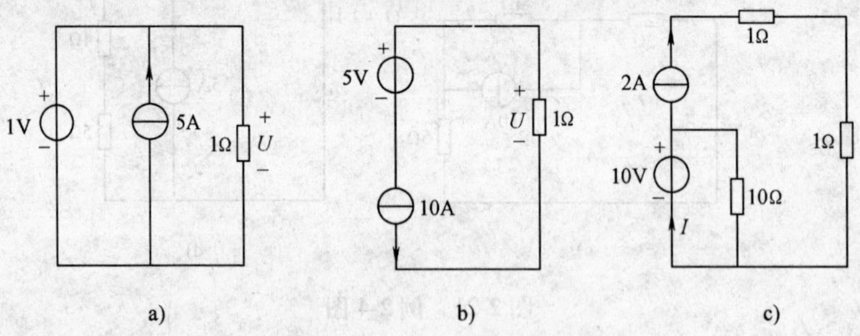

图2-22 练习与思考题2-3-1图

2-3-2 电路如图2-23所示，$R_1 = R_2 = 3\Omega$，$R_3 = R_4 = 6\Omega$，$I_s = 3A$，$E = 9V$。用叠加定理求输出电压U_o。（6V）

2-3-3 电路如图2-24所示，已知$U = 12V$、$R_1 = R_2 = R_3 = R_4 = 1\Omega$、$U_{ab} = 10V$，求去掉电压源后的$U_{ab}$。（7V）

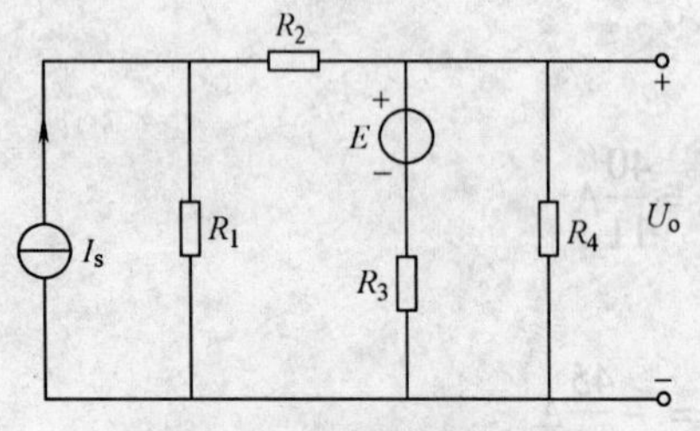

图2-23 练习与思考题2-3-2图

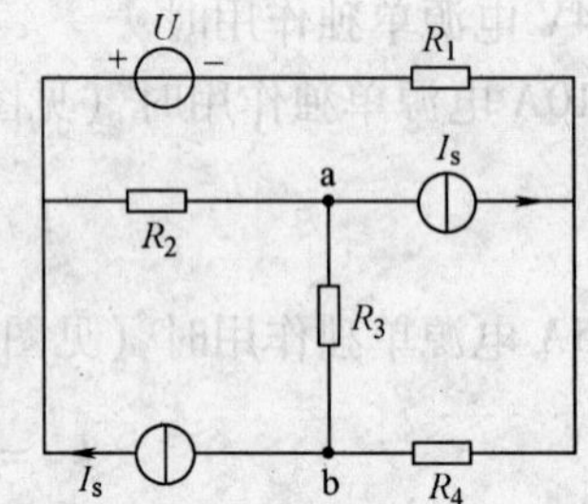

图2-24 练习与思考题2-3-3图

2-3-4 电路如图2-25所示，试用叠加定理计算电流I。（-2A）

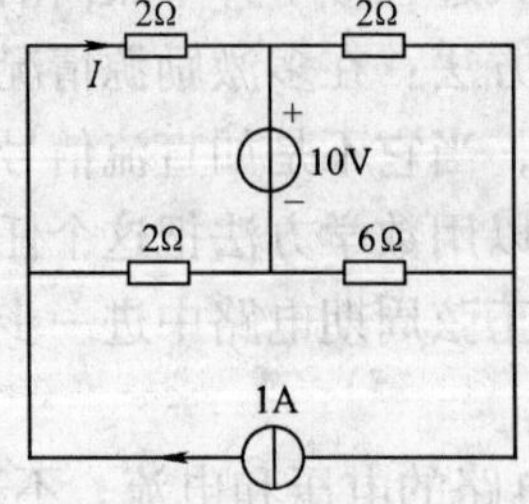

图2-25 练习与思考题2-3-4图

2.4 节点电压法

电路中任选一个节点作为参考点，其余的每个节点到参考点之间的电压降，称为相应各节点的节点电压（Node Voltage）或节点电位（Node Potential）。

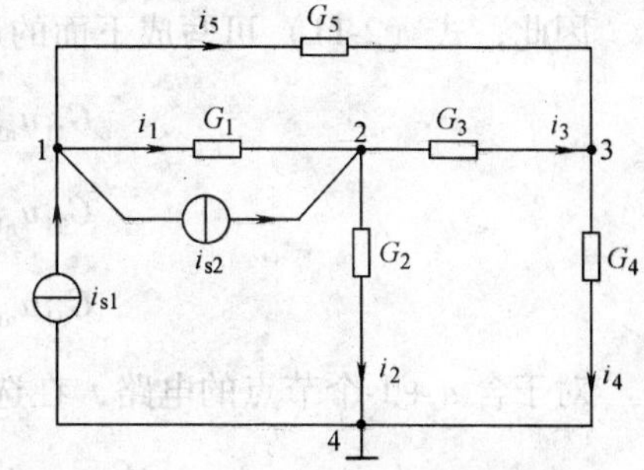

图 2-26 节点电压法

如图 2-26 所示电路，选节点 4 作参考点（亦可选其他节点作参考点），设节点 1、2、3 的节点电压分别为 u_{n1}、u_{n2}、u_{n3}。

节点电压法（Node Voltage Method）是以节点电压为未知量，用节点电压表示各支路电流，应用 KCL 列写节点电流方程求出节点电压，进而求解电路中各支路的电压、电流、功率的方法。节点电压法适用于支路较多、节点较少的电路。下面以图 2-26 所示电路为例，说明节点电压法的应用。

电路中选节点 4 作参考点，列写节点 1、2、3 的 KCL 方程。

$$\left.\begin{aligned} i_1 + i_5 - i_{s1} + i_{s2} &= 0 \\ i_2 + i_3 - i_1 - i_{s2} &= 0 \\ i_4 - i_3 - i_5 &= 0 \end{aligned}\right\} \tag{2-9}$$

应用欧姆定律及 KVL 得到各支路电流与节点电压的关系

$$\left.\begin{aligned} i_1 &= G_1(u_{n1} - u_{n2}) \\ i_2 &= G_2 u_{n2} \\ i_3 &= G_3(u_{n2} - u_{n3}) \\ i_4 &= G_4 u_{n3} \\ i_5 &= G_5(u_{n1} - u_{n3}) \end{aligned}\right\} \tag{2-10}$$

把式（2-10）代入式（2-9），经整理可得

$$\left.\begin{aligned} (G_1 + G_5)u_{n1} - G_1 u_{n2} - G_5 u_{n3} &= i_{s1} - i_{s2} \\ -G_1 u_{n1} + (G_1 + G_2 + G_3)u_{n2} - G_3 u_{n3} &= i_{s2} \\ -G_5 u_{n1} - G_3 u_{n2} + (G_3 + G_4 + G_5)u_{n3} &= 0 \end{aligned}\right\} \tag{2-11}$$

对于式（2-11）中的第一个式子，u_{n1}前的系数（G_1+G_5）恰是与第一个节点相连的各支路的电导之和，称为节点 1 的自电导，可用符号 G_{11}来表示；u_{n2}前的系数（$-G_1$）是节点 1 与节点 2 之间的互电导，可以用符号 G_{12}表示，它等于该两节点相连的各公共支路上电导之和，取负号是因为 u_{n1}、u_{n2}都假定为电压降的缘故；u_{n3}前的系数（$-G_5$）是节点 1 与节点 3 之间的互电导，可符号 G_{13}表示，它等于与节点 1、3 相连的各公共支路上电导之和，并取

负号；等号右边的 $i_{s1}-i_{s2}$ 为电流源输送给节点的电流的代数和，以 i_{s11} 表示，流入节点为“+”，流出为“-”。注意各等式右边是流入节点的已知的电流源电流、未知的电压源电流的代数和。

同理，节点 2 和节点 3 也可求出它们的自电导、互电导以及 i_{s22}、i_{s33}。

因此，式（2-11）可写成下面的形式：

$$\left.\begin{aligned}G_{11}u_{n1}+G_{12}u_{n2}+G_{13}u_{n3}&=i_{s11}\\G_{21}u_{n1}+G_{22}u_{n2}+G_{23}u_{n3}&=i_{s22}\\G_{31}u_{n1}+G_{32}u_{n2}+G_{33}u_{n3}&=i_{s33}\end{aligned}\right\}\tag{2-12}$$

对于含 $n+1$ 个节点的电路，在选好参考节点之后，列出下面 n 个方程求各节点电压。

$$\left.\begin{aligned}G_{11}u_{n1}+G_{12}u_{n2}+\cdots+G_{1n}u_{nn}&=i_{s11}\\G_{21}u_{n1}+G_{22}u_{n2}+\cdots+G_{2n}u_{nn}&=i_{s22}\\&\vdots\\G_{n1}u_{n1}+G_{n2}u_{n2}+\cdots+G_{nn}u_{nn}&=i_{snn}\end{aligned}\right\}\tag{2-13}$$

式（2-13）即节点方程的通式，有了方程通式，在用节点电压法分析电路时并不需要像前述那样先列写节点电流方程，再代入支路 VCR，然后进行整理得到按节点电位变量顺序排列的方程组，而是选定参考节点设出各节点电位之后，只需观察电路结构，分别求出各节点的自电导、节点之间的互电导及流入节点的电源电流，代入式（2-13），即得到按未知量顺序排列的相互独立的方程组。这当然对求解电路是方便的。

例 2-5 电路如图 2-27a 所示，应用节点电压法列写电路节点方程。

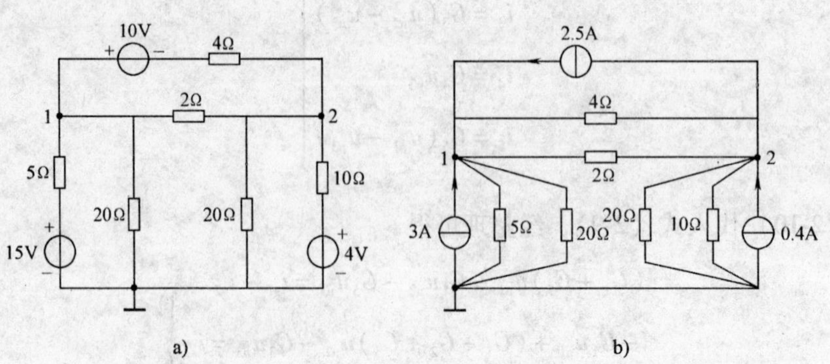

图 2-27 例 2-5 图

解： 根据电压源和电流源的等效变换，图 2-27a 变换成图 2-27b 的形式，可得节点 1 和节点 2 的方程。

节点 1

$$\left(\frac{1}{5}+\frac{1}{20}+\frac{1}{2}+\frac{1}{4}\right)u_{n1}-\left(\frac{1}{4}+\frac{1}{2}\right)u_{n2}=3+\frac{10}{4}$$

节点 2

$$-\left(\frac{1}{4}+\frac{1}{2}\right)u_{n1}+\left(\frac{1}{4}+\frac{1}{20}+\frac{1}{2}+\frac{1}{10}\right)u_{n2}=\frac{4}{10}-\frac{10}{4}$$

有一类电路，只有两个节点多条支路，最适合采用节点电压法解题，只需列一个方程，该电路被称为弥尔曼电路。

图 2-28 中，求电压 U，如果以 b 点为参考节点，$U=U_a$。应用节点电压法列方程可得

$$U=U_a=\frac{\dfrac{E_1}{R_1}+\dfrac{E_2}{R_2}+\dfrac{E_3}{R_3}}{\dfrac{1}{R_1}+\dfrac{1}{R_2}+\dfrac{1}{R_3}+\dfrac{1}{R_4}}=\frac{\sum\dfrac{E}{R}}{\sum\dfrac{1}{R}} \tag{2-14}$$

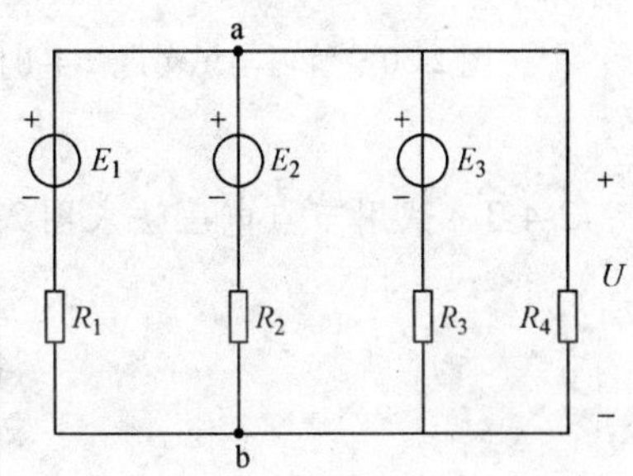

图 2-28　弥尔曼电路

式（2-14）中，分母是连接到 a 点所有支路中的电导之和，总为正。分子的各项可正可负，电压源正极连接到 a 点取正，电压源负极连接到 a 点取负。

式（2-14）在电路理论中称为弥尔曼定理，专用于求解 $n=2$ 的电路，既简单又规律，是一个很好的方法，应熟练掌握。使用时必须注意分子上 $\sum\dfrac{E}{R}$ 中的正、负号。

例 2-6　分析图 2-29 所示电路，其中 $U_{s1}=100\text{V}$，$U_{s2}=50\text{V}$，$R_1=50\text{k}\Omega$，$R_2=10\text{k}\Omega$，$R_3=12.5\text{k}\Omega$，求 I。

解： 本电路可应用弥尔曼定理求出节点电压 U_a，进而可求出电流 I。

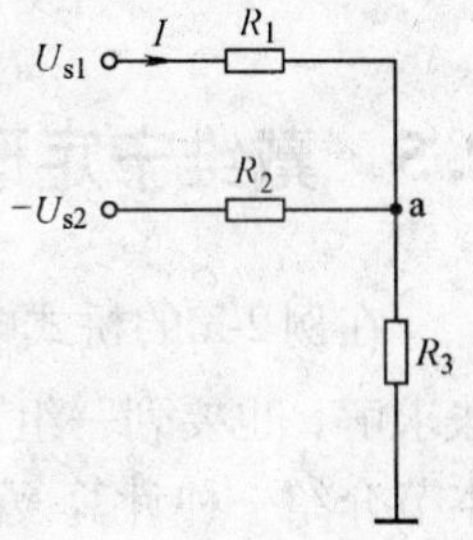

图 2-29　例 2-6 图

$$U_a=\frac{\sum\dfrac{U_s}{R}}{\sum\dfrac{1}{R}}=\frac{\dfrac{U_{s1}}{R_1}+\left(-\dfrac{U_{s2}}{R_2}\right)}{\dfrac{1}{R_1}+\dfrac{1}{R_2}+\dfrac{1}{R_3}}$$

代入元件参数

$$U_a=\frac{\dfrac{100}{50}+\left(-\dfrac{50}{10}\right)}{\dfrac{1}{50}+\dfrac{1}{10}+\dfrac{1}{12.5}}\text{V}=-15\text{V}$$

则

$$I=\frac{U_{s1}-U_a}{R_1}=\frac{100-(-15)}{50}\text{mA}=2.3\text{mA}$$

练习与思考题

2-4-1　求图 2-30 中开关打开及闭合时的 A 点的电位。（-100V，-20V）

2-4-2　用节点电压法计算图2-31所示电路中的电压 U_{ab}（60V）。

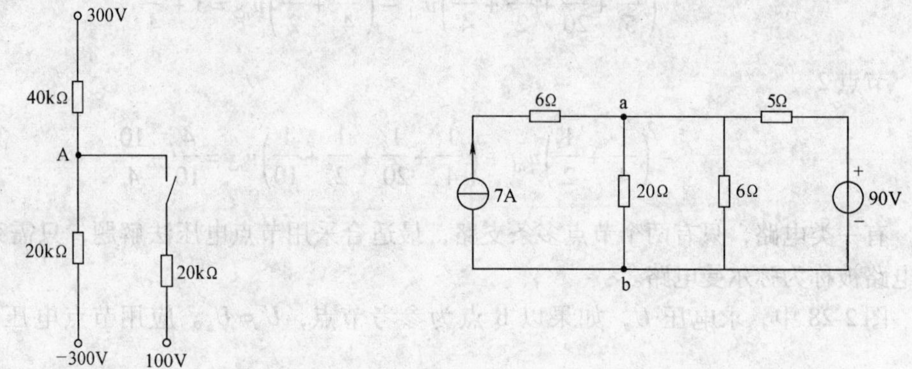

图2-30　练习与思考题2-4-1图　　　　图2-31　练习与思考题2-4-2图

2-4-3　试用节点电压法求图2-32所示电路中的各支路电流。(−0.5A, 1A, −0.5A)

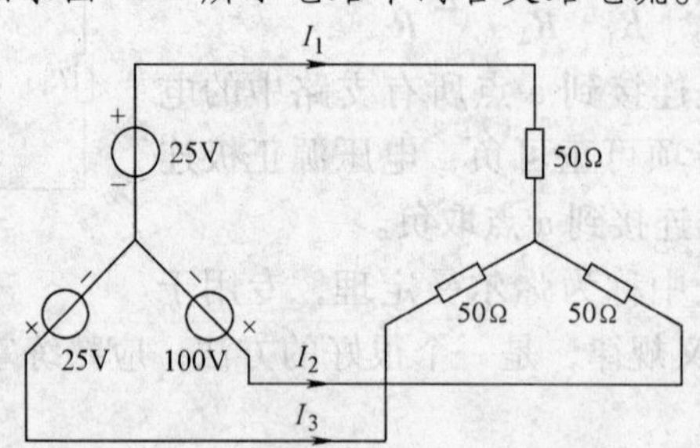

图2-32　练习与思考题2-4-3图

2.5　戴维宁定理与诺顿定理

在例2-3的桥式电路中，应用支路电流法求 I_5，共需联立求解六个方程，如用节点电压法求解，也要列一组方程，这为求解带来了一定的困难。本节介绍一种计算复杂电路中某一支路电压、电流的新方法。

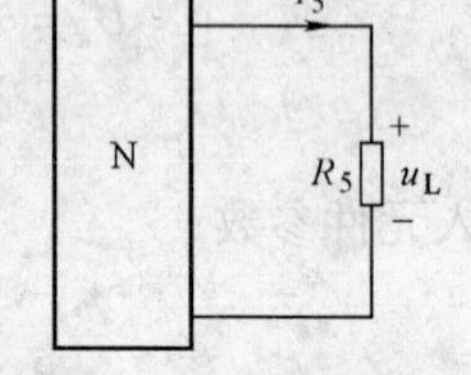

图2-33　图2-18的等效电路

例2-3流过 R_5 的电流 I_5 是待求量，可把电路画成如图2-33的形式，就是把电路除 R_5 外其余的部分当作一个有源二端网络，此二端网络对所计算的支路（R_5）而言，仅相当于一个电源，它为 R_5 提供电能，因此，这个有源二端网络一定可以等效成一个电源的形式，经过等效变换后，R_5 的电流和它两端的电压都不会有变化。

电源可用两种电路模型来表示：一种是理想电压源串联内阻的电路，另一种是理想电流源并联内阻的电路。N可等效成两种电源，因此可得出两个定理：戴维宁定理（Thevenin's Theorem）和诺顿定理（Norton's Theorem）。

2.5.1　戴维宁定理

1. 定理内容

线性有源二端网络 N，就其端口来看可等效为一个理想电压源串联电阻支路，如图 2-34a 所示，理想电压源的电压等于网络 N 的开路电压 u_{oc}（Open-circuit Voltage），如图 2-34b 所示。串联电阻 R_0 等于网络 N 中所有独立源为零时所得网络 N_0 的等效电阻 R_{ab}，如图 2-34c 所示。

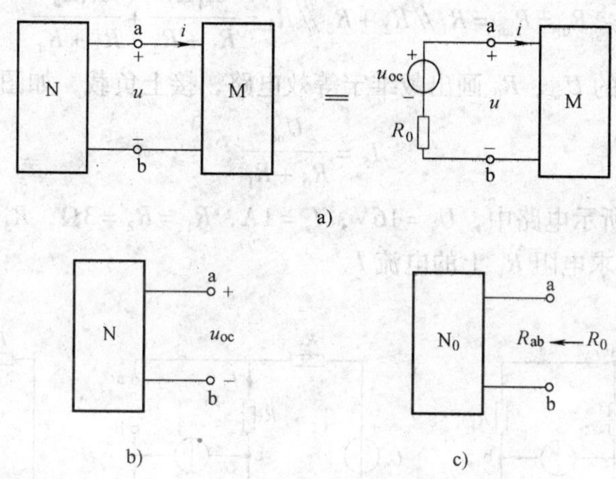

图 2-34　戴维宁定理

图 2-34 中，N 为线性含源二端网络，M 为任意的外电路，可以是纯电阻网络，也可以含有电源。理想电压源串联电阻支路称为 N 的戴维宁等效电路，R_0 称为戴维宁等效电阻。

2. 应用戴维宁定理求解电路的解题步骤

下面以图 2-18 所示电桥电路为例来说明戴维宁定理解题步骤。

例 2-7　应用戴维宁定理求解图 2-18 中的电流 I_5。

解：(1) 求开路电压 U_{oc}。先将负载支路断开，如图 2-35a 所示，设出 U_{oc} 的参考方向，然后计算 U_{oc}。其计算方法视具体电路而定。前面讲过的串并联等效、分流分压关系、电源等效互换、叠加定理、节点电压法等都可用。

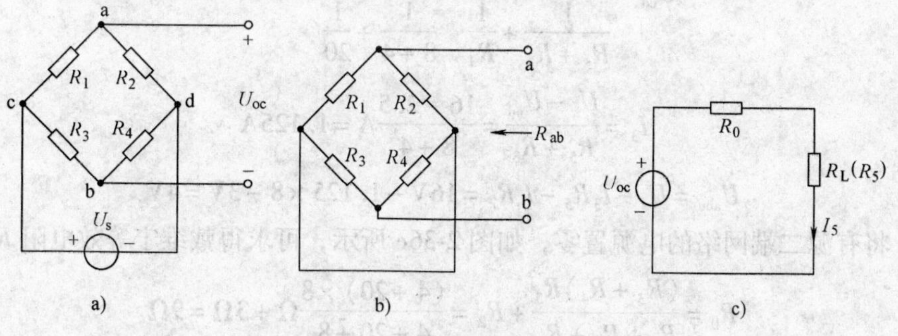

图 2-35　例 2-7 图

开路电压 U_{oc} 为

$$U_{oc}=U_{ab}=U_{ac}+U_{cb}=U_{ad}+U_{db}=-\frac{U_s}{R_1+R_2}R_1+\frac{U_s}{R_3+R_4}R_3$$

（2）求戴维宁等效电阻 R_0。断开 R_5（待求支路），如图 2-35b 所示。剩余的二端网络中所有独立源置零（电压源短路、电流源开路），求此无源网络端钮 a、b 之间的等效电阻 R_{ab}。求戴维宁等效电阻的方法有电阻串并联等效法、开路电压短路电流法、外加电源法，如果二端网络中不含受控源，通常采用电阻串并联等效法

$$R_0=R_{ab}=R_1/\!/R_2+R_3/\!/R_4=\frac{R_1R_2}{R_1+R_2}+\frac{R_3R_4}{R_3+R_4}$$

（3）根据已求得的 U_{oc}、R_0 画出戴维宁等效电路，接上负载，如图 2-35c 所示，求 I_5。

$$I_5=\frac{U_{oc}}{R_0+R_L}$$

例 2-8 图 2-36 所示电路中，$U_s=16V$，$I_s=1A$，$R_1=R_2=3\Omega$，$R_3=4\Omega$，$R_4=20\Omega$，$R_5=8\Omega$，用戴维宁定理求电阻 R_1 上的电流 I。

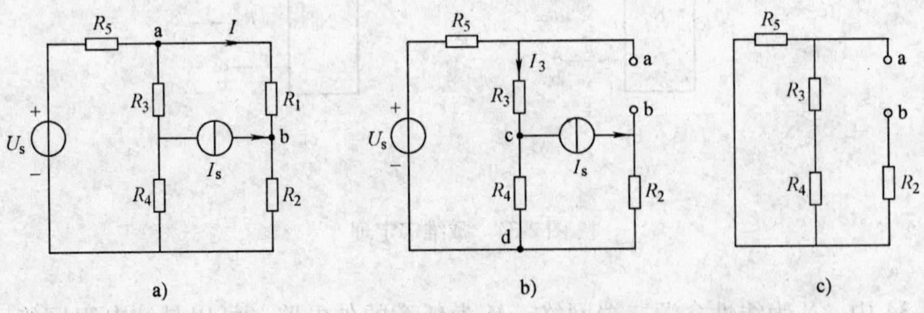

图 2-36 例 2-8 图

解：（1）将 R_1 支路断开，得有源二端网络 ab，如图 2-36b 所示。求开路电压 U_{abo}。先用节点电压法求 U_{cd}

$$U_{cd}=\frac{\frac{U_s}{R_5+R_3}-I_s}{\frac{1}{R_5+R_3}+\frac{1}{R_4}}=\frac{\frac{16}{8+4}-1}{\frac{1}{8+4}+\frac{1}{20}}V=2.5V$$

再求

$$I_3=\frac{U_s-U_{cd}}{R_5+R_3}=\frac{16-2.5}{8+4}A=1.125A$$

于是有

$$U_{abo}=U_s-I_3R_5-I_sR_2=16V-1.125\times8-3V=4V$$

（2）将有源二端网络的电源置零，如图 2-36c 所示，可求得戴维宁等效电阻 R_0

$$R_0=\frac{(R_3+R_4)R_5}{R_3+R_4+R_5}+R_2=\frac{(4+20)\times8}{4+20+8}\Omega+3\Omega=9\Omega$$

（3）求电阻 R_1 上的电流 I

$$I=\frac{U_{abo}}{R_0+R_1}=\frac{4}{9+3}A=\frac{1}{3}A=0.333A$$

2.5.2　诺顿定理

1. 定理内容

任何一个有源二端线性网络都可以用一个理想电流源和内阻 R_0 并联的电路等效代替，如图 2-37 所示。理想电流源的电流就是此二端线性网络的短路电流 i_{sc}，电阻 R_0 等于该网络中所有独立源为零值时所得网络 N_0 的等效电阻。

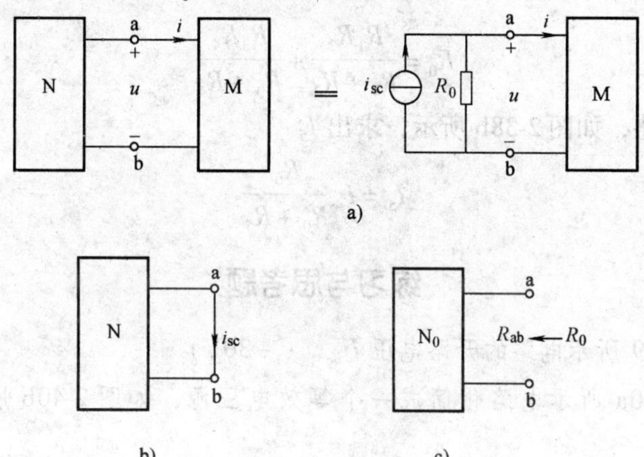

图 2-37　诺顿定理

诺顿定理的本质与戴维宁定理是一样的。理想电流源和内阻 R_0 并联的电路称为有源二端网络 N 的诺顿等效电路。

2. 应用诺顿定理求解电路的解题步骤

1）求 i_{sc}，将 ab 端口短路，设 i_{sc} 的参考方向，然后计算 i_{sc}（计算方法视具体电路而定）。

2）求 R_0，同戴维宁定理。

3）画等效电路，求解待求量。

例 2-9　应用诺顿定理求解图 2-18 中的电流 I_5。

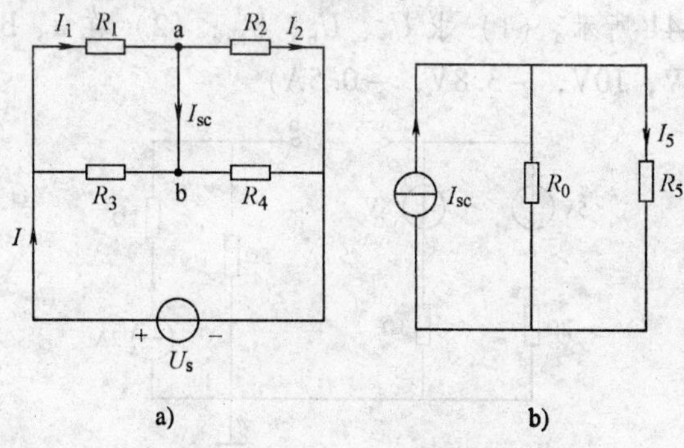

图 2-38　例 2-9 图

解：（1）求 I_{sc}。把负载短接，电路如图 2-38a 所示

$$I=\frac{U_s}{R_1/\!/R_3+R_2/\!/R_4}$$

$$I_1=I\frac{R_3}{R_1+R_3}\qquad I_2=I\frac{R_4}{R_2+R_4}$$

$$I_{sc}=I_1-I_2=\frac{IR_3}{R_1+R_3}-\frac{IR_4}{R_2+R_4}$$

（2）求 R_0

$$R_0=\frac{R_1R_2}{R_1+R_2}+\frac{R_3R_4}{R_3+R_4}$$

（3）画等效电路，如图 2-38b 所示，求出 I_5

$$I_5=I_{sc}\frac{R_0}{R_0+R_5}$$

练习与思考题

2-5-1 求图 2-39 所示电路的开路电压 U_{oc}。（-30V）

2-5-2 把图 2-40a 所示电路化简成一个等效电压源，如图 2-40b 所示，求出 U_s、R_s。（28V，6Ω）

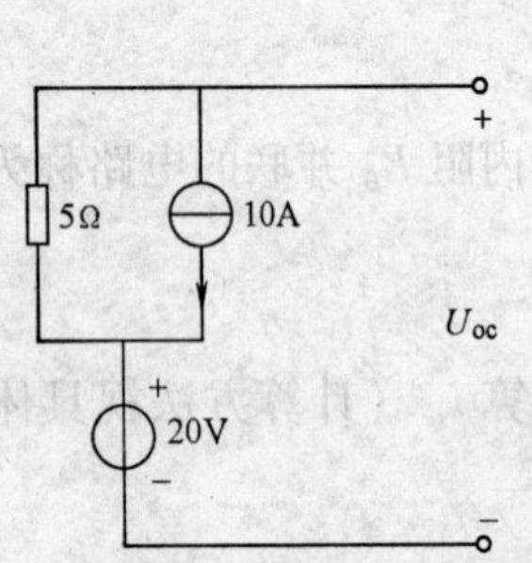

图 2-39 练习与思考题 2-5-1 图

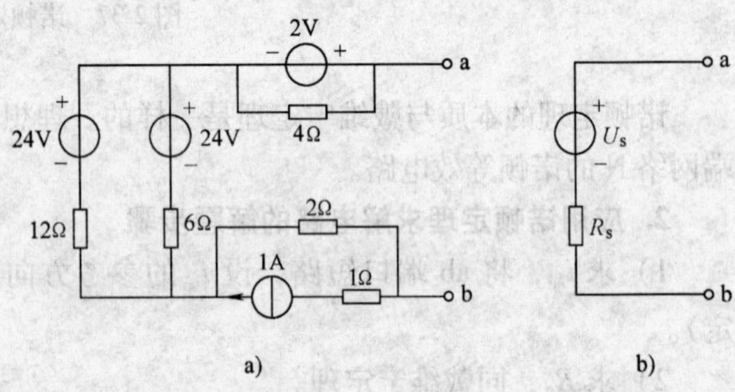

图 2-40 练习与思考题 2-5-2 图

2-5-3 电路如图 2-41 所示。（1）求 U_a、U_b、U_{ab}；（2）在 a、b 间接一个 2Ω 电阻，求流过电阻的电流。（6.2V，10V，-3.8V，-0.5A）

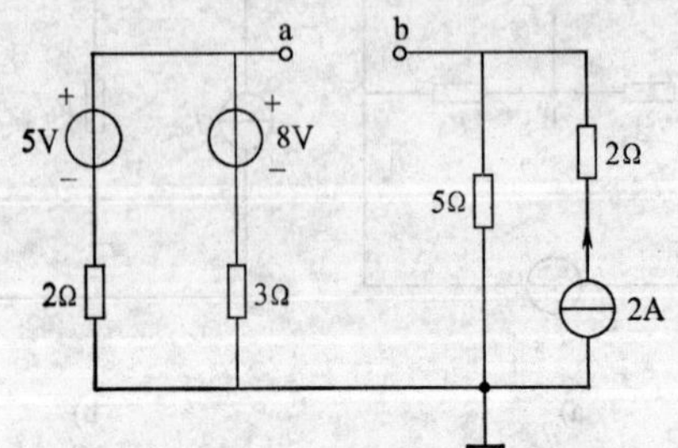

图 2-41 练习与思考题 2-5-3 图

2-5-4　图 2-42a 所示电路中有 $U=2\text{V}$；在图 b 所示电路中有 $I=3\text{A}$，试给出网络 N 的诺顿电路。

2-5-5　电路如图 2-43 所示，试用戴维宁、诺顿定理求电流 I。(0.25A)

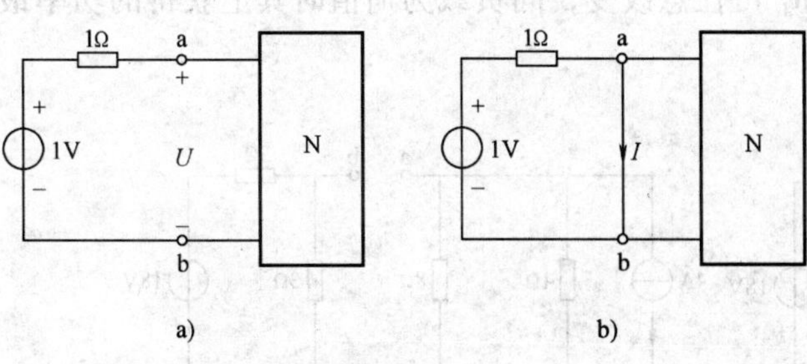

图 2-42　练习与思考题 2-5-4 图

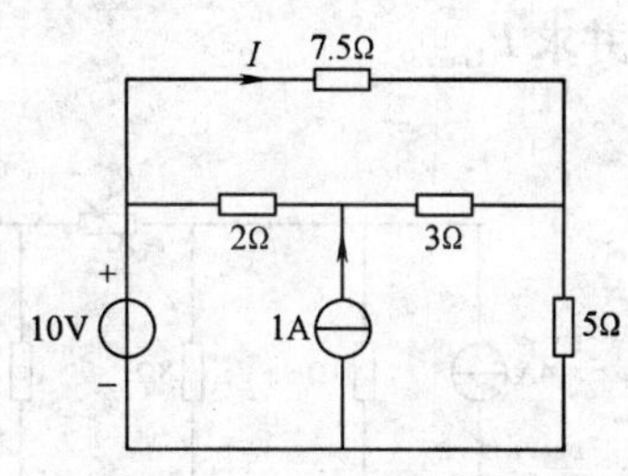

图 2-43　练习与思考题 2-5-5 图

2.6　最大功率传递定理

实际中许多电子设备所用的电源，无论是直流稳压源，还是各种波形的信号发生器，其内部电路结构是相当复杂的，但它们向外供电时都引出两个端子接到负载，可以说它们就是一个有源二端网络。当所接负载不同时，二端网络传输给负载的功率也就不同。现在讨论：对给定的线性有源二端网络，当负载为何值时，网络传输给负载的功率最大呢？

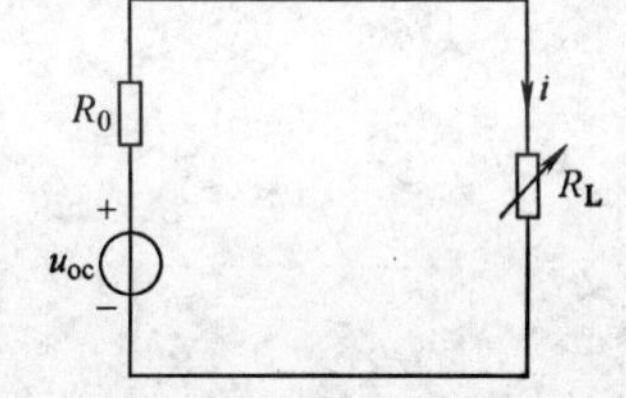

图 2-44　求可变负载的最大功率

线性有源二端网络可以用戴维宁或诺顿等效电路来代替，因此可在图 2-44 中研究这一问题。

在图 2-44 中

$$i=\frac{u_{oc}}{R_0+R_L}$$

$$p_L=i^2R_L=\left(\frac{u_{oc}}{R_0+R_L}\right)^2R_L$$

要使 p 为最大，应使 $\frac{\mathrm{d}p}{\mathrm{d}R_L}=0$，可得到

$$R_L=R_0 \tag{2-15}$$

因此，线性二端网络传递给可变电阻 R_L 的功率为最大的条件是：负载 R_L 应与二端网络的戴维宁等效电阻 R_0 相等，此即最大功率传递定理。满足 $R_L=R_0$ 时，称为最大功率匹配。此时负载所获得的最大功率为

$$P_{L\max}=\frac{u_{oc}^2}{4R_0} \tag{2-16}$$

若用诺顿等效电路则可得

$$P_{\text{Lmax}}=\frac{i_{\text{sc}}^{2}R_{0}}{4} \tag{2-17}$$

例 2-10 电路如图 2-45a 所示，若 R_L 可任意改变，问负载为何值时其上获得的功率最大，并求 P_{Lmax}。

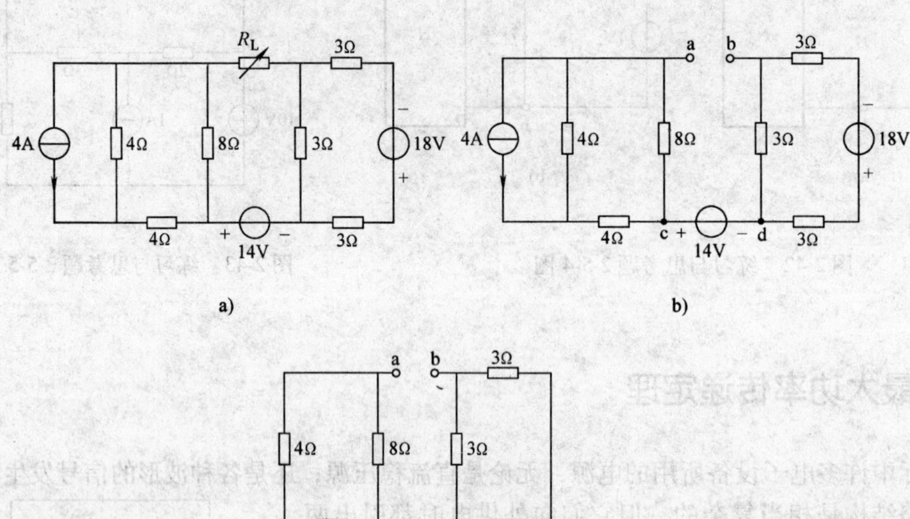

图 2-45 例 2-10 图

解：(1) 求 U_{oc}。从 a、b 处断开 R_L，如图 b 所示。

由 KVL $$U_{oc}=U_{abo}=U_{ac}+14\text{V}+U_{db}=12\text{V}$$

(2) 求 R_0。令图中所有独立源为零，如图 c 所示

$$R_0=R_{ab}=6\Omega$$

(3) 由最大功率传递定理知，$R_L=R_0=6\Omega$ 时

$$P_{\text{Lmax}}=\frac{U_{oc}^{2}}{4R_0}=6\text{W}$$

练习与思考题

2-6-1 在图 2-44 所示电路中，设 $u_{oc}=6\text{V}$，$R_0=2\Omega$，R_L 为多大时可获得最大功率？如果 $R_L=4\Omega$，能否与 R_L 并接电阻实现匹配，而使 R_L 上获得最大功率？

2-6-2 在图 2-44 所示电路中，如果 u_{oc} 与 R_L 为定值，R_0 可变，则 R_L 上获得最大功率的条件是什么？

习 题

2-1 电路如图 2-46 所示，试求图中的电流 I。

2-2 试用电压源与电流源等效变换的方法计算图 2-47 中的电流 I。

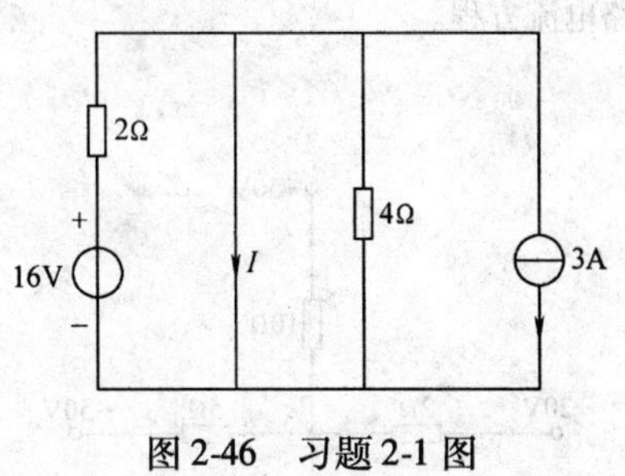

图 2-46　习题 2-1 图

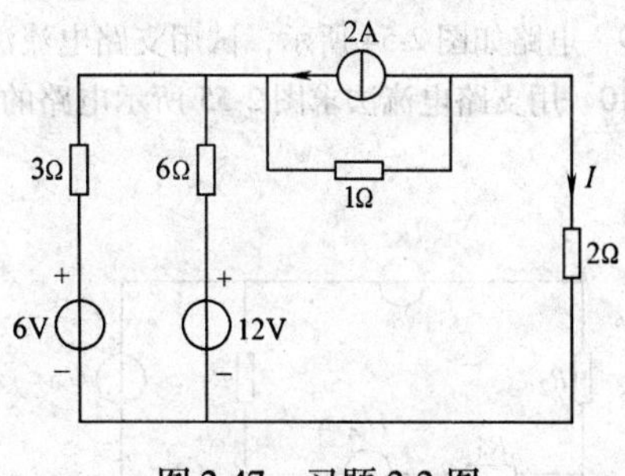

图 2-47　习题 2-2 图

2-3　求图 2-48 所示电路中的电压 U。

2-4　电路如图 2-49 所示，求图中电流 I 及 5V 电压源产生的功率。

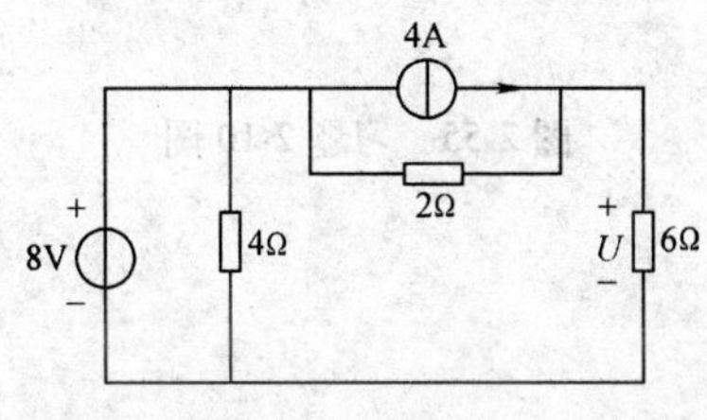

图 2-48　习题 2-3 图

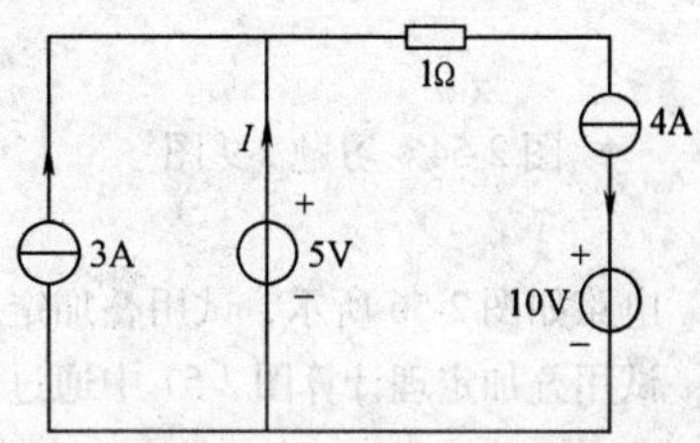

图 2-49　习题 2-4 图

2-5　求图 2-50 中 R 上消耗的功率 P_R。

2-6　电路如图 2-51 所示，已知 $U_{ab}=0V$，求 R。

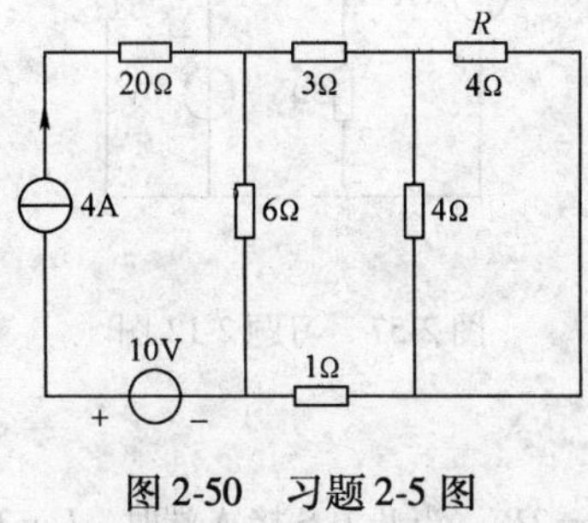

图 2-50　习题 2-5 图

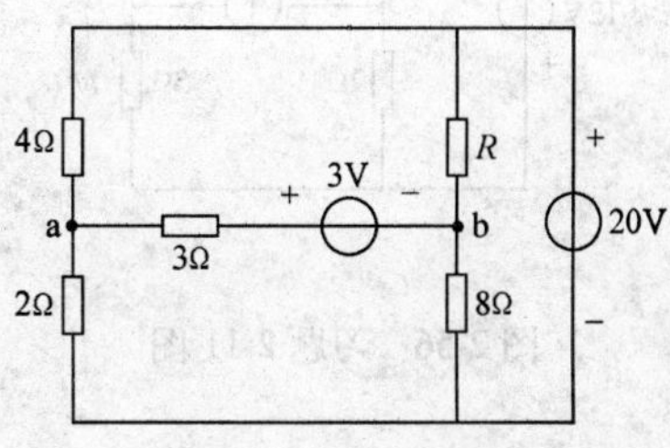

图 2-51　习题 2-6 图

2-7　电路如图 2-52 所示，求电流 I、I_1。

2-8　电路如图 2-53 所示，试用支路电流法建立求解电流 i 的方程。

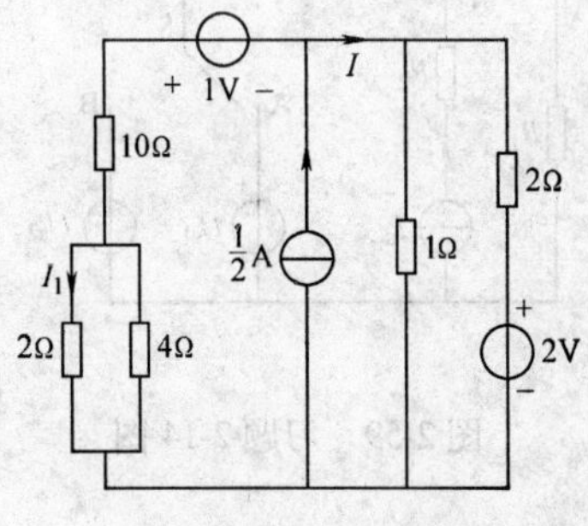

图 2-52　习题 2-7 图

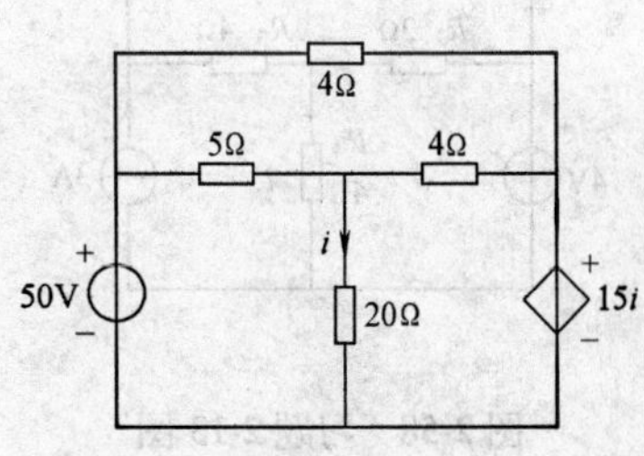

图 2-53　习题 2-8 图

2-9 电路如图 2-54 所示，试用支路电流法建立求解各支路电流方程。

2-10 用支路电流法求图 2-55 所示电路的 A 点电位 V_A。

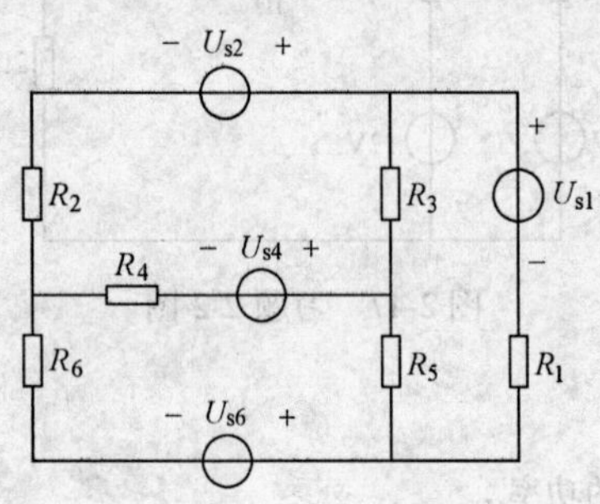

图 2-54 习题 2-9 图

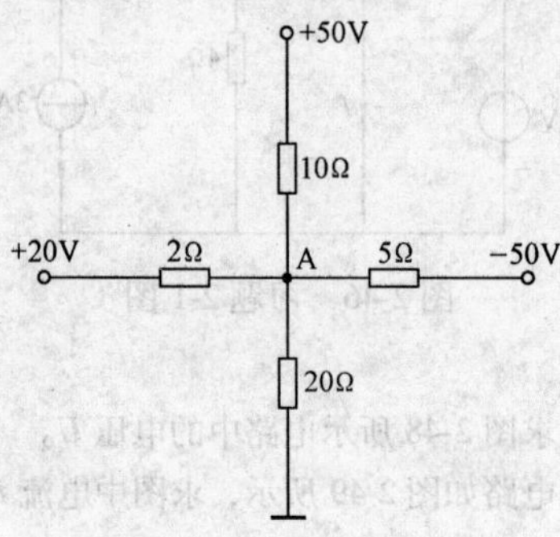

图 2-55 习题 2-10 图

2-11 电路如图 2-56 所示，试用叠加定理求电压 U。

2-12 试用叠加定理计算图 2-57 中通过 4Ω 电阻的电流 I。

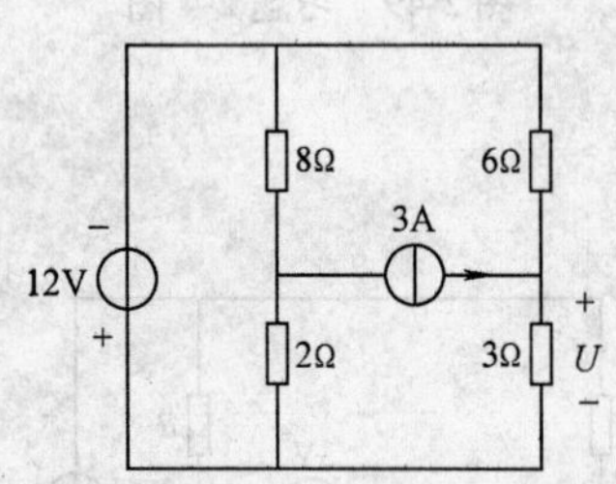

图 2-56 习题 2-11 图

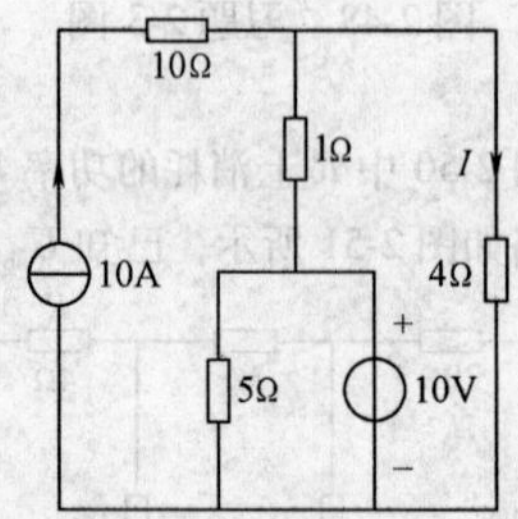

图 2-57 习题 2-12 图

2-13 用叠加定理求图 2-58 示电路中 R_4 两端的电压 U。

2-14 在图 2-59 所示电路中，已知：$I_s=3\text{A}$，$U_{s2}=2U_{s1}$，$R_1=2R_3$，当开关 S 接 A 端时，$I_1=3\text{A}$，求开关 S 接 B 端时 I_1 等于多少？

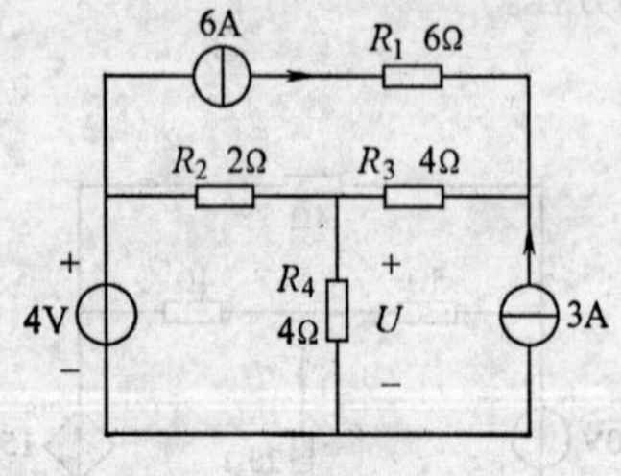

图 2-58 习题 2-13 图

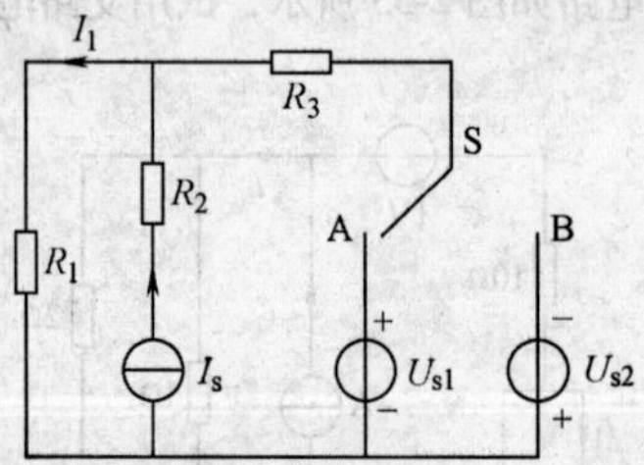

图 2-59 习题 2-14 图

2-15 电路如图 2-60 所示，用叠加定理求电流 I_3。

2-16　求图 2-61 所示信号相加电路的输入输出关系。

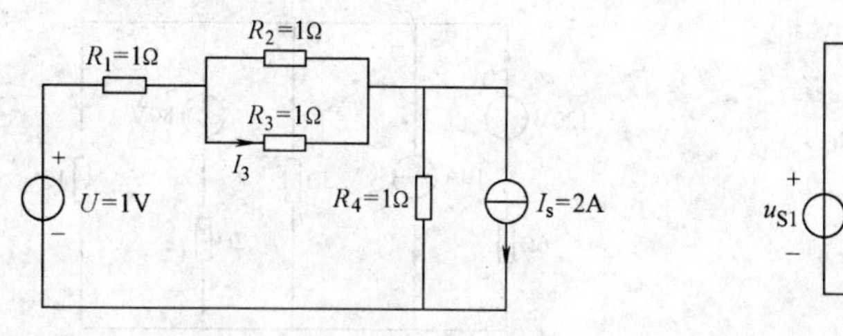

图 2-60　习题 2-15 图

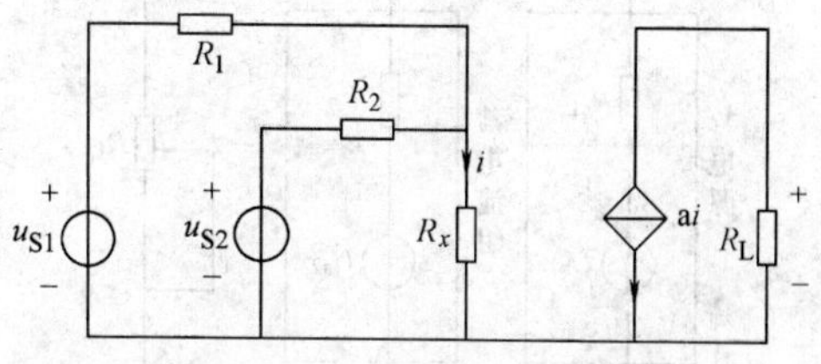

图 2-61　习题 2-16 图

2-17　电路如图 2-62 所示，N_R 为一线性纯电阻网络，其内部结构不详。已知 $U_s=1V$、$I_s=1A$ 时，$U_2=0V$。当 $U_s=10V$、$I_s=0A$ 时，$U_2=1V$。当 $U_s=30V$、$I_s=10A$ 时，$U_2=?$

2-18　求图 2-63 中梯形网络的电流 I_5。

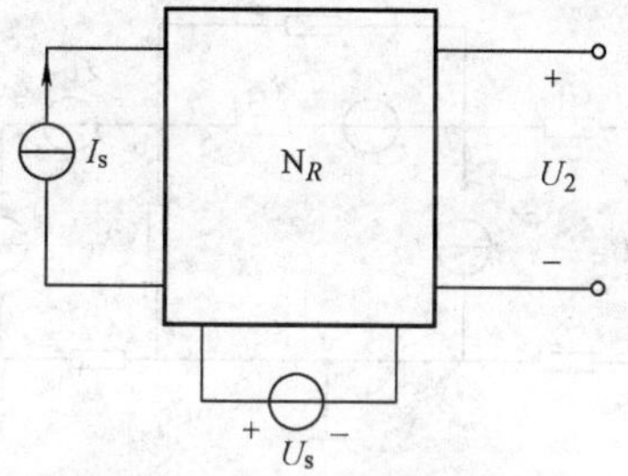

图 2-62　习题 2-17 图

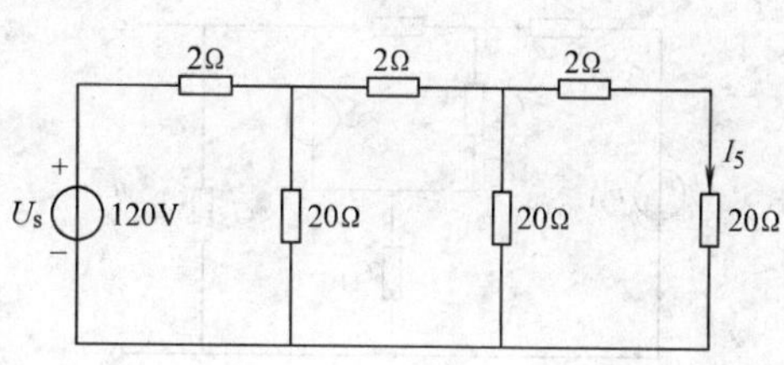

图 2-63　习题 2-18 图

2-19　电路如图 2-64 所示，求开关 S 断开、闭合时 B 点电位。

2-20　电路如图 2-65 所示，求开关 K 断开、闭合时 A 点电位。

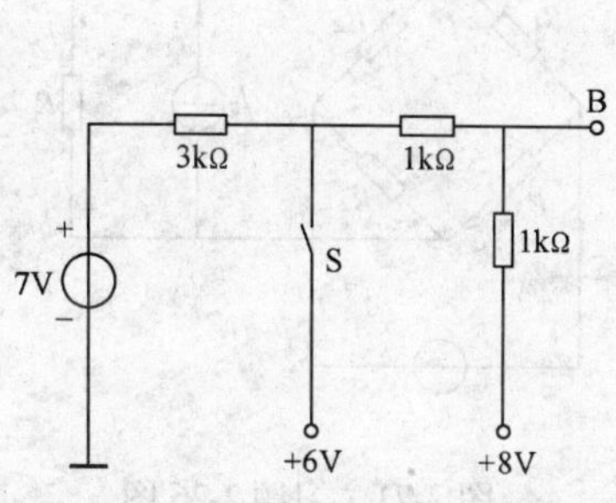

图 2-64　习题 2-19 图

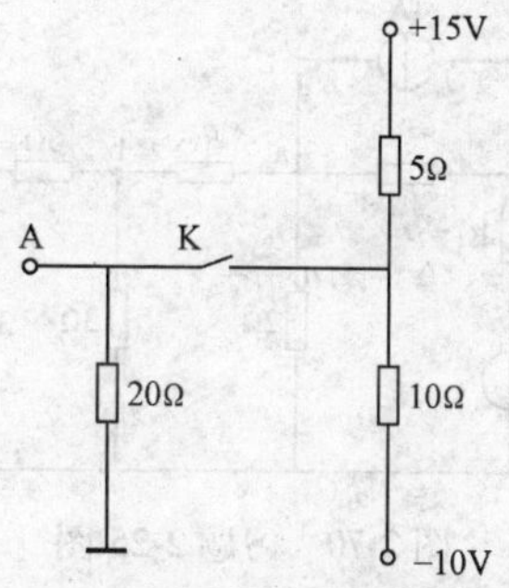

图 2-65　习题 2-20 图

2-21　如图 2-66 所示电路中，负载电阻 R_L 是阻值可变的电气设备。它由一台直流电源和一串联蓄电池组并联供电。蓄电池组常接在电路内。当用电设备需要较小电流（R_L 值变大）时蓄电池充电，当用电设备需要较大电流（R_L 值变小）时蓄电池放电。$U_{s1}=12V$，内阻 $R_{s1}=0.5\Omega$，$U_{s2}=10V$，内阻 $R_{s2}=0.2\Omega$。(1) 如果用电设备的电阻 $R_L=1\Omega$ 时，求负载吸收的功率和蓄电池组所在支路的电流 I_1。这时蓄电池组是充电还是放电？(2) 如果用电设备的电阻 $R_L=17\Omega$ 时，求负载吸收的功率和蓄电池组所在支路的电流 I_1。这时蓄电池组是充电还是放电？

2-22 用节点电压法求图 2-67 电路中电流 I_1、I_2。

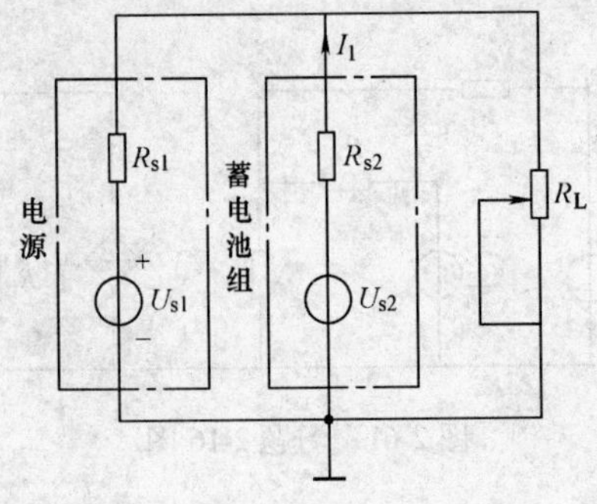

图 2-66 习题 2-21 图

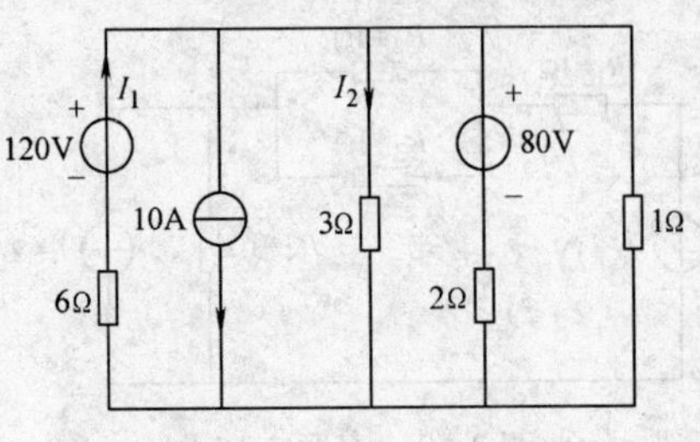

图 2-67 习题 2-22 图

2-23 列出求解图 2-68 所示电路中 u 所需的节点方程。

2-24 试用节点电压法建立图 2-69 的电路方程。

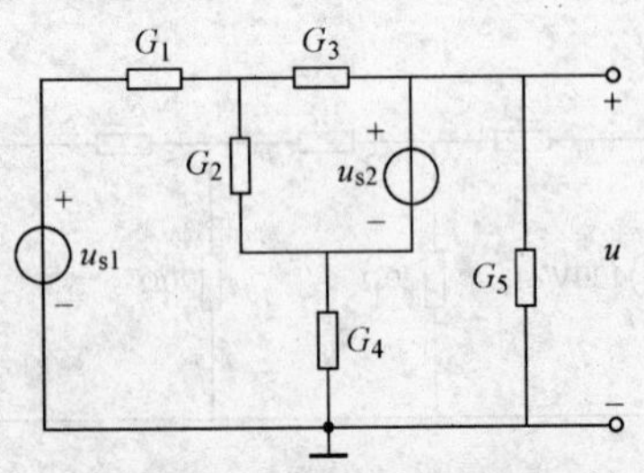

图 2-68 习题 2-23 图

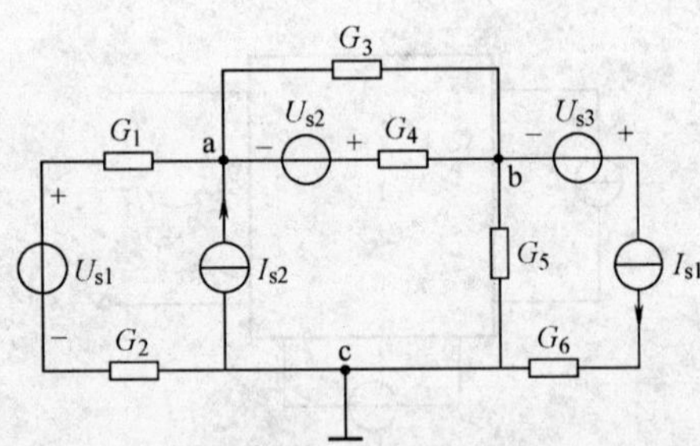

图 2-69 习题 2-24 图

2-25 电路如图 2-70 所示，求 $R_x=3\Omega$、$R_x=9\Omega$ 时的电压 U_{ab}。

2-26 电路如图 2-71 所示，已知 $U_s=6V$，$I_s=1A$，$R_1=R_2=2\Omega$，$R_3=6\Omega$，$R_4=3\Omega$，$R=2\Omega$。用戴维宁定理和诺顿定理求电流 I。

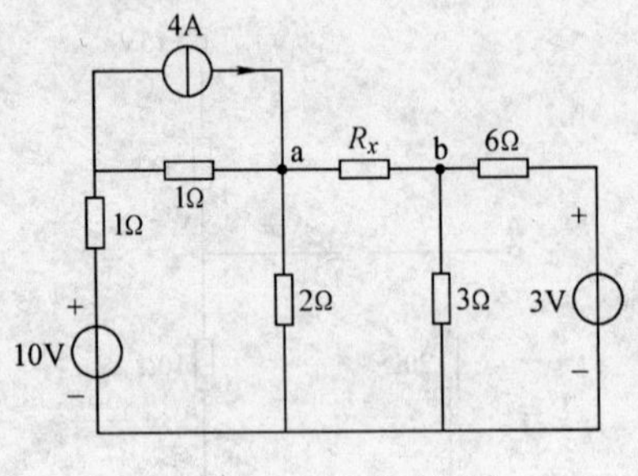

图 2-70 习题 2-25 图

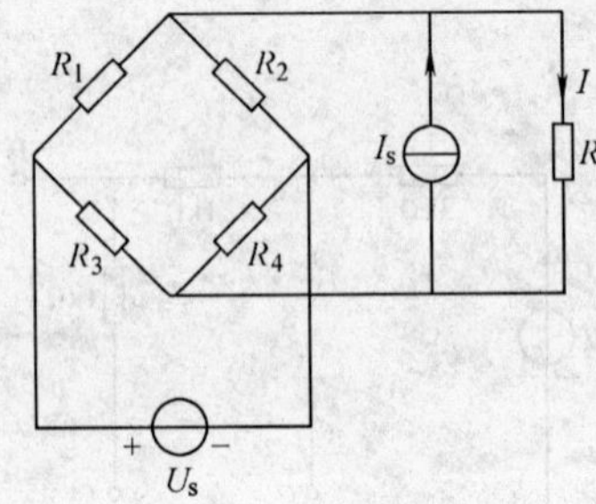

图 2-71 习题 2-26 图

2-27 在图 2-72 电路中，(1) 用戴维宁定理和诺顿定理分别求 I；(2) 计算理想电流源端电压 U 和流过理想电压源的电流 I_1 各为多少。

2-28 (1)某含源二端网络的开路电压为 10V，如接上 10Ω 的电阻，则电阻上电压为 7V，试求出此网络的戴维宁等效电路；(2) 若含源二端网络的开路电压为 u_{oc}，接上负载 R_L 后，其电压为 u_1，试证明该网络的戴维宁等效电阻为 $R_0=\left(\frac{u_{oc}}{u_1}-1\right)R_L$。在电子电路中常根据上式用实验法测定其输出电阻，这样可避免采用短路实验。

2-29　图 2-73 所示电路中，$I_{s1}=1\text{A}$，N 为含源线性电阻网络。在开关 S 断开时，电压表读数为 2V；在 S 闭合时，电压表与电流表的读数分别为 1.5V、0.5A。试确定 R_1 值，并给出网络 N 的戴维宁等效电路及其元件参数值。

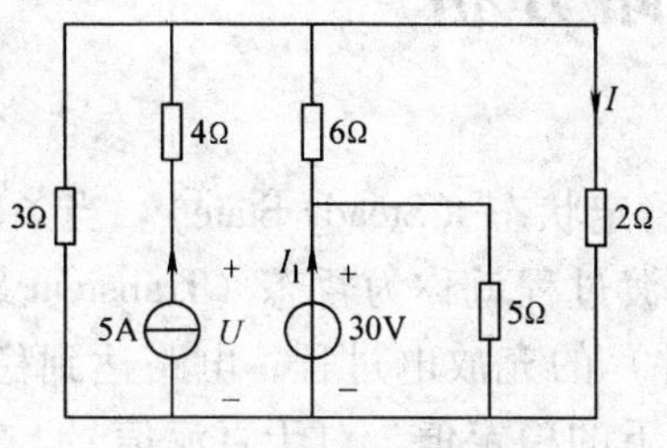

图 2-72　习题 2-27 图

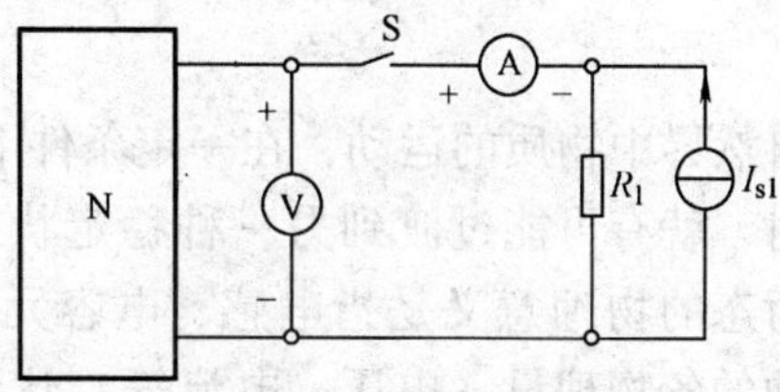

图 2-73　习题 2-29 图

2-30　电路如图 2-74 所示，求负载电阻 R_L 上消耗的功率 P_L。R_L 为多少时可获得最大功率？

2-31　求图 2-75 所示电路中负载获得最大功率时的 R_L 值及最大功率 $P_{L\max}$。

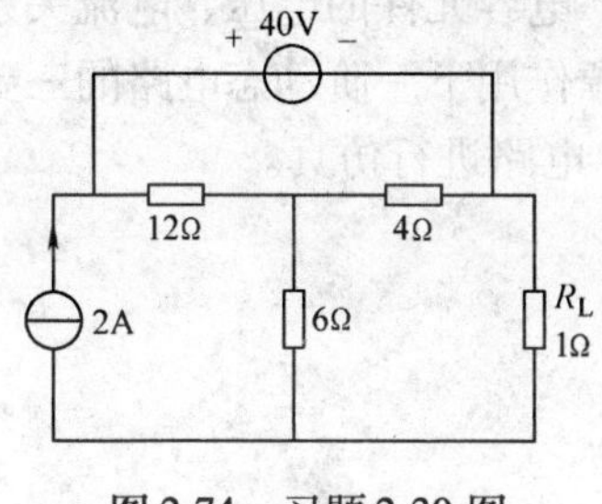

图 2-74　习题 2-30 图

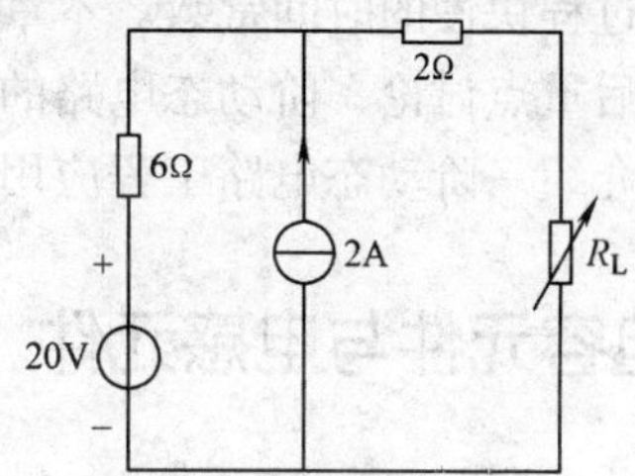

图 2-75　习题 2-31 图

第3章　暂态电路分析

自然界中物质的运动，在一定条件下具有一定的稳定状态（Steady State）。当条件发生变化时，就有可能过渡到另一种稳定状态，中间的过渡过程就称为暂态（Transient State）。电路暂态的物理意义是指电感、电容元件（动态元件）的充放电过程；电路达到稳态时，电路中的各物理量（电压、电流等）达到了给定条件下的稳定值，对于直流信号，它的数值不再变化；对于交流信号，它的幅值、频率和变化规律不变。通常把含有动态元件的电路称为动态电路（Dynamic Circuit）。

暂态过程主要研究两个问题：第一，暂态过程中电压和电流随时间的变化规律；第二，影响暂态过程快慢的时间常数。本章首先介绍电感元件、电容元件的电压、电流关系和换路定则，然后重点讨论一阶动态电路的响应，得出直流电源作用下一阶动态电路的三要素法公式，最后介绍一阶动态电路工程应用，并利用软件对 *RC* 电路进行仿真。

3.1　电容元件与电感元件

3.1.1　电容元件

在工程技术中，电容器的应用极为广泛。电容器是由间隔不同介质（如云母、绝缘纸、电解质等）的两块金属极板组成，如图 3-1a 所示。当在极板上加以电源后，极板上分别聚集等量的异性电荷，极板之间建立电场，存储有电场能。此时将电源移除后，极板上的电荷被电场隔离而不能中和，电场继续存在。因此，电容器具有存储电场能量的作用。电容元件（简称电容，Capacitance）就是反映这种物理现象的电路模型，如图 3-1b 所示。

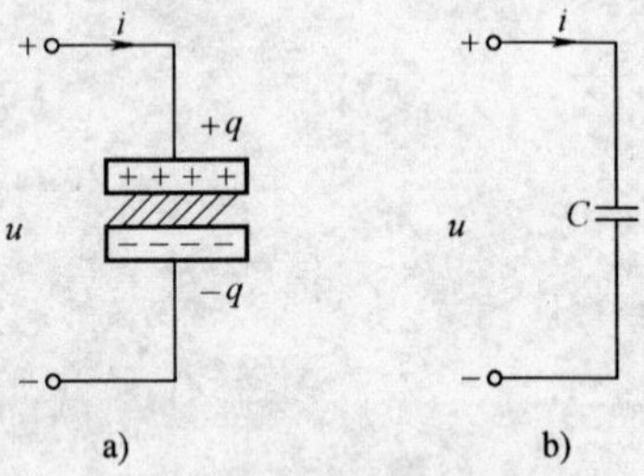

图 3-1　电容器和电容元件
a）电容器　b）电容元件

电容的大小 C 可由下式得到：

$$C=\frac{q}{u} \tag{3-1}$$

式中，q 为电容元件上的电荷量；u 为电容元件上的电压。

当 C 为常数时，称电容元件为线性元件。电容的标准单位为法拉（F），简称法。由于法的单位太大，实际工程中常采用微法（μF）、纳法（nF）、皮法（pF）等单位，$1\text{F}=10^6\,\mu\text{F}=10^9\text{nF}=10^{12}\text{pF}$。电容元件的主要参数有：电容值和电容最大耐压值。

当电容元件两端的电压 u 随时间变化时，极板上存储的电荷就随之变化，则电容元件所在的支路中产生电流 i。在电容元件电压 u 和电流 i 取关联参考方向时，如图 3-1b 所示，则有

$$i=\frac{\mathrm{d}q}{\mathrm{d}t}=\frac{\mathrm{d}(Cu)}{\mathrm{d}t}=C\frac{\mathrm{d}u}{\mathrm{d}t} \tag{3-2}$$

式（3-2）表明，电容元件上电流与电压的变化率成正比。特殊地，在直流稳态情况下电容电压恒定不变，因而流过电容元件的电流为零，此时电容元件相当于开路，或者说电容元件有隔断直流（简称隔直）的作用。式（3-2）称为电容元件的伏安关系的微分形式。其对应的积分形式为

$$u(t)=\frac{1}{C}\int_{-\infty}^{t}i(\xi)\mathrm{d}\xi=\frac{1}{C}\int_{-\infty}^{t_0}i(\xi)\mathrm{d}\xi+\frac{1}{C}\int_{t_0}^{t}i(\xi)\mathrm{d}\xi=u(t_0)+\frac{1}{C}\int_{t_0}^{t}i(\xi)\mathrm{d}\xi \tag{3-3}$$

式（3-3）反映电容电压的两个重要性质，即电容电压的连续性质和记忆性质。

电容元件是储能元件——能量以电场能形式存在。电容元件瞬时储能为

$$W_C(t)=\frac{1}{2}Cu^2(t) \tag{3-4}$$

式（3-4）表明，在电容值一定的情况下，瞬时储能仅由瞬时电压 $u(t)$ 确定。电压降低时，电容元件释放能量（放电）；电压升高时，电容元件吸收能量（充电）。

3.1.2　电感元件

在工程中广泛应用导线绕制的电感线圈，如图 3-2a 所示。例如，在电子电路中常用的电磁铁或变压器中含有在铁心上绕制的线圈等。当一个线圈通以电流后产生的磁场随时间变化时，在线圈中就产生感应电压。和电容器一样，电感线圈也存储能量，能量以磁场能形式存储。电感元件（简称电感，Inductance）就是反映这种物理现象的电路模型，如图 3-2b 所示。

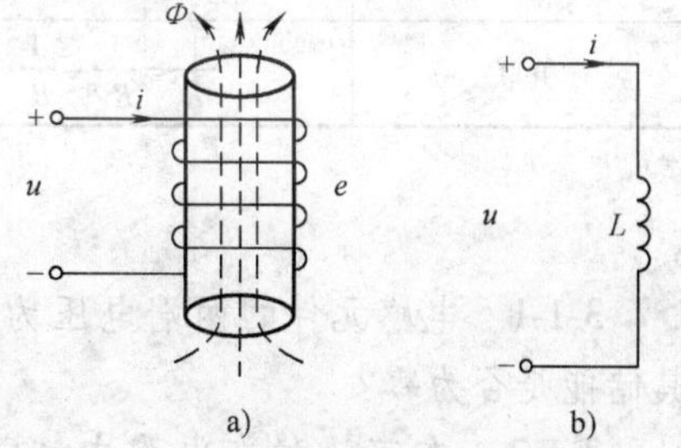

图 3-2　电感线圈和电感元件
a）电感线圈　b）电感元件

电感的大小 L 可由下式得到：

$$L=\frac{N\Phi}{i} \tag{3-5}$$

式中，N 为线圈匝数；Φ 为磁通（标准单位为韦伯，简称韦）；i 为流过线圈的电流。

当 L 为常数时，称电感元件为线性元件。电感的标准单位为亨利（H），简称亨。工程中也常采用毫亨（mH）、微亨（μH）、纳亨（nH）等单位，$1\mathrm{H}=10^3\mathrm{mH}=10^6\mu\mathrm{H}=10^9\mathrm{nH}$。电感元件的主要参数有：电感值和电感允许电流最大值。

当电感元件中电流 i 发生变化时，电感元件的磁通 Φ 也随之变化，此时在电感元件两端产生感应电动势 e_L，电感元件两端就有电压 u。在 u、i 取关联参考方向时，如图 3-2b 所示，则有

$$u=L\frac{\mathrm{d}i}{\mathrm{d}t} \tag{3-6}$$

式（3-6）表明，电感元件上电压与电流的变化率成正比。特殊地，在直流稳态情况下电感电流不变，因而电感两端电压为零，此时电感元件相当于短路。式（3-6）称为电感元件的伏安关系的微分形式，其对应的积分形式为

$$i(t) = \frac{1}{L}\int_{-\infty}^{t} u(\xi)\mathrm{d}\xi = \frac{1}{L}\int_{-\infty}^{t_0} u(\xi)\mathrm{d}\xi + \frac{1}{C}\int_{t_0}^{t} u(\xi)\mathrm{d}\xi = i(t_0) + \frac{1}{L}\int_{t_0}^{t} u(\xi)\mathrm{d}\xi \quad (3\text{-}7)$$

式（3-7）反映电感电流的两个重要性质，即电感电流具有连续性质和记忆性质。

电感元件是储能元件——能量以磁场能形式存在。电感元件瞬时储能为

$$W_L(t) = \frac{1}{2}Li^2(t) \quad (3\text{-}8)$$

式（3-8）表明，在电感值一定的情况下，瞬时储能仅由瞬时电流 $i(t)$ 确定。电流减小时，电感元件释放能量（放电）；电流增加时，电感元件吸收能量（充电）。

3.1.3 电容、电感的串并联等效

在实际使用中，若单个电容或电感不能满足要求时，则可将几个元件串联或并联起来使用。表 3-1 给出了两个同性质元件串联和并联的计算公式。从表 3-1 中可以看出，电感元件的串联、并联等效计算公式类似于电阻元件的串联、并联等效计算公式，电容元件的串联、并联等效计算公式类似于电阻元件的并联、串联等效计算公式。

表 3-1 两个元件串联和并联时的等效计算公式

连接方式	等效电阻	等效电容	等效电感
串联	$R = R_1 + R_2$	$\frac{1}{C} = \frac{1}{C_1} + \frac{1}{C_2}$	$L = L_1 + L_2$
并联	$\frac{1}{R} = \frac{1}{R_1} + \frac{1}{R_2}$	$C = C_1 + C_2$	$\frac{1}{L} = \frac{1}{L_1} + \frac{1}{L_2}$

练习与思考题

3-1-1 电感元件的两端电压为零时，其储能是否为零？流过电容元件的电流为零时，其储能是否为零？

3-1-2 在直流稳态电路中，电感元件和电容元件如何进行等效？其依据是什么？

3-1-3 实际电路设计中，电容（电感）串联、并联，其等效电容（电感）是变大还是变小？

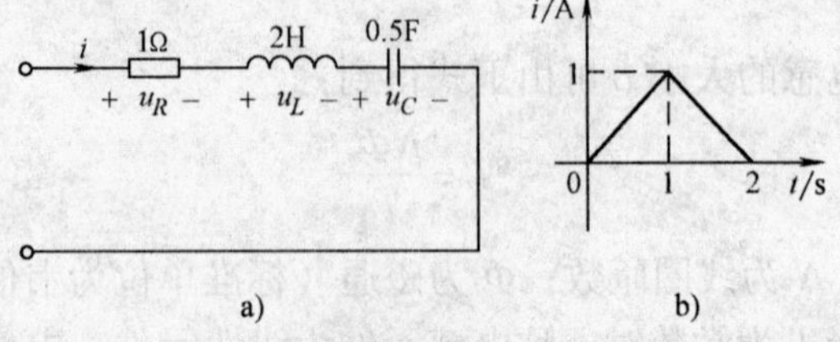

图 3-3 练习与思考题 3-1-4 图

3-1-4 电路如图 3-3a 所示，已知$u_C(0_-)=0$，$i(t)$ 波形如图 3-3b 所示。求：（1）各元件电压 u_R、u_L 和 u_C，并绘出它们的波形；（2）$t=0.5\mathrm{s}$ 时各元件的瞬时功率；（3）$t=0.5\mathrm{s}$ 时电感和电容元件的瞬时储能。

3.2 换路定则

3.2.1 换路定则内容

电路发生暂态过程有两个原因：第一，电路发生换路（Switching）；第二，电路中含有储能元件（电容或电感元件）。把换路称为引起暂态的外因，把含有储能元件称为引起暂态

的内因。通常电路中把开关的闭合、打开或元件参数突然变化等统称为换路。在电路分析中，换路是瞬间完成的。为方便叙述，以后用电路中开关打开或闭合来代替换路。

根据 3.1 节电感、电容元件的分析，电感元件的瞬时储能只与电感电流有关，电容元件的瞬时储能只与电容电压有关。由物理学可知，能量是不能跃变的，因此电感元件和电容元件的瞬时储能是不能跃变，即电路发生换路前后，电感的电流不能跃变（即电流是连续的），电容的电压不能跃变（即电压是连续的）。

设 $t=0$ 时刻电路发生换路，换路前瞬间用“0_-”表示，换路后瞬间用“0_+”表示。换路前后电感元件上的电流连续即 $i_L(0_+)=i_L(0_-)$，电容元件上的电压连续即 $u_C(0_+)=u_C(0_-)$。这就是换路定则（Switching Rules）。换路定则表明，换路前后只有电感电流和电容电压连续，而对其他电压或电流没有限制。

3.2.2　初始值的计算

利用换路定则可以计算电路在换路后各元件上电压、电流的初始值。这里设 $t=0$ 时刻发生换路，利用换路定则计算初始值的步骤为：第一，画出换路前（$t=0_-$）时刻的等效电路，计算出电容电压 $u_C(0_-)$或电感电流 $i_L(0_-)$；第二，利用换路定则确定 $u_C(0_+)$或 $i_L(0_+)$；第三，画出换路后 $t=0_+$时刻的等效电路，求其他电压、电流的初始值。

本章主要研究在直流电源作用下暂态电路的分析，通常电路在换路前处于直流稳定状态。结合 3.1 节知识，在直流稳态条件下，电容元件相当于开路，利用此等效可以计算电容换路前电压 $u_C(0_-)$；同样的，电感元件相当于短路，利用此等效可以计算电感换路前电流 $i_L(0_-)$。然后利用换路定则，确定 $u_C(0_+)$和 $i_L(0_+)$。在 $t=0_+$时刻，用电压源 $u_C(0_+)$代替电容元件，用电流源 $i_L(0_+)$代替电感元件。这样可将储能元件等效为电源，使整个电路等效为电阻电路，然后利用电阻电路的分析方法进行求解即可。以下通过例题来进行说明。

例 3-1　电路如图 3-4a 所示，已知 $U_s=10\text{V}$，$R_1=4\Omega$，$R_2=6\Omega$，$C=4\mu\text{F}$，在 $t=0$ 时电路发生换路（开关 S 打开），换路前电路处于稳定状态，求换路后 $u_C(0_+)$、$u_1(0_+)$、$u_2(0_+)$。

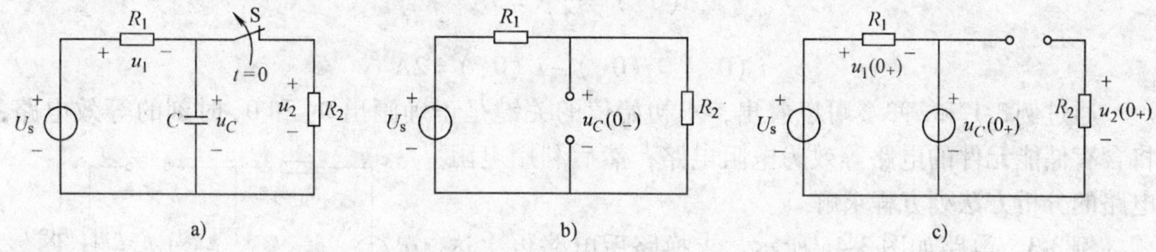

图 3-4　例 3-1 图

a）电路　b）$t=0_-$时刻等效电路　c）$t=0_+$时刻等效电路

解：已知换路前电路处于直流稳态，电容元件相当于开路，$t=0_-$时刻等效电路如图 3-4b 所示，此时可以求得 $u_C(0_-)$为

$$u_C(0_-)=\frac{R_2}{R_1+R_2}U_s=6\text{V}$$

根据换路定则有

$$u_C(0_+) = u_C(0_-) = 6\text{V}$$

在 $t=0_+$ 时刻，电容元件用电压为 $u_C(0_+)$ 的电压源代替，其等效电路如图 3-4c 所示，有

$$u_1(0_+) = U_s - u_C(0_+) = 4\text{V}$$

$$u_2(0_+) = 0\text{V}$$

例 3-2　电路如图 3-5a 所示，已知换路前电路处于稳定状态，求换路后各电流的初始值。

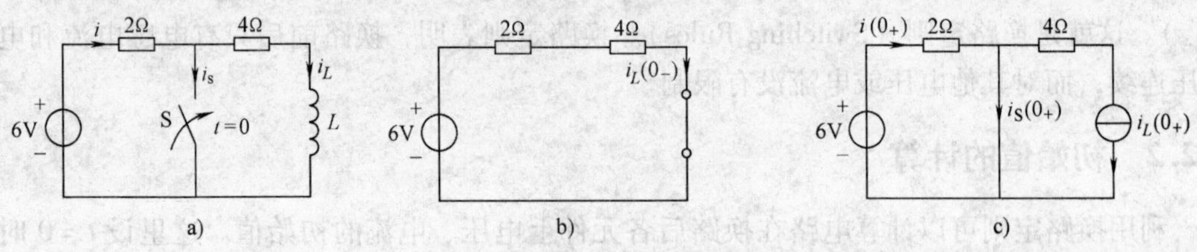

图 3-5　例 3-2 图

a) 电路　b) $t=0_-$ 时刻等效电路　c) $t=0_+$ 时刻等效电路

解：在 $t=0_-$ 时刻，电路处于直流稳态，电感元件等效为短路，如图 3-5b 所示，$i_L(0_-)$ 为

$$i_L(0_-) = \frac{6}{2+4}\text{A} = 1\text{A}$$

根据换路定则有

$$i_L(0_+) = i_L(0_-) = 1\text{A}$$

在 $t=0_+$ 时刻，电感元件用大小为 $i_L(0_+)$ 的电流源代替，其等效电路如图 3-5c 所示，有

$$i(0_+) = \frac{6}{2}\text{A} = 3\text{A}$$

$$i_s(0_+) = i(0_+) - i_L(0_+) = 2\text{A}$$

通过例 3-1 和例 3-2 可以看出，求初始值的关键是正确画出 0_- 和 0_+ 时刻的等效电路，将含有储能元件的电路等效为电阻电路，然后利用电阻电路的分析方法列方程求解。

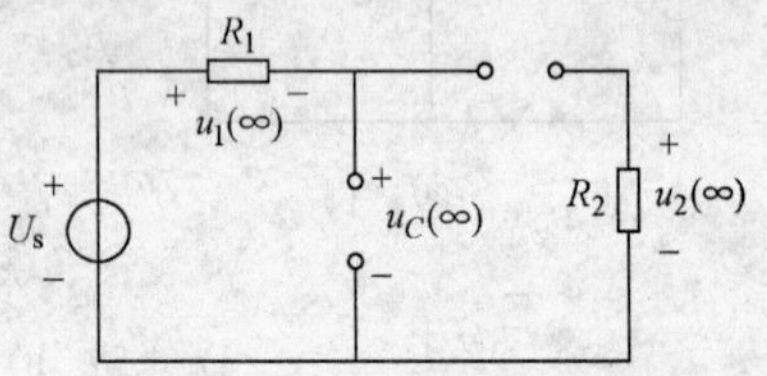

例 3-3　电路如图 3-4a 所示，求换路后电路再次达到稳态时的 $u_C(\infty)$、$u_1(\infty)$、$u_2(\infty)$。

解：电路再次达到稳态，此时电容元件处于直流稳态，电容元件等效为开路，其等效电路如图 3-6 所示，有

图 3-6　例 3-3 图（$t=\infty$ 等效电路）

$$u_1(\infty) = 0\text{V}$$

$$u_2(\infty) = 0\text{V}$$

$$u_C(\infty) = 10\text{V}$$

通过例 3-3 可以看出，电路再次达到稳定状态，与换路前的稳态电路不同，但所用的储

能元件等效方法相同。

练习与思考题

电路如图 3-7 所示，开关 S 在 $t=0$ 时闭合，电路发生换路，换路前储能元件无初始储能。换路后白炽灯 EL_1 亮度保持不变，EL_2 由暗变亮，EL_3 由亮变暗。根据本节所学内容分析产生这种过程的原因。（提示：白炽灯等效为一电阻元件，通过分析三条支路上电流的初始值和稳态值，可定性得到以上结论。）

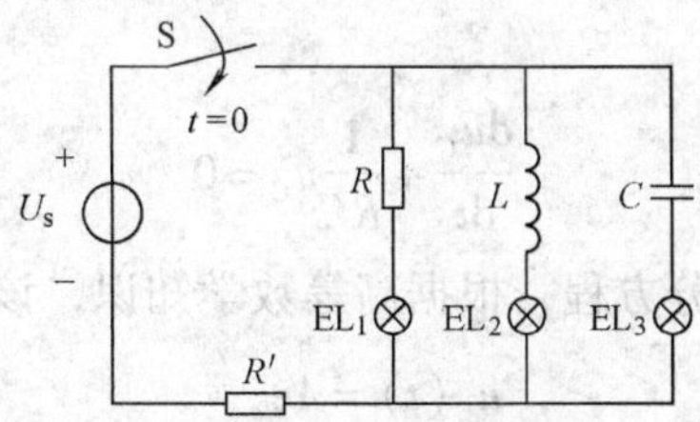

图 3-7　练习与思考题图

3.3　一阶电路的响应

3.3.1　一阶电路的零输入响应

当动态电路在换路前有初始储能，换路后无独立电源作用时，电路在初始储能作用下产生的响应称为零输入响应（Zero Input Response）。若动态电路在换路后只含有一个动态元件（L 或 C），或者可等效为一个动态元件的电路称为一阶电路（First Order Circuit）。一阶电路的实质是指电路响应可用一阶微分方程来表示，方程的解即为所求的响应。一阶电路的零输入响应可分为 RC 电路的零输入响应和 RL 电路的零输入响应，以下分别进行讨论。

1. *RC* 电路的零输入响应

在图 3-8a 所示 RC 电路中，$t=0$ 时开关从位置 1 到位置 2，电路发生换路。换路前电路已经处于稳定状态，求换路后电容电压 u_C、u_R 以及 i_C。

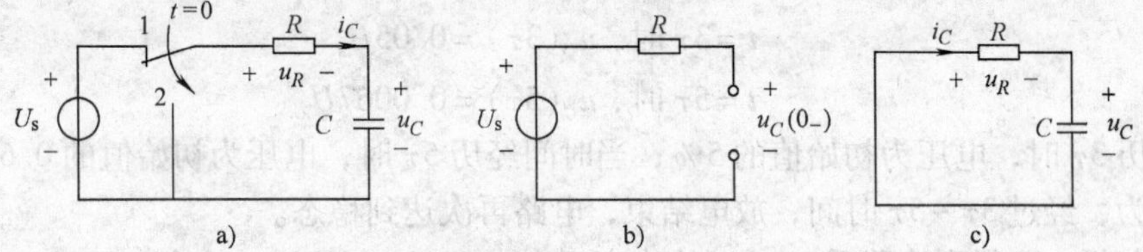

图 3-8　*RC* 零输入电路

a）电路　b）$t=0_-$ 等效电路　c）换路后等效电路

分析：换路前（$t=0_-$）电路已经处于稳定状态，此时电路的等效电路如图 3-8b 所示，电容元件相当于开路，流过电容的电流为零，电容电压 $u_C(0_-)=U_s$。根据换路定则，换路后电容电压 $u_C(0_+)=u_C(0_-)=U_s$，电容元件有初始储能。换路后，如图 3-8c 所示，电容元件和电阻 R 构成回路，电容元件释放能量，电阻元件消耗能量。随着时间的推移，电容的能量被电阻消耗尽，电路再次达到稳定状态，稳定后电容电压为零。通过以上分析可知，零输入响应的物理过程是电容放电的暂态过程。以下通过列写微分方程、求解方程来说明该响应。

在图 3-8c 中，根据 KVL 以及元件的伏安关系，有

$$u_R(t)+u_C(t)=0$$

$$u_R=i_CR$$

$$i_C=C\frac{\mathrm{d}u_C}{\mathrm{d}t}$$

整理有

$$\frac{\mathrm{d}u_C}{\mathrm{d}t}+\frac{1}{RC}u_C=0$$

上式为一阶常系数线性齐次微分方程，根据高等数学知识，该方程的通解为

$$u_C(t)=A\mathrm{e}^{-\frac{t}{RC}}$$

式中，A 为常数，由初始值确定。

将 $u_C(0_+)=U_\mathrm{s}$ 代入有

$$A=U_\mathrm{s}$$

所以方程的解为

$$u_C(t)=U_\mathrm{s}\mathrm{e}^{-\frac{t}{RC}}$$

通过上解可以看出，零输入响应 u_C 是按指数规律变化的，其电压波形如图 3-9 所示。令 $\tau=RC$，并称 τ 为时间常数（Time Constant），标准单位为秒（s）。τ 的物理意义表示电容电压衰减到初始值的 36.8% 时所需的时间。τ 的大小反映电容的放电快慢，它是暂态响应的一个重要的参数。τ 越大说明放电越慢，理论上认为只有 $t=\infty$ 的时间才可以达到稳定，即 $u_C(\infty)=0$。可以计算

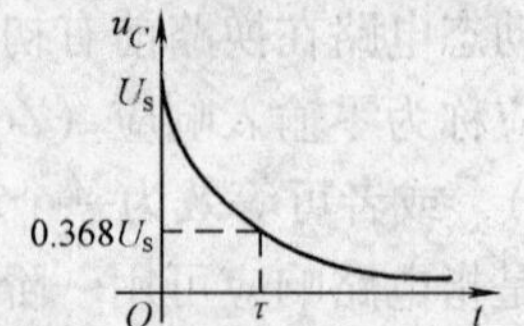

图 3-9 电容元件电压波形

$$t=0\text{ 时，}u_C(0)=U_\mathrm{s}$$

$$t=\tau\text{ 时，}u_C(\tau)=0.368U_\mathrm{s}$$

$$t=3\tau\text{ 时，}u_C(3\tau)=0.05U_\mathrm{s}$$

$$t=5\tau\text{ 时，}u_C(5\tau)=0.0067U_\mathrm{s}$$

当时间经历 3τ 时，电压为初始值的 5%；当时间经历 5τ 时，电压为初始值的 0.67%。一般工程上认为，经过 $3\tau\sim5\tau$ 时间，放电结束，电路再次达到稳态。

同样分析，可得到换路后 i_C、u_R 的响应，为

$$u_R(t)=-U_\mathrm{s}\mathrm{e}^{-\frac{t}{\tau}}$$

$$i_C(t)=-\frac{U_\mathrm{s}}{R}\mathrm{e}^{-\frac{t}{\tau}}$$

2. *RL* 电路的零输入响应

下面通过例题来说明 *RL* 电路的零输入响应。

例 3-4 电路如图 3-10a 所示，已知 $U_\mathrm{s}=10\mathrm{V}$，$R_1=2\mathrm{k\Omega}$，$R_2=R_3=4\mathrm{k\Omega}$，$L=200\mathrm{mH}$，开关 S 在 $t=0$ 时打开，打开前电路处于稳态。求换路后 u_L、i_L。

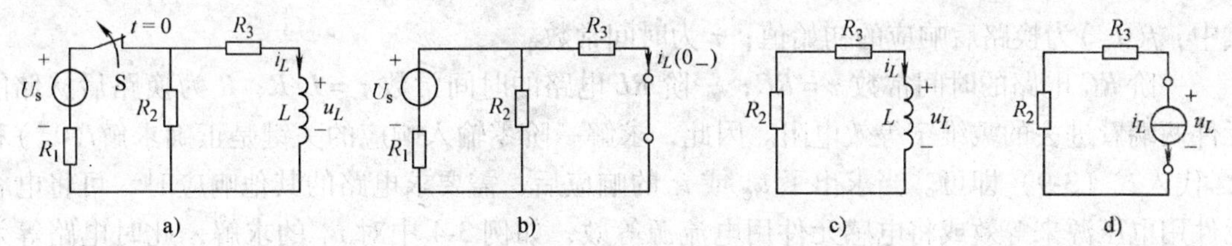

图 3-10　例 3-4 图

a）电路　b）$t=0_-$ 时刻等效电路图　c）换路后等效电路图　d）等效电源电路

解：换路前（$t=0_-$）电路已经处于稳定状态。在直流稳态下电感元件相当于短路。此时电路的等效电路如图 3-10b 所示。电感电流 $i_L(0_-)$ 为

$$i_L(0_-)=\frac{U_s}{R_1+R_2/\!/R_3}\times\frac{1}{2}=1.25\text{mA}$$

根据换路定则，换路后电感电流 $i_L(0_+)$ 为

$$i_L(0_+)=i_L(0_-)=1.25\text{mA}$$

在 $t>0$ 后，电感元件和电阻构成回路，电感元件释放能量，电阻元件消耗能量。随着时间的推移，电感的能量被电阻消耗尽，电感电流为零，此时电路再次达到稳定状态。通过以上分析可知一阶 *RL* 电路零输入响应的物理过程是电感放电的暂态过程，以下通过列写微分方程，求解方程来说明该响应。

换路后等效电路如图 3-10c 所示，首先求解 $i_L(t)$，列回路方程为

$$L\frac{\mathrm{d}i_L}{\mathrm{d}t}+(R_2+R_3)i_L=0$$

代入具体数值经计算得

$$0.2\frac{\mathrm{d}i_L}{\mathrm{d}t}+8i_L=0$$

解为

$$i_L(t)=A\mathrm{e}^{-\frac{t}{2.5\times10^{-5}}}\text{mA}$$

代入初始值 $i_L(0_+)$，可得到

$$i_L(t)=1.25\mathrm{e}^{-\frac{t}{2.5\times10^{-5}}}\text{mA}$$

以下求解响应 u_L。u_L 可以通过列写微分方程的方法求解，也可以利用等效电路的方法进行求解。以下采用等效电路的方法来进行求解。换路后电感元件等效为 $i_L(t)=1.25\mathrm{e}^{-\frac{t}{2.5\times10^{-5}}}\text{mA}$的电流源，如图 3-10d 所示，此时 u_L 即为电流源的电压，可有

$$u_L=-i_L(R_2+R_3)=-10\mathrm{e}^{-\frac{t}{2.5\times10^{-5}}}\text{V}$$

3. 小结

通过以上分析可知，一阶零输入响应实际是储能元件的放电响应，求解零输入响应首先要列写一阶微分方程，利用初始条件得到方程的解。假设 $t=0$ 时电路发生换路，解的形式为

$$f(t)=f(0_+)\mathrm{e}^{-\frac{t}{\tau}} \tag{3-9}$$

式中，$f(0_+)$为换路后响应的初始值；τ为时间常数。

一阶 RC 电路的时间常数 $\tau=RC$，一阶 RL 电路的时间常数 $\tau=L/R$，R 为换路后从储能元件两端看进去的戴维宁等效电阻。因此，求解一阶零输入响应的关键是正确求解$f(0_+)$和τ，代入式（3-9）即可。当求出了 u_C 或 i_L 的响应后，需要求电路的其他响应时，可将电容元件用电压源来等效或将电感元件用电流源等效，如例 3-4 中对 u_L 的求解，此时电路等效为电阻电路，然后列写代数方程求解出其他的响应。

3.3.2 一阶电路的零状态响应

当动态电路在换路前无初始储能，换路后由直流电源作用下而产生响应，称为零状态响应（Zero State Response）。以下通过例题分析零状态响应。

例 3-5 电路如图 3-11a 所示，$t=0$ 时开关闭合，电路发生换路。已知电路在换路前电容元件的储能为零，求换路后 u_C 和 u_R 的响应。

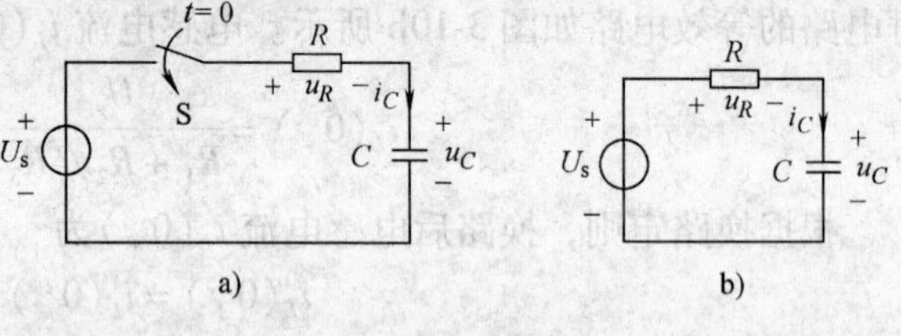

图 3-11 例 3-5 图（RC 电路的零状态响应）

a）电路 b）换路后等效电路

解： 已知换路前储能为零，即有$u_C(0_-)=0\text{V}$，换路后在直流电压源的作用下所求的响应为零状态响应，即为电容元件的充电响应。充电结束后电路再次达到稳定状态，此时 $u_C(\infty)=U_s$。可以画出换路后的等效电路，如图 3-11b 所示。列写微分方程有

$$RC\frac{\mathrm{d}u_C}{\mathrm{d}t}+u_C=U_s$$

这是一阶非齐次常系数微分方程。根据数学知识有

非齐次微分方程的解 = 齐次方程的通解 + 非齐次方程的特解

以下利用这一结论求解微分方程。对应的齐次方程为

$$RC\frac{\mathrm{d}u_C}{\mathrm{d}t}+u_C=0$$

该齐次方程的通解为

$$u_C(t)=A\mathrm{e}^{-\frac{t}{RC}}$$

式中，A 为待定系数。

微分方程的特解与激励源具有相同的形式。本题目中激励源是常量，因此特解的形式也应为常量。$u_C(\infty)$满足这一条件，是方程的特解。因此非齐次方程的特解为

$$u_C(\infty)=U_s$$

所以，非齐次方程的通解为

$$u_C(t)=A\mathrm{e}^{-\frac{t}{RC}}+U_s$$

代入初始条件 $u_C(0_+)=0$，则有

$$A=-U_s$$

$$u_C(t)=U_s-U_s\mathrm{e}^{-\frac{t}{RC}}=U_s(1-\mathrm{e}^{-\frac{t}{RC}})$$

令 $\tau=RC$，则上式为

$$u_C(t)=U_s(1-e^{-\frac{t}{\tau}})$$

同理，可求解电阻上的电压响应为

$$u_R(t)=U_s e^{-\frac{t}{\tau}}$$

通过 $u_C(t)$ 和 $u_R(t)$ 解可以看出，在同一电路中解的形式不一样，这一点要特别注意。零状态响应的特点：电容（电感）的初始电压（电流）为零，再次稳态电压（电流）为常量，而电路中其他的量（电压或电流）的初值和稳态值不一定具有这一特点。

3.3.3　一阶电路的完全响应

当动态元件在换路前有初始储能，换路后有独立电源作用时，电路的响应称为完全响应（Complete Response）。一阶完全响应可用一阶非齐次微分方程来表示。以下通过例题分析一阶 *RL* 电路的完全响应。

例 3-6　电路如图 3-12a 所示，在 $t=0$ 时，电路发生换路，换路前电路处于稳定状态。求换路后 i_L 的响应。

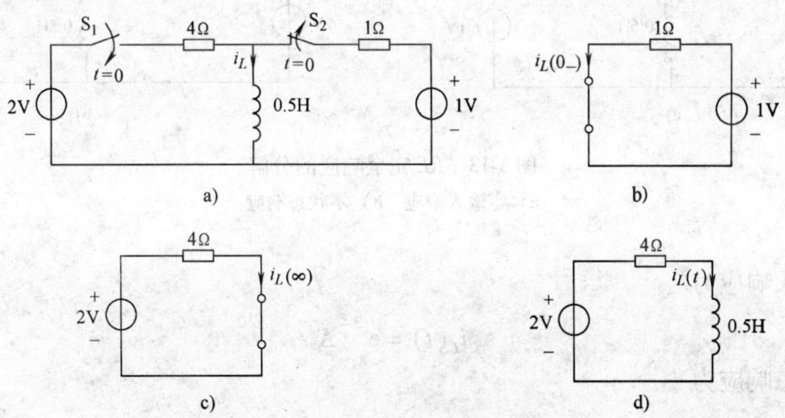

图 3-12　例 3-6 图

a）电路　b）$t=0_-$ 时刻等效电路　c）$t=\infty$ 时刻等效电路　d）换路后等效电路

解：电路在 $t=0$ 发生换路，即在 $t=0$ 时开关 S_1 闭合，开关 S_2 打开。$t=0_-$ 时的等效电路如图 3-12b 所示，可以计算有 $i_L(0_-)=1A$，根据换路定则有 $i_L(0_+)=i_L(0_-)=1A$。换路后电路再次达到稳定时其等效电路如图 3-12c 所示。可以计算有 $i_L(\infty)=0.5A$。$t>0$ 的等效电路如图 3-12d 所示。

可列微分方程有

$$0.5\frac{di_L}{dt}+4i_L=2$$

这是一阶常系数非齐次微分方程，和零状态响应方程的解法一样。该方程对应的齐次方程的通解为

$$i_L(t)=Ae^{-\frac{t}{\tau}}$$

式中，A 为待定系数，$\tau=L/R=0.5/4s=0.125s$。

特解为

$$i_L(\infty)=0.5\text{A}$$

所以，方程的通解为

$$i_L(t)=A\text{e}^{-\frac{t}{\tau}}+0.5$$

将初始值 $i_L(0_+)=1\text{A}$ 代入，可得

$$i_L(0_+)=A+0.5=1$$

$$A=0.5$$

最终方程的解为

$$i_L(t)=0.5\text{e}^{-\frac{t}{\tau}}\text{A}+0.5\text{A}$$

这就是所求的完全响应。该响应也可以通过分解的方法，将完全响应分解为零输入响应和零状态响应之和。零输入响应和零状态响应的等效电路如图 3-13 所示。

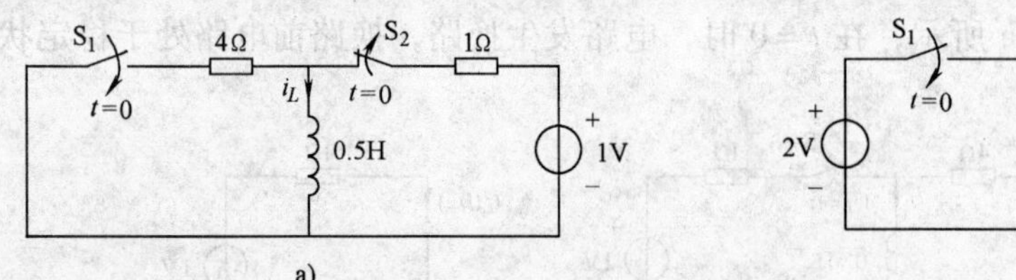

图 3-13　*RL* 完全响应的分解

a）零输入响应　b）零状态响应

电路的零输入响应为

$$i_L(t)=\text{e}^{-\frac{t}{\tau}}\text{A}$$

电路的零状态响应为

$$i_L(t)=0.5(1-\text{e}^{-\frac{t}{\tau}})\text{A}$$

电路的完全响应为

$$i_L(t)=\text{e}^{-\frac{t}{\tau}}\text{A}+0.5(1-\text{e}^{-\frac{t}{\tau}})\text{A}=0.5\text{A}+0.5\text{e}^{-\frac{t}{\tau}}\text{A}$$

这与直接求解得到的响应完全相同。通过以上分析可知，求解完全响应时，既可以应用直接求解微分方程的方法，也可以应用分解为零输入和零状态响应的方法。完全响应可以表示为零输入响应（$\text{e}^{-\frac{t}{\tau}}\text{A}$）和零状态响应（$0.5\text{A}-0.5\text{e}^{-\frac{t}{\tau}}\text{A}$）之和，也可以表示为稳态响应（0.5A）和暂态响应（$0.5\text{e}^{-\frac{t}{\tau}}\text{A}$）之和。

练习与思考题

3-3-1　*RC* 放电电路如图 3-8 所示，已知电容元件的初始值为 $u_C(0_+)=2\text{V}$，电阻 $R=1\text{k}\Omega$，电容 $C=1\mu\text{F}$。求经过 0.001s 后电容电压 $u_C(0.001)$ 的值。(0.735V)

3-3-2　一 *RL* 电路如图 3-14 所示，已知 $U_s=1\text{V}$，$R=1\Omega$。问选择电感 L 为多大时，经过 2s 后，电感电流的大小为初始值的 5%。(2/3H)

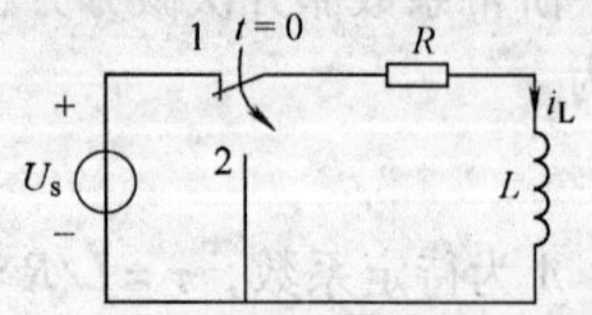

图 3-14　练习与思考题 3-3-2 图

3-3-3　电路如图 3-15 所示，试求在 $u_C(0_-)=0\text{V}$ 和 $u_C(0_-)=2\text{V}$ 两种情况下，换路后 $u_C(t)$ 的响应。($3\text{V}-3\text{e}^{-10^6 t}\text{V}$，$3\text{V}-\text{e}^{-10^6 t}\text{V}$)

3-3-4　如果一阶电路的全响应分量均存在，那么它们之间的关系可用图 3-16 表示，试说明图示关系的正确性。

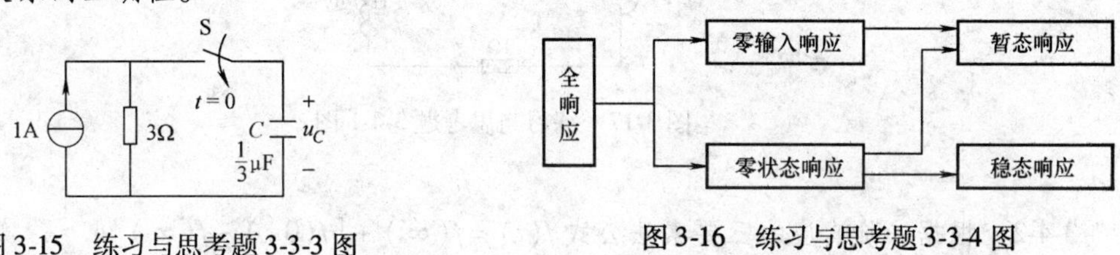

图 3-15　练习与思考题 3-3-3 图　　图 3-16　练习与思考题 3-3-4 图

3.4　一阶动态电路的三要素法

3.4.1　三要素法公式

根据 3.3 节对一阶电路的完全响应分析可以知道，一阶电路完全响应解的形式如下：

$$f(t)=f(0_+)\text{e}^{-\frac{t}{\tau}}+f(\infty)(1-\text{e}^{-\frac{t}{\tau}})=f(\infty)+[f(0_+)-f(\infty)]\text{e}^{-\frac{t}{\tau}} \tag{3-10}$$

因此只要得到所求响应的初始值 $f(0_+)$、稳态值 $f(\infty)$、时间常数 τ 三个参数，然后代入式 (3-10) 即可求出响应。这种方法称为三要素法（Three-Factor Method），式（3-10）称为三要素法公式。以后，可以利用三要素法求解电路的响应，这样可以省去列写微分方程的过程，使得响应的求解变得简单。

3.4.2　利用三要素法求解响应

只有求解直流电源作用下的一阶电路的电压或电流响应时才可以利用三要素法公式。这是三要素法的应用条件。具体来讲，利用三要素法求解电路的响应步骤如下：

1）根据给定的已知条件，画出 $t=0_-$ 时刻的等效电路（若电路处于稳定状态，电容元件利用开路来等效，电感元件利用短路来等效），计算电容电压 $u_C(0_-)$ 或电感电流 $i_L(0_-)$。

2）根据换路定则得到 $u_C(0_+)=u_C(0_-)$ 或 $i_L(0_+)=i_L(0_-)$，画出 $t=0_+$ 时刻的等效电路（电容元件利用大小为 $u_C(0_+)$ 的电压源来等效，电感元件利用大小为 $i_L(0_+)$ 的电流源来等效），计算初始值 $f(0_+)$。

3）画出 $t=\infty$ 时的等效电路（电容元件利用开路来等效，电感元件利用短路来等效），计算稳态值 $f(\infty)$。

4）计算时间常数 τ（RC 电路 $\tau=RC$，RL 电路 $\tau=L/R$），其中 R 为换路后从动态元件两端看去整个电路的戴维宁等效电阻。

5）将上述结果代入三要素法公式。

练习与思考题

3-4-1　图 3-17 电路中，$t=0$ 时开关闭合，电路发生换路，换路前电路处于稳态。试用

三要素法求 $t\geqslant0$ 时的电流 i_L 和电压 u_L。($i_L(t)=3\text{A}-2e^{-3t}\text{A}$, $u_L(t)=2e^{-3t}\text{V}$)

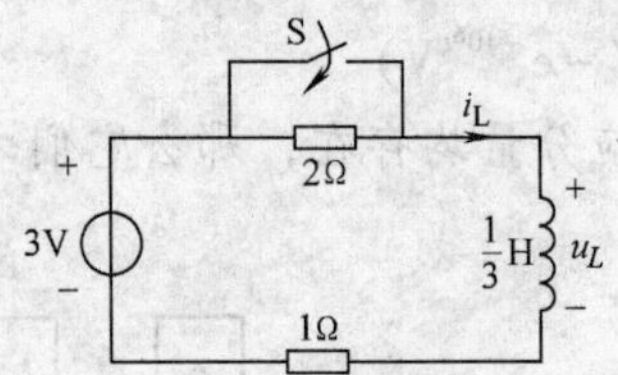

图 3-17 练习与思考题 3-4-1 图

3-4-2 根据一阶响应的三要素法公式 $f(t)=f(\infty)+[f(0_+)-f(\infty)]e^{-\frac{t}{\tau}}$，实际中只要测出响应任意三个时刻的值，代入三要素法公式就可以得到完全响应。已知一阶响应 $f(t)$ 三个时刻值有：$f(0_+)=2$，$f(1)=1.37$，$f(2)=1.14$。利用三要素法公式求响应 $f(t)$。($f(t)=1+e^{-t}$)

3.5 工程应用举例

3.5.1 积分电路

图 3-18a 所示为一积分电路（Integrating Circuit），其中 u_i 为一矩形脉冲，其波形如图 3-18b 所示。在积分电路中要求 RC 电路的时间常数 τ 要远大于脉冲宽度 T_X。其工作原理为：当脉冲信号没有出现时，因输入信号电压为零，电路中没有电流流过，所以输出信号电压为零。当输入脉冲出现时，输入信号电压开始通过电阻 R 对电容 C 充电。由于这一电路的时间常数比较大，所以 C 上的电压上升比较缓慢，且是按指数规律上升的。又因时间常数远大于脉冲宽度，对电容充电不久，输入脉冲就跳变到零，对电容的充电结束，也就是 C 上的电压按指数规律上升了很小一段，由于是指数曲线的起始段，这一段是近似线性的。放电过程与充电过程类似，充放电循环下去，如图 3-19 所示。由于积分电路的时间常数很大，输出信号电压还没有升高多少时，输入电压跳变到零，这样输出电压远小于输入电压，可以忽略输出电压的大小，充电电流大小近似为

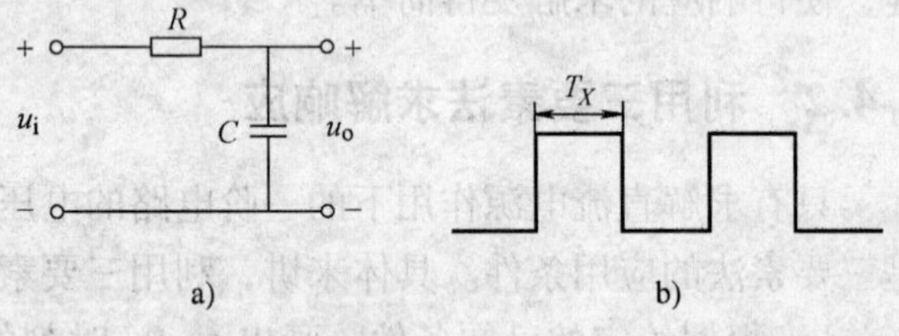

图 3-18 积分电路及输入电压波形

$$i\approx\frac{u_i}{R}$$

因此输出电流近似与输入电压成正比，即

$$u_o\approx\frac{1}{RC}\int u_i\,dt$$

所以 C 上的电压近似地与输入信号电压的积分成正比，故将该电路称为积分电路。输出的波形称为锯齿波，当时间常数越大时，充放电越缓慢，锯齿波电压的线性也就越好。该电路可用于黑白

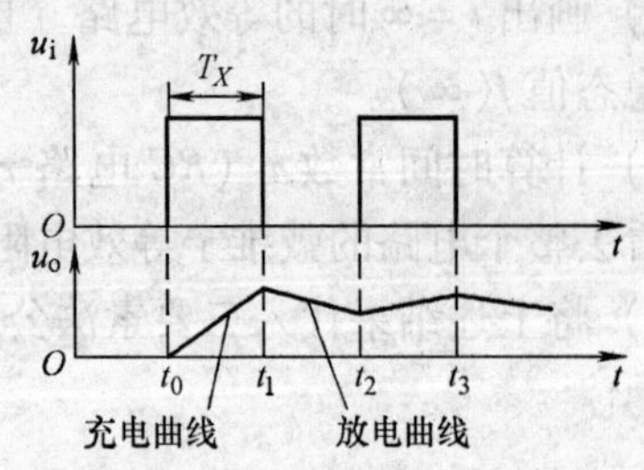

图 3-19 积分电路的输入、输出波形

或彩色电视机场扫描电路中的场积分电路。

3.5.2　微分电路

图 3-20a 所示是微分电路（Differentiating Circuit），其输入电压波形如图 3-20b 所示。微分电路和积分电路在电路形式上相近，微分电路输出电压取自电阻，而且 *RC* 时间常数与积分电路不同。在微分电路中，要求 *RC* 时间常数远小于脉冲宽度 T_X。其工作原理是：当输入信号脉冲没有出现时，输入信号电压为零，所以输出信号电压也为零。当输入脉冲出现时，输入信号从零突然跳变到高电平，由于电容 *C* 两端的电压不能突变，*C* 相当于短路，输入脉冲直接加到 *R* 上，此时输出信号电压等于输入信号的电压，输出信号的电压最大，如图 3-21 所示。随着电容两端电压的增加，输出信号的电压相应地减少，由于时间常数远小于脉冲宽度，因此暂态过程很快结束。其他情况分析方法类似。通过微分电路可将输入的矩形脉冲信号变成尖脉冲，该电路可用于数字电路产生触发信号。

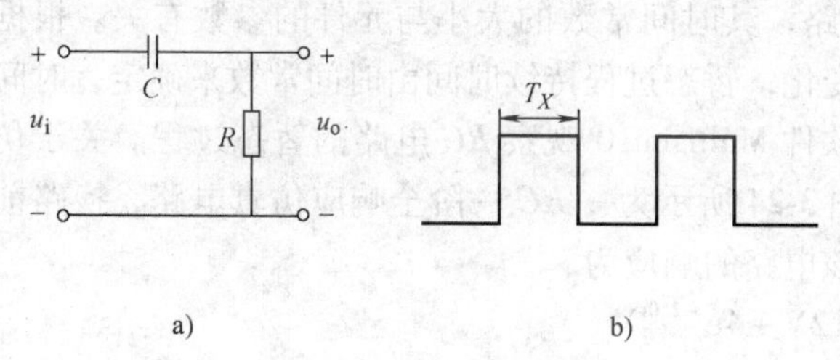

图 3-20　微分电路及输入电压波形

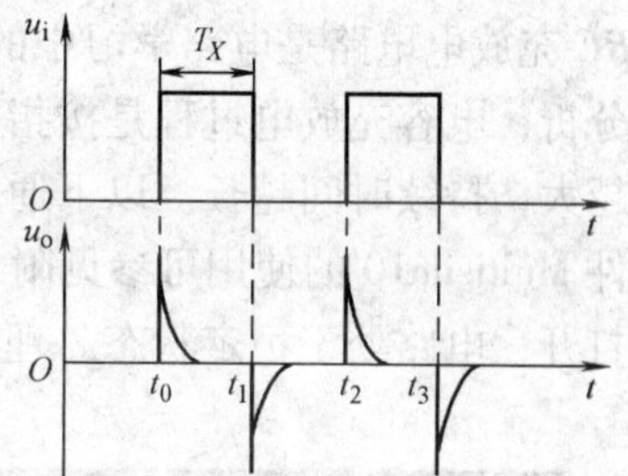

图 3-21　微分电路的输入输出波形

3.5.3　单片机复位电路

图 3-22 所示为单片机复位电路（Reset Circuit），复位是让单片机进入设定的初始状态。其中，$+V_{CC}$ 为直流电压源，S 为一按键开关，按键通常是打开的，只有需要电路起作用时才按下接通，/RST 为信号输出端，C_1 的主要作用是防止输出信号的抖动。对单片机系统来说，只要/RST输出低电平信号并保持一定时间，单片机就能可靠复位。电路的工作原理为：正常情况下 S 断开，电路处于稳定状态，C_1 和 C_2 充电结束，/RST 输出为高电平 $+V_{CC}$，单片机正常工作。需要复位时，接通开关 S，R_2 和 C_2 组成回路，C_2 通过 R_2 放电，放电时间常数可以选择合适的 R_2 和 C_2 值来确定。放电结束时/RST 输出为低电平 0，单片机可靠复位。这种电路中，通常可选取 C_1 为 0.1μF，C_2 为 1.0μF，R_1 为 100kΩ，R_2 为 1kΩ。

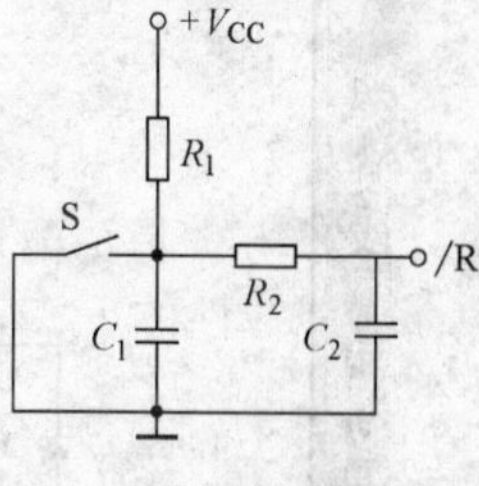

图 3-22　单片机复位电路

3.5.4　消火花电路

图 3-23 所示是 *RC* 消火花电路（Quenching Circuit）。电路中 $+V_{CC}$ 是直流工作电压，S 是电源开关，M 是直流电动机，*RC* 构成消火花电路。实际中直流电动机 M 是一个感性负载，在切断电源开关 S 的瞬间，由于感性负载突然断电会产生自感电动势，这一电动势很大且加在了开关 S 的两个触点之间，这会在开关 S 的两触点之间产生打火放电现象，损伤开关 S 的

两个触点。长时间这样打火会造成开关 S 的接触不良故障，为此要加入 *RC* 消火花电路，以保护感性负载回路中的电源开关。

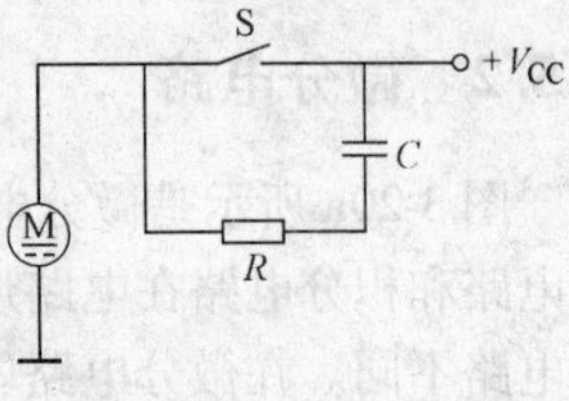

其工作原理为：在开关 S 断开时，由于 *R* 和 *C* 接在开关 S 两触点之间，在开关 S 上的打火电动势等于加在 *RC* 串联电路上。这一电动势通过 *R* 对 *C* 进行充电，*C* 吸收了打火电能，使开关 S 两触点的电动势大大减少，达到消火的目的。由于 *C* 的充电电流是流过 *R* 的，所以 *R* 具有消耗充电电能的作用，这样，打火的电能通过电阻 *R* 被消耗掉。在这种 *RC* 消火电路中，通常电容取 0.47μF，电阻取 100Ω。

图 3-23　消火花电路

3.6　暂态电路的仿真

RC 充放电电路是电路学习中的常见电路，其时间常数的大小与元件的参数有关。根据本章分析，电容充放电过程是按指数规律变化，暂态过程持续时间由时间常数来确定，时间常数越大，持续时间越长。以下通过仿真软件 Multisim10 观察 *RC* 电路的暂态过程。关于仿真软件 Multisim10 的使用可参见附录 A。图 3-24 所示为一 *RC* 一阶全响应仿真电路，换路前开关打开，电路处于稳定状态。理论分析该电路的响应为

$$u(t) = 2\text{V} + 4\text{e}^{-250t}\text{V}$$

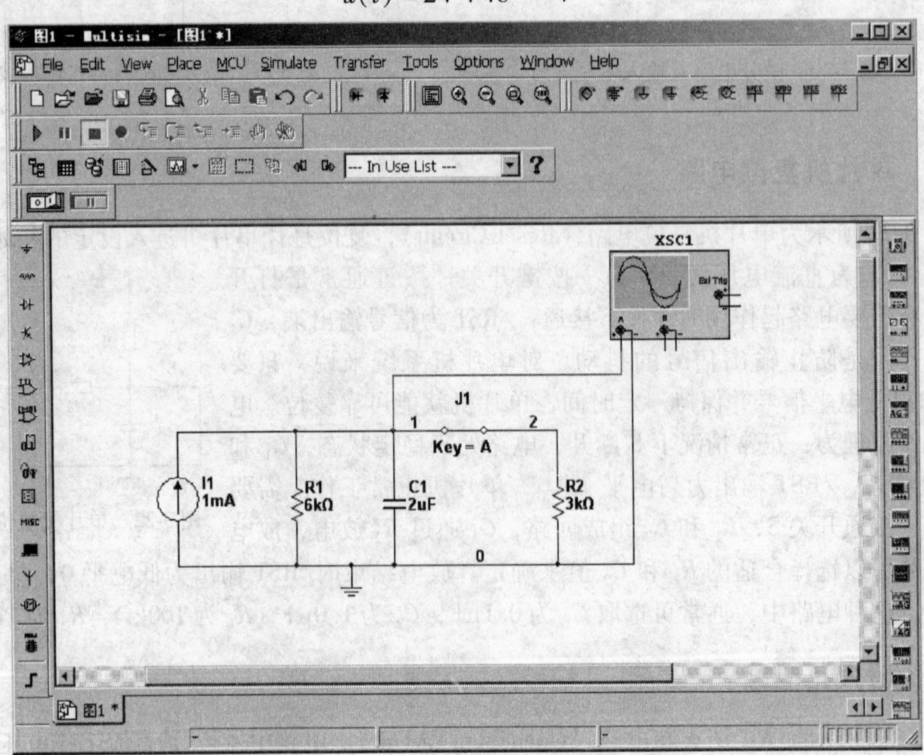

图 3-24　*RC* 一阶全响应仿真电路

仿真运行后，按下计算机键盘上的“A”键，开关闭合，电路产生换路。利用软件提供

的示波器观察电容上的电压波形。仿真运行结果如图 3-25 所示。利用示波器的游标测定任意时刻的电压值，换路前，电容上的电压为 5.996V，经过 9.795ms 后电容上的电压下降到 2.354V，下降了 3.642V。理论计算，在换路后 9.795ms 时刻的电压为 2.345V。该值与测量值之间存在一定的误差，该误差主要是由测量带来的。

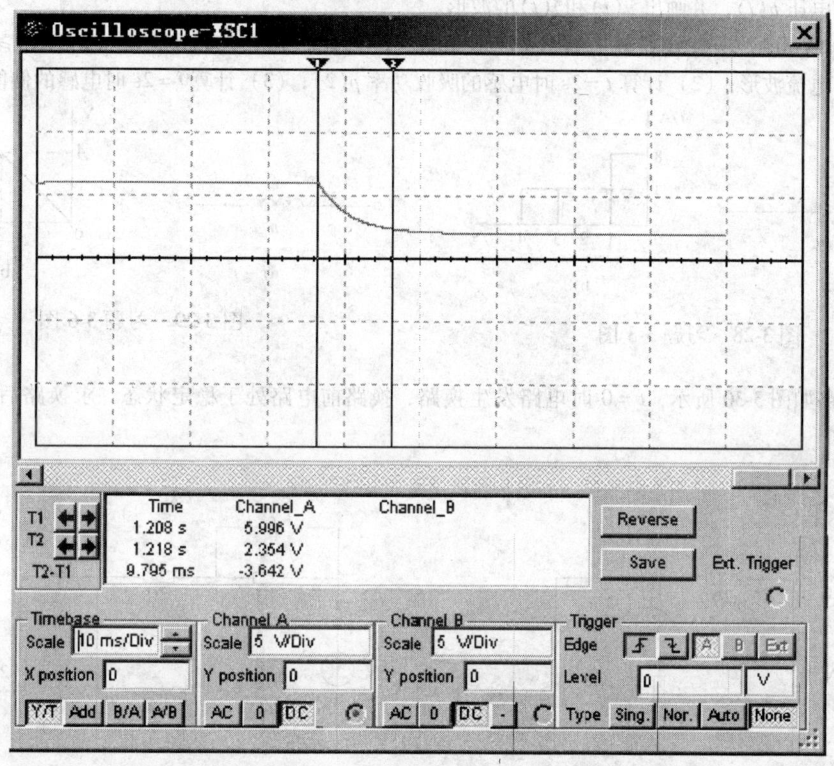

图 3-25　*RC* 一阶全响应仿真电路测试波形

习　题

3-1　写出图 3-26 所示元件的伏安关系。

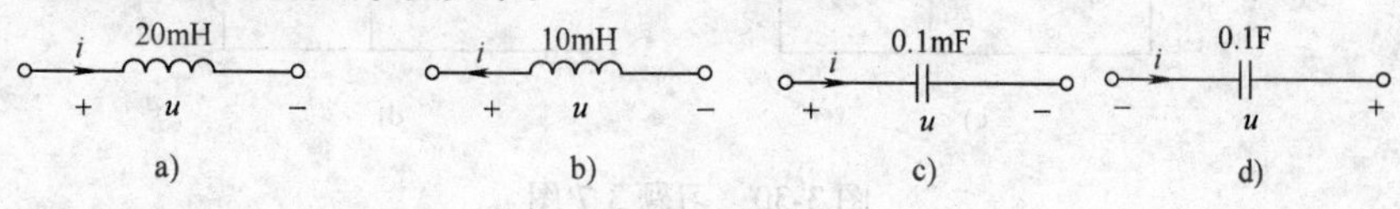

图 3-26　习题 3-1 图

3-2　利用元件的串并联等效，计算图 3-27 所示电路的等效电容或等效电感的值。

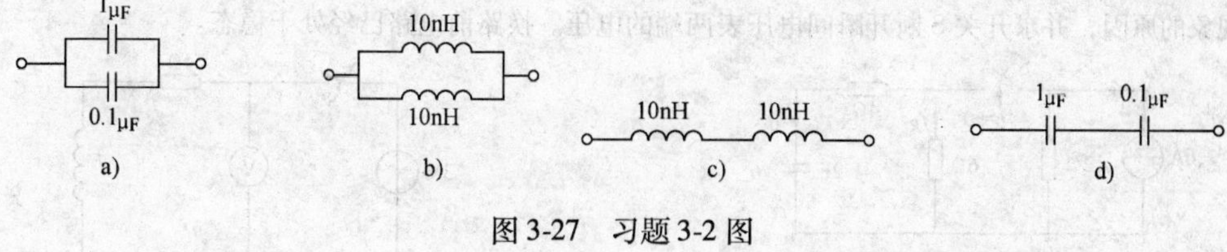

图 3-27　习题 3-2 图

3-3　已知某电容 $C=4\text{F}$，其电流 i 波形如图 3-28 所示。(1) 若 $u(0)=0\text{V}$，求 $t\geqslant 0$ 时电压 $u(t)$，并画

出电容电压波形；(2) 计算 $t=2s$ 时电容的吸收功率 $p(2)$；(3) 计算 $t=2s$ 时电容的储能 $w(2)$。

3-4 已知某电容 $C=2F$，电容上电压与电流参考方向关联。其中电压 $u(t)=2(1-e^{-t})V$，$t\geqslant0$。求 $t\geqslant0$ 时的电容电流 $i(t)$，并画出 $u(i)$ 和 $i(t)$ 的波形。

3-5 已知某电感 $L=0.5H$，其上电压与电流参考方向关联，电感电流 $i(t)=3(1-e^{-2t})A$，$t\geqslant0$。求 $t\geqslant0$ 时的电感电压 $u(t)$，并画出 $u(t)$ 和 $i(t)$ 的波形。

3-6 已知某电感 $L=0.5H$，其上电压 u 波形如图 3-29 所示，其中 $i(0)=0A$。(1) 求 $t\geqslant0$ 时的电流 $i(t)$，并画出电流波形；(2) 计算 $t=2s$ 时电感的吸收功率 $p(2)$；(3) 计算 $t=2s$ 时电感的储能 $w(2)$。

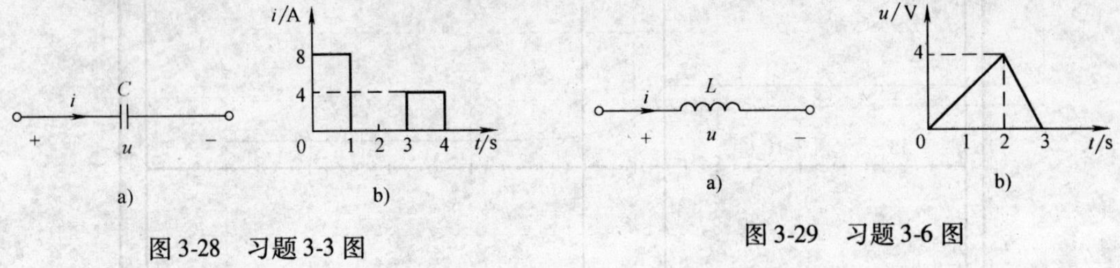

图 3-28 习题 3-3 图

图 3-29 习题 3-6 图

3-7 电路如图 3-30 所示，$t=0$ 时电路发生换路，换路前电路处于稳定状态。求换路后的 $i(0_+)$ 和 $i(\infty)$。

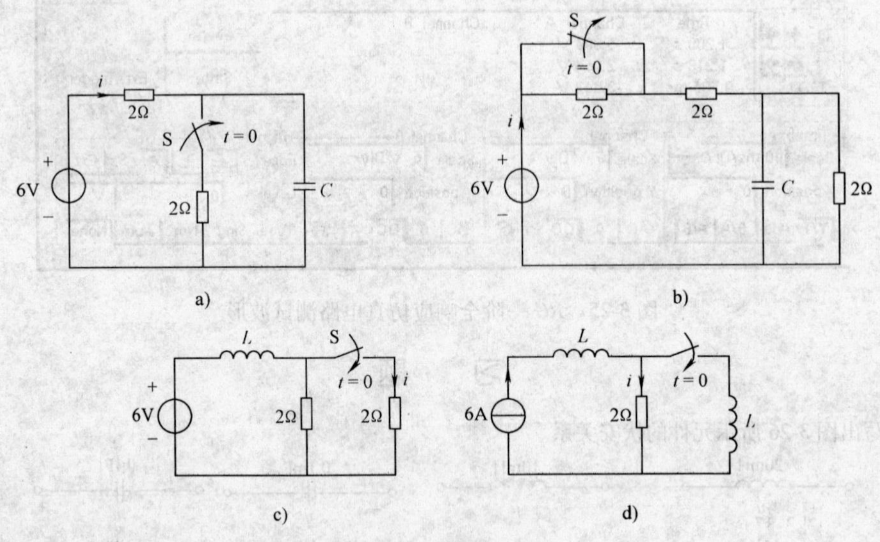

图 3-30 习题 3-7 图

3-8 如图 3-31 所示电路，$t=0$ 时开关 S 闭合。已知 $u_C(0_-)=6V$，求 $i_C(0_+)$ 和 $i_R(0_+)$。

3-9 如图 3-32 所示电路，电压表内阻为 2kΩ，已知开关 S 断开瞬间出现电火花（电弧）现象。试解释该现象的原因，并求开关 S 断开瞬间电压表两端的电压。换路前电路已经处于稳态。

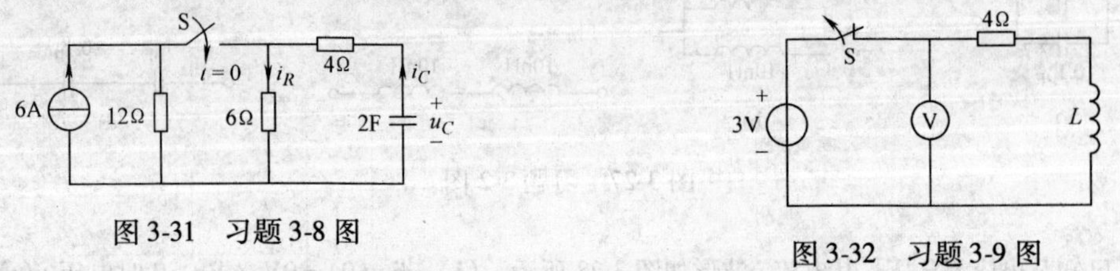

图 3-31 习题 3-8 图

图 3-32 习题 3-9 图

3-10　如图 3-33 所示电路，已知 $t=0$ 时，开关 S 断开，开关断开前电路处于稳态。求换路后的 $i(0_+)$ 和 $u(0_+)$。

3-11　如图 3-34 所示电路，$t=0$ 时开关 S 从位置 1 切换到位置 2，换路前电路处于稳态。求换路后的 $u_C(t)$。

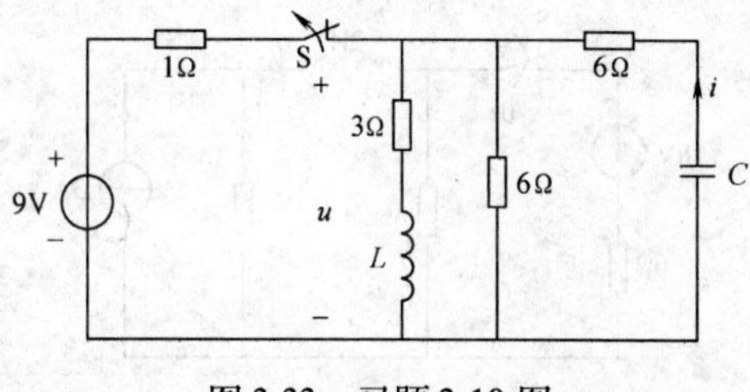

图 3-33　习题 3-10 图

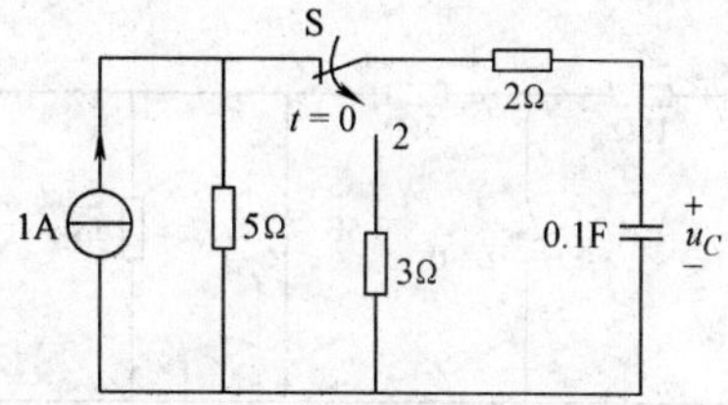

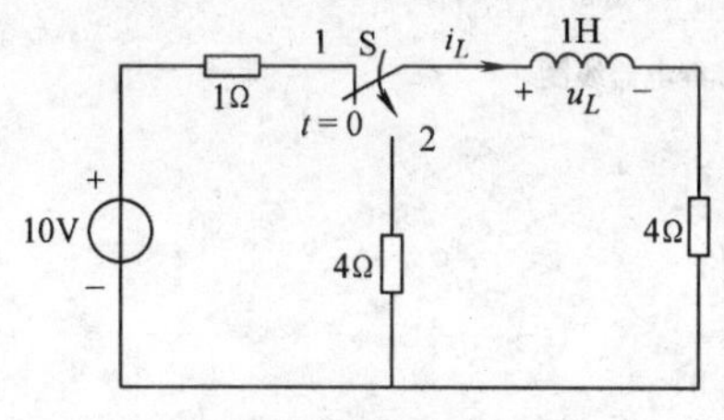

图 3-34　习题 3-11 图

3-12　如图 3-35 所示电路，$t=0$ 时开关 S 从位置 1 切换到位置 2，换路前电路处于稳态。求换路后的 $i_L(t)$ 和 $u_L(t)$。

3-13　如图 3-36 所示电路，已知 $u_C(0_-)=0\text{V}$，$t=0$ 时开关 S 闭合，求换路后的电流 $i(t)$。

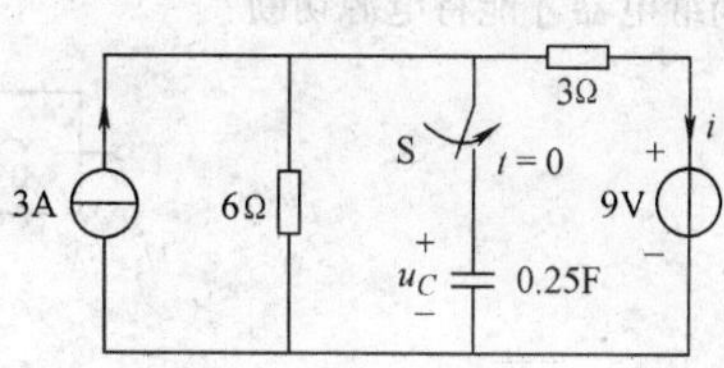

图 3-35　习题 3-12 图

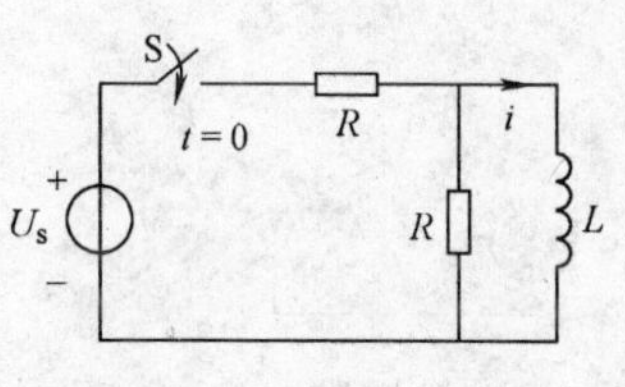

图 3-36　习题 3-13 图

3-14　电路如图 3-37 所示，$t=0$ 时开关 S 闭合，闭合前电路处于稳态，求换路后的 $i_L(t)$。

3-15　在图 3-38 中，已知开关 S 闭合前电路处于稳态。试求换路后的 $i(t)$ 和 $u_C(t)$，并绘出响应曲线。

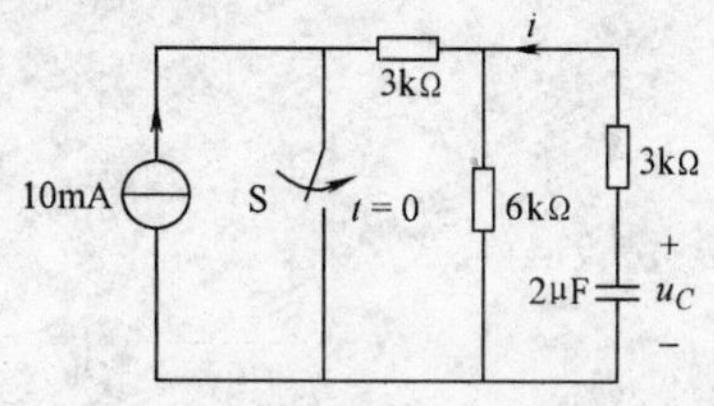

图 3-37　习题 3-14 图

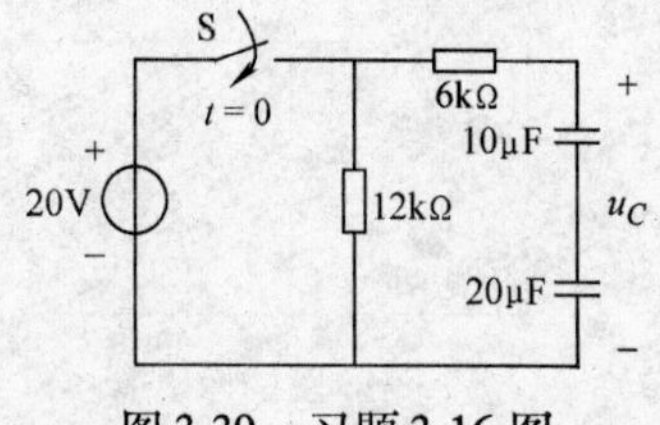

图 3-38　习题 3-15 图

3-16　在图 3-39 中，已知开关 S 闭合前，电容元件无初始储能。试求换路后的 $u_C(t)$，并绘出响应曲线。

3-17　电路如图 3-40 所示，$t=0$ 时开关 S 从位置 1 切换到位置 2，换路前电路处于稳态。试求换路后的 i 和 i_L。

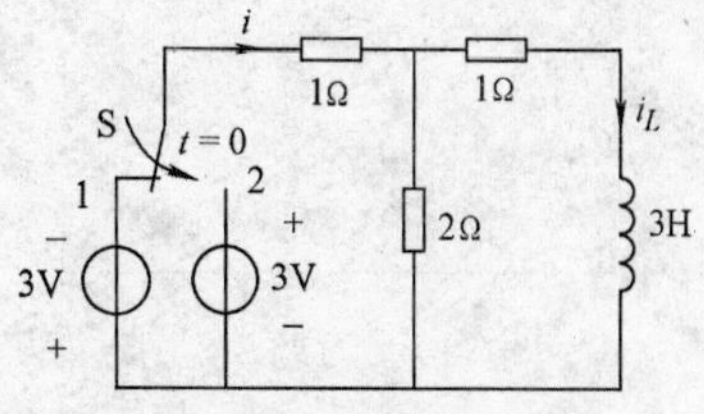

图 3-39　习题 3-16 图

图 3-40　习题 3-17 图

3-18 如图 3-41 所示电路，$t=0$ 时开关 S 闭合，闭合前电路已达稳态，求换路后的 u_C，并指出其零输入响应和零状态响应。

3-19 如图 3-42 所示电路，$t=0$ 时开关 S 断开，断开前电路已达稳态，求换路后的 i_L，并指出其稳态响应和暂态响应。

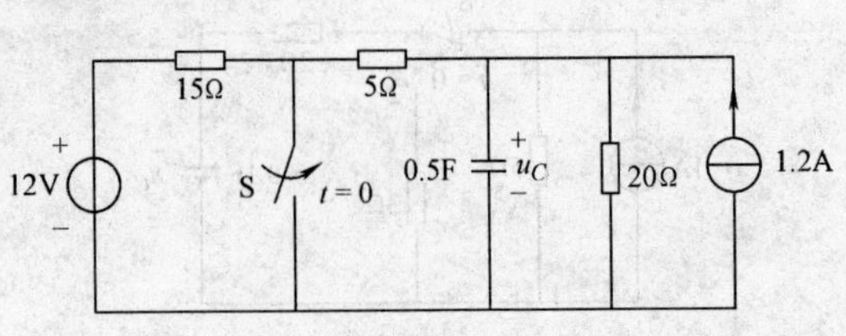

图 3-41 习题 3-18 图

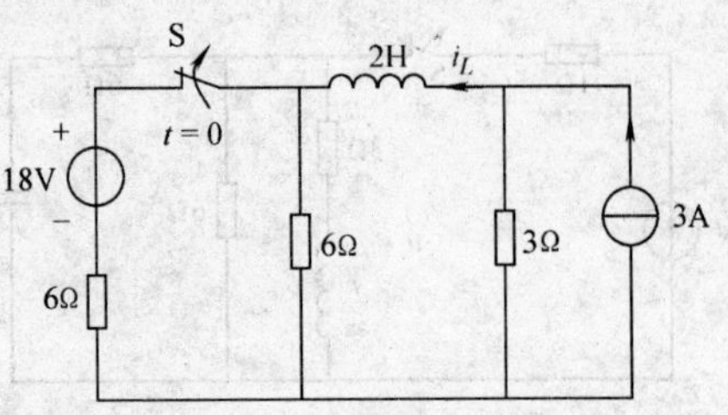

图 3-42 习题 3-19 图

3-20 电路如图 3-43 所示，当电磁继电器线圈中的电流为 30A 时，继电器会自动切断电源从而保护电路。现假设负载电阻 R_L 为 20Ω，线路电阻 R_l 为 1Ω，直流电源 U_s 为 220V。问当负载被短路时，需要经过多少时间继电器才能将电源切断?

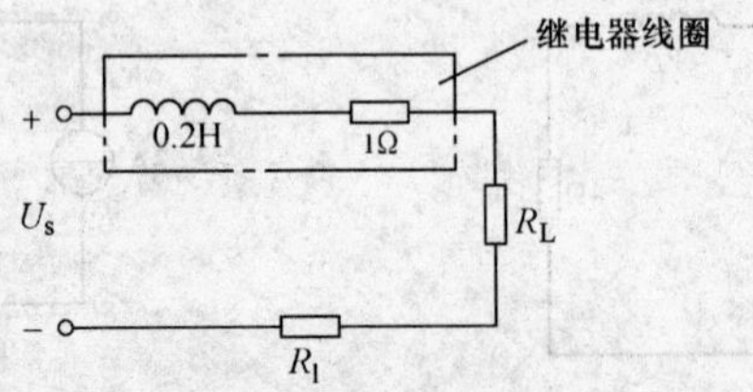

图 3-43 习题 3-20 图

第 4 章　正弦交流电路

正弦交流电是交流电的一种特殊形式，应用十分广泛。例如，电力系统的发电机提供 50Hz 的正弦交流电广泛地应用于工农业生产；实验室信号源产生的各种频率的正弦信号用于不同的实验等。在第 3 章已经说明电路的响应可分为暂态响应和稳态响应，在许多实际问题中，人们常常更关注稳态响应，本章主要研究正弦电源作用下电路的稳态响应，该响应与激励源具有相同的形式。求解电路正弦稳态响应的经典数学方法是求非齐次微分方程的特解，求解过程比较复杂。本章将引入相量以代表正弦量，将微分方程的求解问题转化成代数方程的求解，从而简化求解过程。

本章首先介绍正弦交流电的概念并引入相量，重点讨论基本元件伏安关系的相量形式、基尔霍夫定律的相量形式；分析正弦交流电路、三相电路以及非正弦交流电路；对正弦电路的功率进行计算；最后介绍正弦交流电路的工程应用，并利用软件对电路进行仿真。

4.1　正弦交流电的概念

在直流电路中，电压、电流的大小和方向都不随时间变化。图 4-1 所示为直流电压、电流的波形。交流电压、电流的大小或方向随时间变化。特殊地，正弦交流电压、电流的大小和方向按正弦规律做周期变化。图 4-2 所示为正弦交流电压、电流的波形。

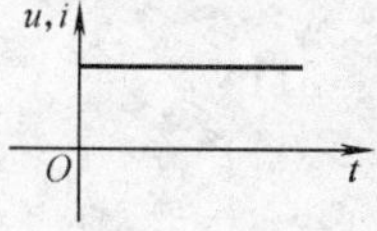

图 4-1　直流电压、电流的波形

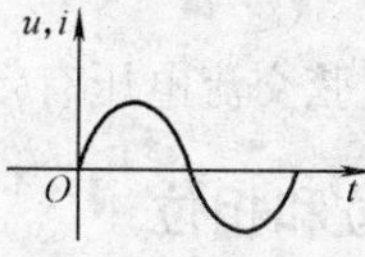

图 4-2　正弦交流电压、电流的波形

一般正弦电压和电流等物理量，统称为正弦量（Sinusoidal Quantity），正弦量的特征表现在变化的大小、快慢及初始值三个方面。变化大小由正弦量的幅值（有效值）体现，快慢由正弦量的频率（周期）体现，初始值由正弦量的初相位（相位）体现。有时把正弦量的幅值、频率以及初相位也称为正弦量的三个特征（要素）。

4.1.1　频率和周期

正弦量变化一次所需的时间为周期（Period），用 T 表示，单位为秒（s）。正弦量每秒内变化的次数称为频率（Frequency），用 f 表示，单位为赫兹（Hz）。周期与频率的关系为

$$f=\frac{1}{T} \tag{4-1}$$

正弦量变化的快慢除用周期和频率表示外，还可用角频率（Angular Frequency）ω 来表示，单位为弧度每秒（rad/s）。角频率与周期和频率的关系为

$$\omega=\frac{2\pi}{T}=2\pi f \tag{4-2}$$

在我国，电力标准频率为50Hz，周期为0.02s，角频率为314rad/s。美国、日本等国家的电力标准频率为60Hz。现在常用电器设备支持50Hz和60Hz的工作频率。

4.1.2 幅值和有效值

正弦量在任一瞬间的值称为瞬时值（瞬时电压 u、瞬时电流 i），其中瞬时值中最大的值称为幅值（Amplitude）（幅值电压 U_{m}、幅值电流 I_{m}）。正弦量的有效值（Effective Value）（电压有效值 U、电流有效值 I）是利用电流的热效应定义的。设某一周期电流 i 通过电阻 R 在一个周期内产生的热量，和另一直流 I 通过同样大小的电阻在相等的时间内产生的热量相等，那么这个交流 i 的有效值在数值上就等于直流 I。假设正弦电流 $i=I_{\mathrm{m}}\sin\omega t$，即有

$$\int_0^T Ri^2\mathrm{d}t = RI^2T \tag{4-3}$$

$$\begin{aligned} I &= \sqrt{\frac{1}{T}\int_0^T i^2\mathrm{d}t} = \sqrt{\frac{1}{T}\int_0^T I_{\mathrm{m}}^2\sin^2\omega t\mathrm{d}t} \\ &= \sqrt{\frac{1}{T}\int_0^T I_{\mathrm{m}}^2\frac{1-\cos2\omega t}{2}\mathrm{d}t} \\ &= \frac{I_{\mathrm{m}}}{\sqrt{2}} \end{aligned}$$

所以有

$$I=\frac{I_{\mathrm{m}}}{\sqrt{2}} \tag{4-4a}$$

上述结果为正弦电流有效值和幅值的关系。同理，正弦电压有效值 U 与幅值 U_{m} 的关系为

$$U=\frac{U_{\mathrm{m}}}{\sqrt{2}} \tag{4-4b}$$

例如，一正弦交流电压有效值为220V，其幅值为 $220\sqrt{2}\mathrm{V}\approx311\mathrm{V}$。

4.1.3 初相位和相位

设正弦电压表达式 $u(t)=U_{\mathrm{m}}\sin(\omega t+\theta)$，其中 $(\omega t+\theta)$ 称为相位(Phase)或相位角(Phase Angle)。在 $t=0$ 时，相位的大小 θ 称为初相位(Initial Phase)。相位和初相位的单位为弧度(rad)。以下比较同频率的两个正弦量相位之间的关系。其中 $u_1(t)=U_{1\mathrm{m}}\sin(\omega t+\theta_1)$，$u_2(t)=U_{2\mathrm{m}}\sin(\omega t+\theta_2)$，这里不妨假设 $\theta_2>\theta_1>0$，其波形如图4-3所示。

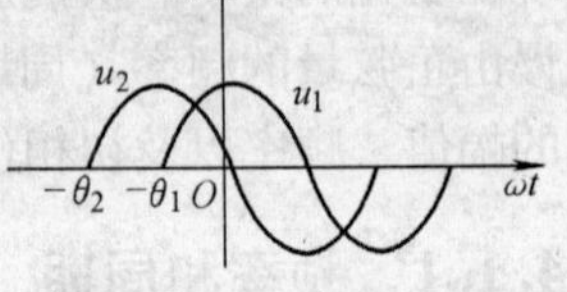

图4-3 u_1 和 u_2 的波形

此时称相位上 u_2 超前 u_1，超前了 $(\theta_2-\theta_1)$ 弧度，或称 u_1 滞后 u_2，滞后了 $(\theta_2-\theta_1)$ 弧度。将 $(\theta_2-\theta_1)$ 称为相位差(Phase Difference)。特殊地，当 $\theta_2-\theta_1=0$ 时，称 u_1 和 u_2 同相；当 $\theta_2-\theta_1=\pi$ 时，称 u_1 和 u_2 反相。以后在比较正弦量的相位关系时，默认为同频率信号。频率不同的正弦量相位关系的比较没有意义。

练习与思考题

4-1-1 已知正弦电流 $i=10\sqrt{2}\sin\left(120\pi t+\dfrac{\pi}{4}\right)\mathrm{A}$。(1) 试求正弦量的频率、周期、角频

率、幅值、有效值以及初相位；（2）定性画出波形图。（60Hz，0.017s，376.8 rad/s，14.14A，10A，0.785rad）

4-1-2　设 $u=100\sin\left(\omega t-\frac{\pi}{4}\right)$V，其中 $f=10$Hz，试求（1）角频率；（2）$t=0$s 和 $t=1$s 时 u 的值。（（1）62.8（2）−70.7V，−70.7V）

4-1-3　已知 $i_1=10\sin(10\pi t+45°)$A，$i_2=10\sin(10\pi t-45°)$A，试求：（1）画出 i_1 和 i_2 的波形；（2）计算 i_1 和 i_2 的相位差，并指出谁超前，谁滞后。（（2）90°，i_1 超前 $i_2$90°）

4-1-4　已知 $u_1=5\sin(10t+20°)$V，$u_2=10\sin(20t+10°)$V，是否可以说两者之间的相位差为 10°？

4-1-5　指出下列书写的错误，并改正。

（1）$I=10\sin(100\pi t+45°)$A；（2）$u=U\sin(100\pi t+30°)$V。

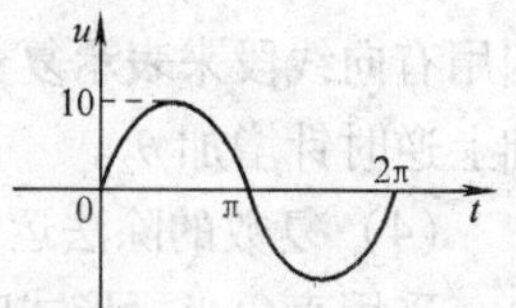

图 4-4　练习与思考题 4-1-6 图

4-1-6　设 $u=10\sin\omega t$V，其波形如图 4-4 所示，试指出图中的错误，并改正。

4.2　正弦量的相量表示

4.2.1　复数的知识

1. 复数

图 4-5 所示为复数坐标图。复数 A 有直角坐标、指数和极坐标等三种形式。三种形式之间的关系为

$$A=a+\mathrm{j}b=r(\cos\theta+\mathrm{j}\sin\theta)=r\mathrm{e}^{\mathrm{j}\theta}=r\angle\theta$$

式中，a 称为复数的实部，b 称为复数的虚部，r 称为复数的模，θ 称为复数的辐角；$r=\sqrt{a^2+b^2}$，$\theta=\arctan\frac{b}{a}$（当 A 在一、四象限时）或 $\theta=\pm\pi+\arctan\frac{b}{a}$（当 A 在二、三象限时），$\mathrm{e}^{\mathrm{j}\theta}=\cos\theta+\mathrm{j}\sin\theta$（欧拉公式）。对确定的复数 A 可由以上三种形式来表示，本章常用复数的直角坐标形式和极坐标形式。

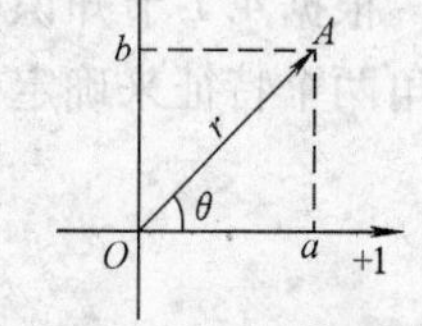

图 4-5　复数坐标图

2. 复数的四则运算

（1）复数相等

设两个复数 $A_1=a_1+\mathrm{j}b_1=r_1\angle\theta_1$，$A_2=a_2+\mathrm{j}b_2=r_2\angle\theta_2$ 相等，指的是两直角坐标形式的实部相等（$a_1=a_2$），虚部相等（$b_1=b_2$），极坐标形式的模相等（$r_1=r_2$），辐角相等（$\theta_1=\theta_2$）。

（2）复数的加减运算

采用直角坐标形式时，两复数的加减运算法则为：实部与实部相加，虚部与虚部相加。即为

$$A_1\pm A_2=(a_1\pm a_2)+\mathrm{j}(b_1\pm b_2)$$

复数的加减也可以利用平行四边形法则来进行运算，如图 4-6 所示。

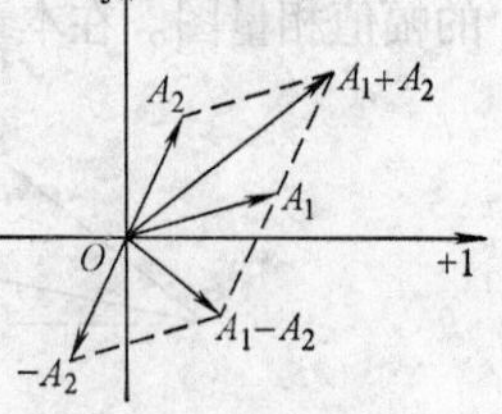

图 4-6　复数相加

（3）复数的乘法运算

采用直角坐标形式时，复数的乘法运算直接利用分配律相乘即可。即为

$$A_1A_2=(a_1+\mathrm{j}b_1)(a_2+\mathrm{j}b_2)=a_1a_2+\mathrm{j}a_1b_2+\mathrm{j}a_2b_1-b_1b_2=(a_1a_2-b_1b_2)+\mathrm{j}(a_1b_2+a_2b_1)$$

极坐标形式的复数相乘运算法则为：模相乘，辐角相加。即为

$$A_1A_2=r_1\underline{/\theta_1}\,r_2\underline{/\theta_2}=r_1r_2\underline{/\theta_1+\theta_2}$$

利用有向线段来表示复数，乘法法则也可以为：模为有向线段长度之积，辐角为在 θ_1 的基础上逆时针增加 θ_2。

（4）复数的除法运算

采用直角坐标形式时，复数的除法运算为

$$\frac{A_1}{A_2}=\frac{a_1+\mathrm{j}b_1}{a_2+\mathrm{j}b_2}=\frac{(a_1+\mathrm{j}b_1)(a_2-\mathrm{j}b_2)}{(a_2+\mathrm{j}b_2)(a_2-\mathrm{j}b_2)}$$
$$=\frac{(a_1a_2+b_1b_2)+\mathrm{j}(a_2b_1-a_1b_2)}{a_2^2+b_2^2}$$

极坐标形式的复数相除运算法则为：模相除，辐角相减。即为

$$\frac{A_1}{A_2}=\frac{r_1\underline{/\theta_1}}{r_2\underline{/\theta_2}}=\frac{r_1}{r_2}\underline{/\theta_1-\theta_2}$$

利用有向线段来表示复数，除法法则也可以为：模为有向线段长度之商，辐角为在 θ_1 的基础上顺时针减少 θ_2。

4.2.2 正弦量的相量表示

根据4.1节知识可知，正弦量可由幅值、初相位和频率三个特征来确定。复数可由模和辐角两个特征来确定。设正弦电压为

$$u(t)=U_\mathrm{m}\sin(\omega t+\theta)=I_\mathrm{m}[U_\mathrm{m}\mathrm{e}^{\mathrm{j}(\omega t+\theta)}]$$
$$=I_\mathrm{m}[U_\mathrm{m}\mathrm{e}^{\mathrm{j}\omega t}\mathrm{e}^{\mathrm{j}\theta}]$$
$$=I_\mathrm{m}[\dot{U}_\mathrm{m}\mathrm{e}^{\mathrm{j}\omega t}]=I_\mathrm{m}[\dot{U}_\mathrm{m}\underline{/\omega t}]$$

式中，I_m 表示取虚部运算，$\dot{U}_\mathrm{m}=U_\mathrm{m}\mathrm{e}^{\mathrm{j}\theta}=U_\mathrm{m}\underline{/\theta}$。

称 $\dot{U}_\mathrm{m}$ 为正弦量 $u(t)$ 的幅值相量（Phasor），幅值相量能体现正弦量的两个特征：幅值和初相位。当频率已知时，就可用相量表示正弦量，但不能说相量等于正弦量。当频率确定时，正弦量和相量之间具有一一对应的关系，这样可用相量的运算代替正弦量的运算。要特别注意的是，这种运算的代替只是对相同频率的正弦量来说的，当频率不同时，正弦量的运算不能用相量的运算来代替。相量的实质是一复数，相量之间的运算即为复数的运算。将相量用有向线段来表示，画出正弦量的大小和相位，称为相量图（Phasor Diagram）。图4-7表示电压和电流的幅值相量图。在本章会遇到以下五组变量，见表4-1，使用时要加以区分。

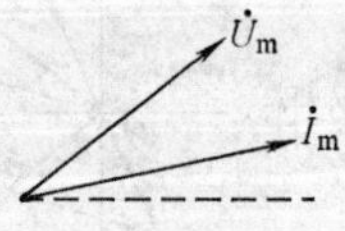

图4-7 复数相量图

表4-1 变量含义

变量	变量含义
u、i	表示正弦交流电压、电流瞬时值
U、I	表示正弦交流电压、电流有效值
U_m、I_m	表示正弦交流电压、电流幅值
$\dot{U}$、$\dot{I}$	表示正弦交流电压、电流有效值相量
$\dot{U}_\mathrm{m}$、$\dot{I}_\mathrm{m}$	表示正弦交流电压、电流幅值相量

例4-1 已知 $i_1(t)=5\sin(314t+60°)$ A，$i_2(t)=-10\cos(314t+30°)$ A，写出代表这两个正弦电流的相量，并计算 $i_1(t)+i_2(t)$，画出相量图。

解： 正弦量用相量表示时，本书采用的正弦量标准形式为：$A\sin(\omega t+\theta)$，其中要求 $A>0$。其它形式的正弦量要通过公式转换成标准形式。常用转换公式有

$$\cos\alpha=\sin\left(\alpha+\frac{\pi}{2}\right),\ -\cos\alpha=\sin\left(\alpha-\frac{\pi}{2}\right),\ -\sin\alpha=\sin(\alpha\pm\pi)$$

该题目中 $i_1(t)$ 为标准形式，因此其幅值相量为

$$\dot{I}_{1m}=5\underline{/60°}\text{A}$$

$i_2(t)$ 不是标准形式，首先要将其转换成标准形式，利用 $\sin\left(\alpha-\frac{\pi}{2}\right)=-\cos\alpha$ 有

$$i_2(t)=-10\cos(314t+30°)\text{A}=10\sin(314t+30°-90°)\text{A}=10\sin(314t-60°)\text{A}$$

$i_2(t)$ 对应的幅值相量为

$$\dot{I}_{2m}=10\underline{/-60°}\text{A}$$

$i_1(t)+i_2(t)$ 的计算，可以直接利用正弦量相加计算，整个计算结果也是一个正弦量，并且计算前后频率相同。正弦量与相量之间具有一一对应的关系，即只要正弦量确定，对应的相量就被唯一确定；同样的相量已知，对应的正弦量就可以写出。因此，可以利用相量的运算代替正弦量的运算，最后将相量转换成正弦量的形式。根据复数知识有

$$\begin{aligned}\dot{I}_{1m}+\dot{I}_{2m}&=5\underline{/60°}\text{A}+10\underline{/-60°}\text{A}\\&=5(\cos60°+\text{j}\sin60°)\text{A}+10(\cos60°-\text{j}\sin60°)\text{A}\\&=5\left(\frac{1}{2}+\text{j}\frac{\sqrt{3}}{2}\right)\text{A}+10\left(\frac{1}{2}-\text{j}\frac{\sqrt{3}}{2}\right)\text{A}\\&=\frac{15}{2}\text{A}-\text{j}\frac{5\sqrt{3}}{2}\text{A}=5\sqrt{3}\underline{/-30°}\text{A}\end{aligned}$$

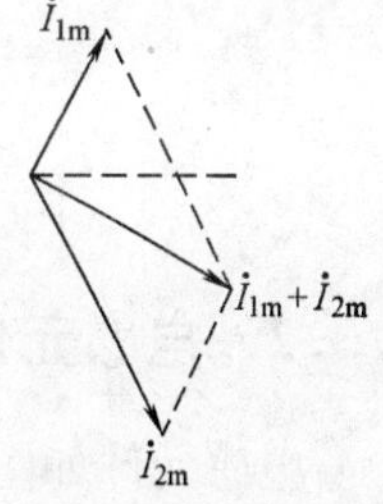

也可以利用相量图求解，如图4-8所示。

图4-8 例4-1图

所以有

$$i_1(t)+i_2(t)=5\sqrt{3}\sin(314t-30°)\text{A}$$

练习与思考题

4-2-1 已知复数 $A=8+\text{j}6$ 和 $B=2+\text{j}2$，试求 $A+B$，$A-B$，A/B 和 AB。($10+\text{j}8$，$6+\text{j}4$，$3.5\underline{/8°}$，$28.3\underline{/82°}$)

4-2-2 写出下列正弦量的有效值相量形式，并用相量图表示。(1) $u_1=10\sin\omega t$ V；(2) $u_2=5\sqrt{2}\sin(\omega t+45°)$ V；(3) $u_3=10\sqrt{2}\sin(\omega t+90°)$ V；(4) $u_4=3\sqrt{2}\sin(\omega t-90°)$ V。((1) $5\sqrt{2}\underline{/0°}$ (2) $5\underline{/45°}$ (3) $10\underline{/90°}$ (4) $3\underline{/-90°}$)

4-2-3 指出下列各式的错误，并改正。

(1) $i=3\sin(\omega t+20°)=3\text{e}^{\text{j}20°}$ A

(2) $U=5\text{e}^{\text{j}30°}=5\sin(\omega t+30°)$ V

(3) $u=8\sin(\omega t+45°)$

(4) $U=9\underline{/45°}$V

(5) $\dot{I}=6\text{e}^{45°}$ A

4.3 电阻、电容、电感元件伏安关系的相量形式

4.3.1 电阻元件伏安关系的相量形式

电阻元件如图 4-9 所示，电压与电流为关联正方向，其瞬时伏安关系为

$$u = iR$$

不妨假设 $i = I_{\mathrm{m}}\sin(\omega t + \theta)$，根据伏安关系有

$$u = I_{\mathrm{m}}R\sin(\omega t + \theta)$$

通过观察 u 和 i 两式可以看出，在电阻元件的交流电路中，电流与电压是同相位的。用相量表示有

$$\dot{I}_{\mathrm{m}} = I_{\mathrm{m}}\underline{/\theta},\ \dot{U}_{\mathrm{m}} = I_{\mathrm{m}}R\underline{/\theta} = RI_{\mathrm{m}}\underline{/\theta} = \dot{I}_{\mathrm{m}}R$$

因此对电阻元件来说，伏安关系的相量形式为

$$\dot{U}_{\mathrm{m}} = \dot{I}_{\mathrm{m}}R \tag{4-5a}$$

或

$$\dot{U} = \dot{I}R \tag{4-5b}$$

相量图如图 4-10 所示。

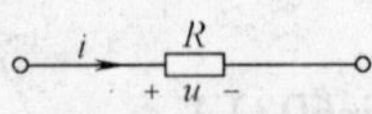

图 4-9 电阻元件

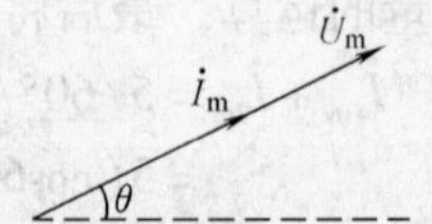

图 4-10 电阻元件电压和电流的相量图

4.3.2 电感元件伏安关系的相量形式

电感元件如图 4-11 所示，其瞬时伏安关系为

$$u = L\frac{\mathrm{d}i}{\mathrm{d}t}$$

假设 $i = I_{\mathrm{m}}\sin(\omega t + \theta)$，则有

$$u = L\frac{\mathrm{d}i}{\mathrm{d}t} = \omega LI_{\mathrm{m}}\cos(\omega t + \theta) = \omega LI_{\mathrm{m}}\sin\left(\omega t + \theta + \frac{\pi}{2}\right)$$

用相量表示

$$\dot{I}_{\mathrm{m}} = I_{\mathrm{m}}\underline{/\theta},\ \dot{U}_{\mathrm{m}} = \omega LI_{\mathrm{m}}\underline{/\theta + \pi/2} = I_{\mathrm{m}}\underline{/\theta}\cdot\omega L\underline{/\pi/2} = \dot{I}_{\mathrm{m}}\omega L\underline{/\pi/2}$$

这里 $1\underline{/\pi/2} = \mathrm{e}^{\mathrm{j}\frac{\pi}{2}} = \mathrm{j}$，上式可化简为

$$\dot{U}_{\mathrm{m}} = \dot{I}_{\mathrm{m}}\mathrm{j}\omega L \tag{4-6a}$$

或

$$\dot{U} = \dot{I}\mathrm{j}\omega L \tag{4-6b}$$

这就是电感元件伏安关系的相量形式。对电感元件来说，其上电压相位超前电流相位 π/2。电压和电流的相量图如图 4-12 所示。

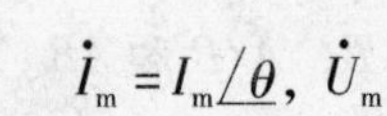

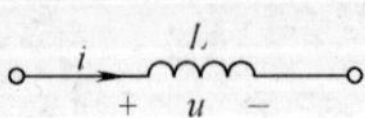

图 4-11 电感元件

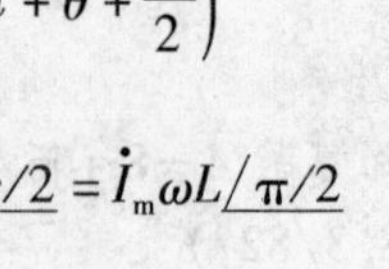

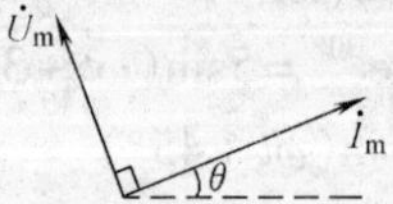

图 4-12 电感元件电压和电流的相量图

4.3.3　电容元件伏安关系的相量形式

电容元件如图 4-13 所示，其瞬时伏安关系为

$$i = C\frac{\mathrm{d}u}{\mathrm{d}t}$$

假设 $u = U_{\mathrm{m}}\sin(\omega t + \theta)$，根据瞬时伏安关系有

$$i = C\frac{\mathrm{d}u}{\mathrm{d}t} = \omega C U_{\mathrm{m}}\sin\left(\omega t + \theta + \frac{\pi}{2}\right)$$

用相量表示有

$$\dot{U}_{\mathrm{m}} = U_{\mathrm{m}}\underline{/\theta},\ \dot{I}_{\mathrm{m}} = \omega C U_{\mathrm{m}}\underline{/\theta + \pi/2} = U_{\mathrm{m}}\underline{/\theta} \cdot \omega C\underline{/\pi/2} = \dot{U}_{\mathrm{m}}\mathrm{j}\omega C$$

因此，电容元件伏安关系的相量形式为

$$\dot{U}_{\mathrm{m}} = \dot{I}_{\mathrm{m}}\frac{1}{\mathrm{j}\omega C} \tag{4-7a}$$

或

$$\dot{U} = \dot{I}\frac{1}{\mathrm{j}\omega C} \tag{4-7b}$$

对电容元件来说，电压相位滞后电流相位 π/2。电压和电流的相量图如图 4-14 所示。

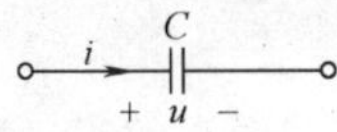

图 4-13　电容元件

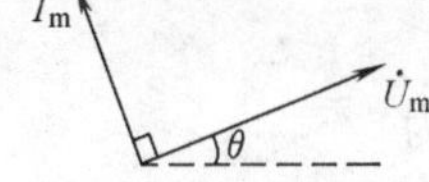

图 4-14　电容元件电压和电流的相量图

练习与思考题

4-3-1　定性地画出电阻、电感和电容元件上电压和电流的波形，其中假设电压的初相位为零。

4-3-2　设电容 $C = 0.1\mathrm{F}$，其上电压、电流参考方向非关联，已知 $u(t) = 3\sin(2t + 45°)$ V，试求电流 $i(t)$，并画出相量图。($0.6\sin(2t - 45°)$ A)

4-3-3　电路如图 4-11 所示，已知 $L = 0.2\mathrm{H}$，$u(t) = 6\sin(10t + 30°)$ V，试求 $i(t)$，并画出相量图。($3\sin(10t - 60°)$ A)

4-3-4　指出下列各式的错误，并改正。

(1) $X_L = \frac{u}{i}$；(2) $\frac{\dot{U}}{\dot{I}} = \frac{1}{\omega C}$；(3) $\frac{U}{I} = \omega C$；(4) $\frac{U}{I} = \mathrm{j}\omega L$。

4.4　正弦交流电路分析

在同一正弦交流电路中，电压和电流都为同频率正弦量，因此都可以用相量来表示。对正弦交流电路的分析，可以从电路的基本定律出发，运用相量概念，列出电路的相量方程，然后进行复数运算，最后把相量转换成正弦量。

4.4.1　基尔霍夫定律的相量形式

在第 1 章中我们已经学习过基尔霍夫定律的内容，该定律是在瞬时情况下得到的。在本

节要将基尔霍夫定律的瞬时形式转化成相量形式，以便于列写相量方程，进行相量分析。具体形式见表4-2。

表 4-2 基尔霍夫定律的相量形式

	瞬时形式	相量形式		瞬时形式	相量形式
KCL	$\Sigma i=0$	$\Sigma \dot{I}=0$	KVL	$\Sigma u=0$	$\Sigma \dot{U}=0$

例 4-2 电路如图 4-15 所示，已知 $i_R=8\sqrt{2}\sin(\omega t+90°)$A，$i_L=4\sqrt{2}\sin\omega t$A，$i_C=10\sqrt{2}\sin(\omega t+180°)$A，利用相量法求 i。

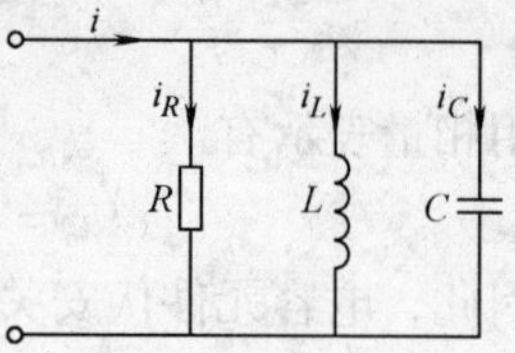

图 4-15 例 4-2 图

解：本题所给的电流均为正弦量，并且信号频率相同，根据KCL有

$$i=i_R+i_L+i_C$$

利用有效值相量形式表示上式为

$$\dot{I}=\dot{I}_R+\dot{I}_L+\dot{I}_C$$

其中，$\dot{I}_R=8\underline{/90°}$A，$\dot{I}_L=4\underline{/0°}$A，$\dot{I}_C=10\underline{/180°}$A，代入有

$$\begin{aligned}\dot{I}&=(8\underline{/90°}+4\underline{/0°}+10\underline{/180°})\text{A}\\&=(\text{j}8+4-10)\text{A}\\&=(\text{j}8-6)\text{A}=10\underline{/126.9°}\text{A}\end{aligned}$$

所以所求的 i 为

$$i=10\sqrt{2}\sin(\omega t+126.9°)\text{A}$$

例 4-3 如图 4-16 所示电路，已知 $u_R=6\sqrt{2}\sin\omega t$V，$u_L=7\sqrt{2}\sin(\omega t+90°)$V，$u_C=15\sqrt{2}\sin(\omega t-90°)$V。求 u。

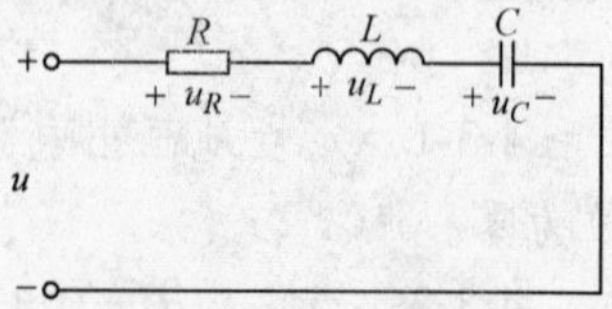

图 4-16 例 4-3 图

解：这是一个利用 KVL 求解电压的题目。直接写出其相量形式为

$$\begin{aligned}\dot{U}&=\dot{U}_R+\dot{U}_L+\dot{U}_C\\&=(6\underline{/0°}+7\underline{/90°}+15\underline{/-90°})\text{V}\\&=(6+\text{j}7-\text{j}15)\text{V}\\&=(6-\text{j}8)\text{V}=10\underline{/-53°}\text{V}\end{aligned}$$

因此

$$u=10\sqrt{2}\sin(\omega t-53°)\text{V}$$

4.4.2 欧姆定律的相量形式，阻抗和导纳

前面4.3节已经对电阻、电感、电容元件伏安关系的相量形式做了研究。当元件上电压与电流成关联正方向时，伏安关系分别为

$$\dot{U}_R=\dot{I}_RR,\quad \dot{U}_L=\dot{I}_L\text{j}\omega L,\quad \dot{U}_C=\dot{I}_C\frac{1}{\text{j}\omega C}$$

上三式中的 R、$\frac{1}{\text{j}\omega C}$以及 $\text{j}\omega L$，可统一用 Z 表示，因此可统一为

$$\dot{U}=\dot{I}Z \tag{4-8}$$

式（4-8）是在元件上电压与电流关联正方向条件下得到的，称为欧姆定律的相量形式。

在正弦稳态条件下，把元件上电压相量与电流相量之比定义为该元件的阻抗 Z，单位用欧姆（Ω）表示，简称欧。阻抗的倒数称为导纳（Admittance）Y，单位用西门子（S）表示，简称西。一般来说阻抗是一复数，特殊地，电阻元件、电感元件、电容元件的阻抗分别为

$$Z_R = R,\ Z_L = \mathrm{j}\omega L,\ Z_C = \frac{1}{\mathrm{j}\omega C} \tag{4-9}$$

把 ωL 称为电感元件的感抗，可用 X_L 表示；称 $\frac{1}{\omega C}$ 为电容元件的容抗，可用 X_C 表示。电感元件和电容元件的阻抗与频率有关，随频率不同阻抗的大小也将不同。对电感元件来说，频率越高，感抗越大；当频率为零时（直流状态时），感抗为零，即在直流稳定状态下电感元件可用短路导线等效。同理，对电容元件来说，频率越高，容抗越小；当频率为零时，即直流状态下，容抗为无穷大。因此，在直流稳定状态下电容元件可以等效为开路。对电阻元件来说，阻抗与频率无关，在直流和交流情况下电阻电路的分析方法相同。

以下分析阻抗的串并联关系，可得出一些重要的结论。图 4-17a 所示是两个阻抗的串联电路，根据欧姆定律和 KVL 列出相量方程为

$$\dot{U} = \dot{U}_1 + \dot{U}_2 = \dot{I}Z_1 + \dot{I}Z_2 = \dot{I}(Z_1 + Z_2) = \dot{I}Z$$

$$\dot{U}_1 = \frac{Z_1}{Z_1 + Z_2}\dot{U}$$

阻抗串联有以下结论：串联阻抗具有分压作用，所分电压与其阻抗成正比；串联阻抗可等效为一阻抗，如图 4-17b 所示，等效阻抗等于串联阻抗之和。N 个阻抗串联时，等效阻抗公式为

$$Z = \sum_{k=1}^{N} Z_k \tag{4-10}$$

图 4-18a 所示是阻抗并联电路，可列方程为

$$\dot{I} = \dot{I}_1 + \dot{I}_2 = \frac{\dot{U}}{Z_1} + \frac{\dot{U}}{Z_2} = \dot{U}\left(\frac{1}{Z_1} + \frac{1}{Z_2}\right) = \dot{U}\frac{1}{Z} = \dot{U}Y$$

$$\dot{I}_1 = \frac{Z_2}{Z_1 + Z_2}\dot{I}$$

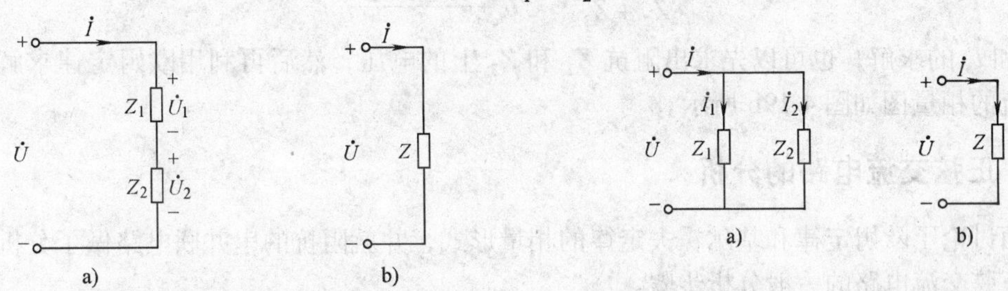

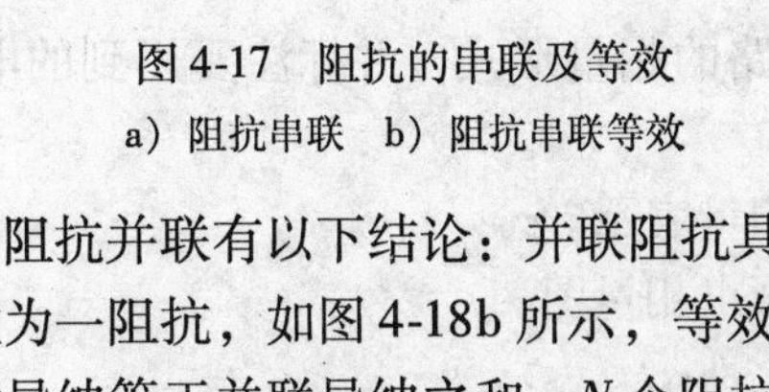

图 4-17　阻抗的串联及等效
a）阻抗串联　b）阻抗串联等效

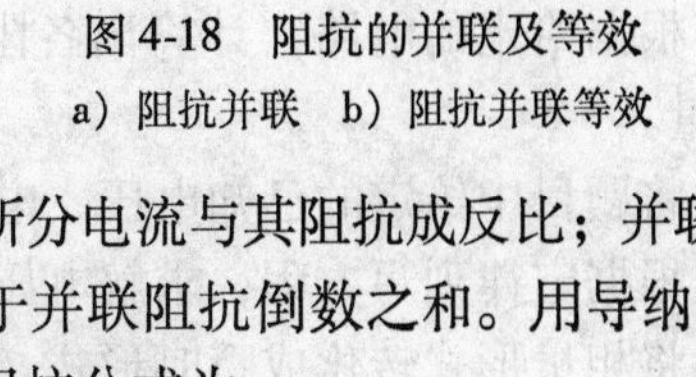

图 4-18　阻抗的并联及等效
a）阻抗并联　b）阻抗并联等效

阻抗并联有以下结论：并联阻抗具有分流作用，所分电流与其阻抗成反比；并联阻抗可等效为一阻抗，如图 4-18b 所示，等效阻抗的倒数等于并联阻抗倒数之和。用导纳表示为：等效导纳等于并联导纳之和。N 个阻抗并联时，等效阻抗公式为

$$\frac{1}{Z} = \sum_{k=1}^{N} \frac{1}{Z_k} \tag{4-11a}$$

当 $N=2$ 时，等效公式为

$$Z=\frac{Z_1Z_2}{Z_1+Z_2}$$

等效导纳公式为

$$Y = \sum_{k=1}^{N} Y_k \tag{4-11b}$$

例 4-4 在图 4-19a 中，已知 $Z_1=(4+\mathrm{j}10)\Omega$，$Z_2=(8-\mathrm{j}6)\Omega$，$Z_3=\mathrm{j}8.33\Omega$，$\dot{U}=60\angle 0°\mathrm{V}$。求电流 $\dot{I}_1$、$\dot{I}_2$ 和 $\dot{I}_3$，并画出电压和电流的相量图。

解： 本例中，Z_2 和 Z_3 为并联阻抗，并联的结果与 Z_1 串联。先求解整个电路的等效总阻抗 Z，利用欧姆定律计算电流 $\dot{I}$，然后利用阻抗并联的分流作用，分别求得电流 $\dot{I}_2$ 和 $\dot{I}_3$。以下进行计算。

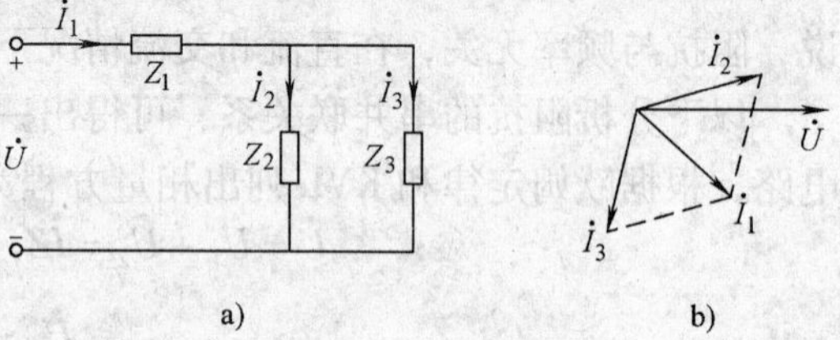

总阻抗 Z 为

$$\begin{aligned} Z &= Z_1+Z_2/\!/Z_3 \\ &= Z_1+\frac{Z_2Z_3}{Z_2+Z_3} \\ &= \left[4+\mathrm{j}10+\frac{(8-\mathrm{j}6)\ (\mathrm{j}8.33)}{8-\mathrm{j}6+\mathrm{j}8.33}\right]\Omega \\ &= (4+\mathrm{j}10+8+\mathrm{j}6)\ \Omega \\ &= (12+\mathrm{j}16)\ \Omega=20\angle 53°\Omega \end{aligned}$$

图 4-19 例 4-4 图
a）电路 b）相量图

根据欧姆定律，电流 $\dot{I}_1$ 为

$$\dot{I}_1=\frac{\dot{U}}{Z}=\frac{60\angle 0°}{20\angle 53°}\mathrm{A}=3\angle -53°\mathrm{A}$$

根据并联阻抗分流公式有

$$\dot{I}_2=\frac{Z_3}{Z_2+Z_3}\dot{I}_1=3\angle 20.7°\mathrm{A}$$

$$\dot{I}_3=\frac{Z_2}{Z_2+Z_3}\dot{I}_1=3.6\angle -106.2°\mathrm{A}$$

这里 $\dot{I}_2$ 和 $\dot{I}_3$ 的求解，也可以先求出阻抗 Z_2 和 Z_3 上的电压，然后再利用欧姆定律求解。电压和电流的相量图如图 4-19b 所示。

4.4.3 正弦交流电路的分析

上面讨论了欧姆定律和基尔霍夫定律的相量形式，并就阻抗的串并联电路做了分析。下面介绍正弦交流电路的一般分析步骤。

1）根据给定的电路，计算出各阻抗值，画出电路的相量形式，并标注要用到的电压、电流相量。

2）将题目中给定的已知电压、电流的正弦量用相量表示。

3）根据定律列写方程，求解电压、电流相量，画出相量图。

4）将相量形式转化成瞬时形式。

例 4-5 电路如图 4-20a 所示，已知电压 $u=10\sqrt{2}\sin(100t)\mathrm{V}$，$R=10\Omega$，$L=0.9\mathrm{H}$，$C=100\mu\mathrm{F}$，求电流 i 和电压 u_R。

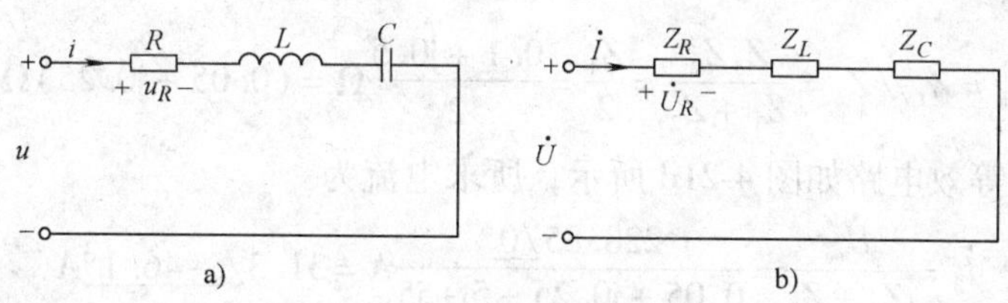

图 4-20　例 4-5 图

a）电路　b）电路相量形式

解： 计算出各阻抗值为

$$Z_R = 10\Omega,\ Z_L = \mathrm{j}90\Omega,\ Z_C = -\mathrm{j}100\Omega,$$

电路的相量形式如图 4-20b 所示，标出电压相量和电流相量。电压的有效值相量形式为

$$\dot{U} = 10\underline{/0^\circ}\mathrm{V}$$

根据欧姆定律有

$$\dot{I} = \frac{\dot{U}}{Z_R + Z_L + Z_C} = \frac{10\underline{/0^\circ}}{10 - \mathrm{j}10}\mathrm{A} = \frac{\sqrt{2}}{2}\underline{/45^\circ}\mathrm{A}$$

$$\dot{U}_R = \dot{I}Z_R = 5\sqrt{2}\underline{/45^\circ}\mathrm{V}$$

所以所求的电压电流为

$$i = \sin(100t + 45^\circ)\,\mathrm{A}$$

$$u_R = 10\sin(100t + 45^\circ)\,\mathrm{V}$$

例 4-6　如图 4-21a 所示电路，已知 $\dot{U}_1 = 230\underline{/0^\circ}\mathrm{V}$，$\dot{U}_2 = 227\underline{/0^\circ}\mathrm{V}$，$Z_1 = (0.1 + \mathrm{j}0.5)\Omega$，$Z_2 = (0.1 + \mathrm{j}0.5)\Omega$，$Z_3 = (5 + \mathrm{j}5)\Omega$。求电流 $\dot{I}_3$。

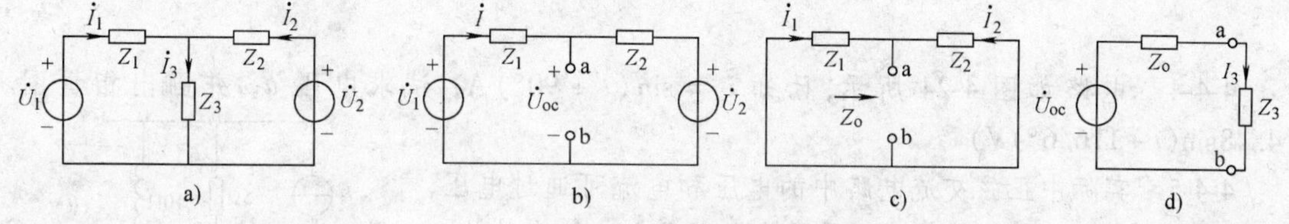

图 4-21　例 4-6 图

a）电路　b）计算开路电压电路　c）计算等效阻抗电路　d）等效电路

解： 本例中电路含有两个电源，电路相对复杂些。可以利用第 2 章电阻电路分析中所讲的支路电流法、节点电压法、叠加定理和戴维宁定理等求解电路的方法进行求解。所不同的是，电路所列的方程是相量方程。以下以戴维宁定理为例对该题进行求解。

为便于说明，将阻抗 Z_3 看作负载，求负载电流 $\dot{I}_3$。根据戴维宁定理，首先求开路电压 $\dot{U}_{oc}$，其等效电路如图 4-21b 所示。有

$$\dot{U}_{oc} = \dot{I}Z_2 + \dot{U}_2 = \frac{\dot{U}_1 - \dot{U}_2}{Z_1 + Z_2}Z_2 + \dot{U}_2 = \left[\frac{230\underline{/0^\circ} - 227\underline{/0^\circ}}{0.1 + \mathrm{j}0.5 + 0.1 + \mathrm{j}0.5} \times (0.1 + \mathrm{j}0.5) + 227\underline{/0^\circ}\right]\mathrm{V}$$

$$= 228.85\underline{/0^\circ}\mathrm{V}$$

求等效阻抗 Z_o，其等效电路如图 4-21c 所示。有

$$Z_o = Z_1 /\!/ Z_2 = \frac{Z_1 Z_2}{Z_1 + Z_2} = \frac{Z_1}{2} = \frac{0.1 + j0.5}{2}\Omega = (0.05 + j0.25)\Omega$$

整个电路的戴维宁等效电路如图4-21d所示，所求电流为

$$\dot{I}_3 = \frac{\dot{U}_{oc}}{Z_o + Z_3} = \frac{228.85\angle 0^\circ}{0.05 + j0.25 + 5 + j5}\text{A} = 31.3\angle -46.1^\circ \text{A}$$

练习与思考题

4-4-1 如图4-22所示电路，已知 $u_s = 10\sqrt{2}\sin(2t)$ V。求 i_R、i_C 和 i，并画出相量图。($2\sqrt{2}\sin 2t$A，$2\sqrt{2}\sin(2t+90^\circ)$A，$4\sin(2t+45^\circ)$A)

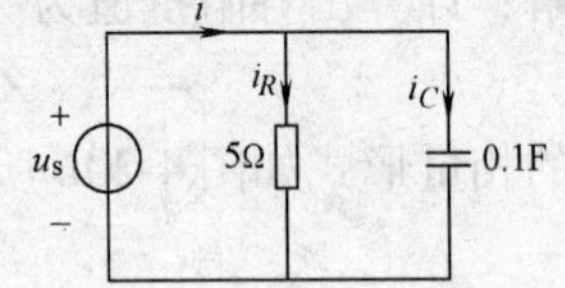

图4-22 练习与思考题4-4-1图

4-4-2 试求200μF电容在50Hz及1kHz时的阻抗和容抗；1.4H电感在50Hz及1kHz时的阻抗和感抗。(−j15.9Ω、−j0.796Ω，15.9Ω、0.796Ω，j440Ω、j8800Ω，440Ω、8800Ω)。

4-4-3 画出图4-23所示各电路的相量模型，并求a、b端的阻抗或导纳。(a) (0.1−j0.1)S；b) j0.1S；c) (1−j1)Ω)

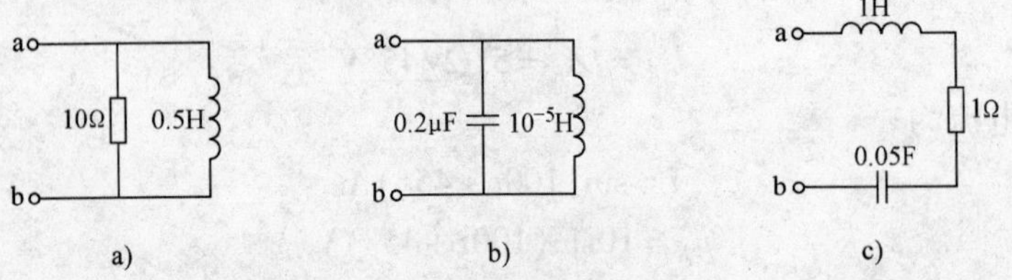

图4-23 练习与思考题4-4-3图

a) $\omega = 20$rad/s b) $\omega = 10^6$rad/s c) $\omega = 4$rad/s

4-4-4 电路如图4-24所示，已知 $i_s = \sin(t + 90^\circ)$ A，试求电压 u，并画出相量图。($4.48\sin(t + 116.6^\circ)$V)

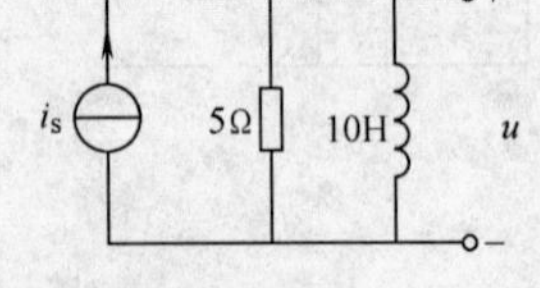

图4-24 练习与思考题4-4-4图

4-4-5 实际中正弦交流电路中的电压和电流可通过电压表和电流表来进行实验测量。测量值为电压和电流的有效值。图4-25所示电路中，已知电流表 A_1、A_2 的读数均为5A，试求各电路中电流表A的读数。(提示：正弦交流电流相加时要考虑相位，有效值不可直接相加。)

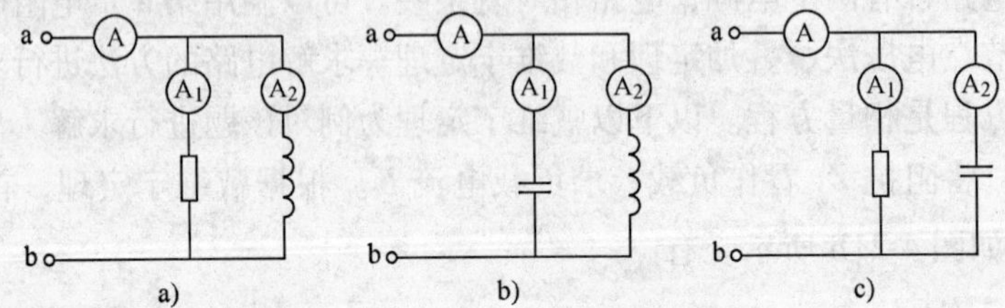

图4-25 练习与思考题4-4-5图

4-4-6 图4-26所示各电路中，已知电压表 V_1、V_2 的读数均为100V，试求电压表V的读数。(提示：正弦交流电压相加时要考虑相位，有效值不可直接相加。)

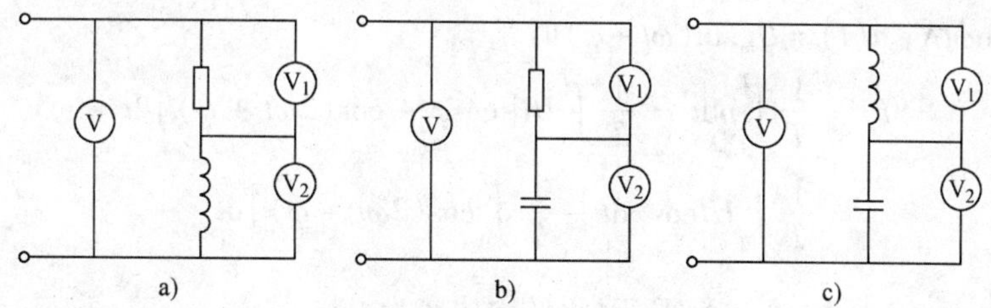

图 4-26　练习与思考题 4-4-6 图

4.5　正弦交流电路的功率

由于正弦交流电路中含有电感、电容等储能元件，电路的功率计算问题要比电阻电路复杂，需要引入一些新的概念，诸如瞬时功率、平均功率、无功功率、视在功率以及功率因数等。

4.5.1　瞬时功率

在正弦交流电路中，电路在某一瞬时时刻电压与电流的乘积，称为瞬时功率（Instantaneous Power），即

$$p = ui \tag{4-12}$$

在电路分析中，把电路又称为网络。图 4-27 所示为一无源网络 N，假设 $i(t) = I_m \sin\omega t$A，$u(t) = U_m \sin(\omega t + \theta)$，求电路的瞬时功率。

根据第 1 章功率的概念，计算元件的功率时要注意其上电压和电流的参考方向，从而引入不同功率的计算公式，功率的计算有吸收功率和提供功率。在本章中，默认所计算的元件（电路）上电压和电流参考方向为关联正方向，瞬时功率计算的是吸收功率。因此瞬时功率有

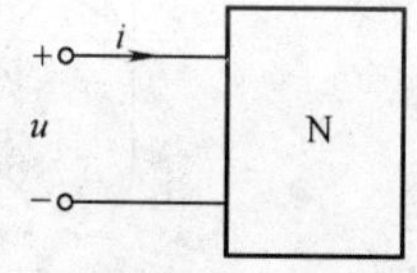

图 4-27　无源网络 N

$$p(t) = u(t)i(t) = U_m \sin(\omega t + \theta) I_m \sin\omega t = \frac{1}{2} U_m I_m [\cos\theta - \cos(2\omega t + \theta)]$$
$$= UI[\cos\theta - \cos(2\omega t + \theta)]$$

瞬时功率的波形如图 4-28a 所示。可以看出瞬时功率有正有负，正表示电路从电源吸收功率；负表示电路向电源回馈功率。特殊地，当电路为电阻元件时，瞬时功率的波形如图 4-28b 所示，瞬时功率大于等于零，表明电阻总是从电源吸收功率，这和电阻元件是耗能元件的性质相符；当电路为电感、电容元件时，瞬时功率的波形分别如图 4-28c 和图 4-28d 所示，瞬时功率的波形在一个周期中的正负面积相等，表明电感、电容元件只是不断地进行能量交换，并不消耗能量，这和电感、电容是储能元件的性质相符。

4.5.2　平均功率与功率因数

电路在一个周期内瞬时功率的平均值称为平均功率（Average Power）或有功功率（Active Power），用符号 P 表示，即

$$P = \frac{1}{T}\int_0^T p\mathrm{d}t \tag{4-13a}$$

假设 $i(t)=I_{\mathrm{m}}\sin\omega t\mathrm{A}$, $u(t)=U_{\mathrm{m}}\sin(\omega t+\varphi)$时

$$P=\frac{1}{T}\int_0^T p\mathrm{d}t=\frac{1}{T}\int_0^T UI[\cos\varphi-\cos(2\omega t+\varphi)]\mathrm{d}t$$
$$=\frac{1}{T}\int_0^T UI\cos\varphi\mathrm{d}t-\frac{1}{T}\int_0^T\cos(2\omega t+\varphi)]\mathrm{d}t$$

上式中第二项 $\int_0^T\cos(2\omega t+\varphi)\mathrm{d}t$ 为零,因此平均功率为

$$P=UI\cos\varphi \tag{4-13b}$$

式中,U 为电压的有效值;I 为电流的有效值;φ 为电压超前电流的相位。

平均功率的单位仍然是瓦特(W)。由式(4-13b)可以看出,当电压与电流确定后,平均功率的结果是常量,与时间无关。

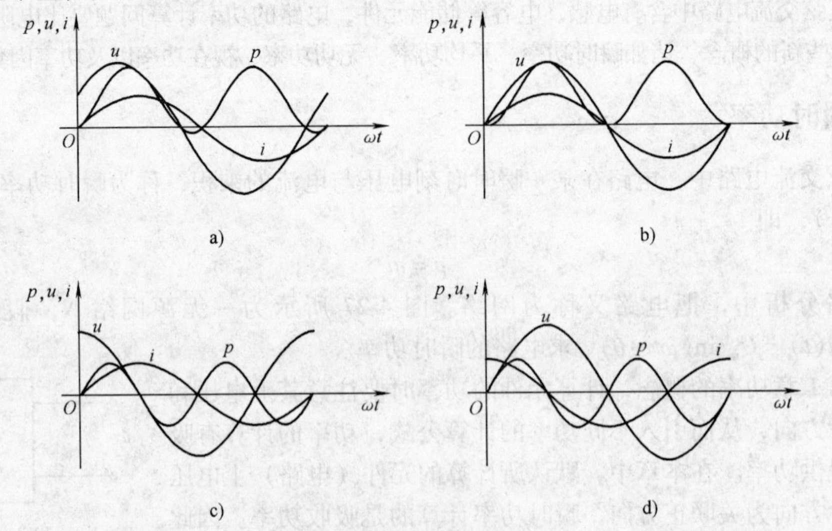

图 4-28 瞬时功率波形图

a)元件瞬时功率波形 b)电阻元件瞬时功率波形 c)电感元件瞬时功率波形 d)电容元件瞬时功率波形

通常把 $\cos\varphi$ 称为功率因数（Power Factor），常用 λ 来表示。当网络 N 为无源网络时，φ 称为功率因数角（Power Angle）或阻抗角，φ 的大小是由电路的性质确定的。可以根据功率因数角的大小判断电路的性质，当 $\varphi>0$ 时，电压相位超前电流相位，电路具有电感的特性，简称感性；当 $\varphi<0$ 时，相位上电压滞后电流，电路具有电容的特性，简称容性。特殊地，当 $\varphi=\pi/2$ 时，相位上电压超前电流 $\pi/2$，电路具有纯电感的特性，此时 $\lambda=0$，$P=0$；当 $\varphi=0$ 时，电压与电流同相位，电路具有纯电阻的特性，此时 $\lambda=1$，$P=UI$；当 $\varphi=-\pi/2$ 时电路具有纯电容的特性，此时 $\lambda=0$，$P=0$。从以上分析可知，只有电阻元件是耗能元件，而电感和电容元件的平均功率为零。因此，电路平均功率也等于电路中各个电阻元件的平均功率之和。假设电路中有 N 个电阻元件，则总的平均功率为

$$P=\sum_{i=1}^{N}P_{Ri} \tag{4-13c}$$

例 4-7 电路如图 4-29 所示，已知 $\dot{U}=100\underline{/0°}\mathrm{V}$，$\dot{I}=12.65\underline{/18.5°}\mathrm{A}$。求电路的功率因数

角 φ、功率因数 λ、平均功率 P，并判断电路的特性。

解： 根据功率因数角的意义，$\varphi = 0° - 18.5° = -18.5°$，$\lambda = \cos(-18.5)° = 0.948$，代入平均功率公式（4-13b）有

$$P = UI\cos\varphi = 100 \times 12.65 \times 0.948\text{W} \approx 1199\text{W}$$

根据功率因数角 $\varphi < 0$，因此该电路具有电容特性。

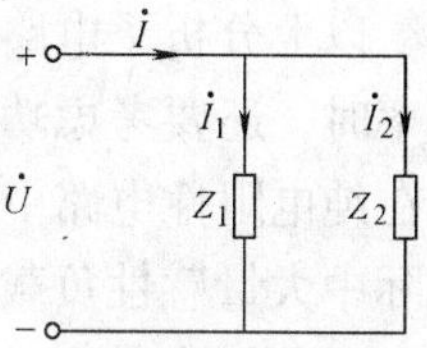

图 4-29　例 4-7 图

4.5.3　无功功率

在 4.5.1 节中得到瞬时功率的表达式为

$$p = ui = UI[\cos\varphi - \cos(2\omega t + \varphi)]$$

根据平均功率的定义得到

$$P = UI\cos\varphi$$

现重新分析瞬时功率的表达式

$$\begin{aligned} p &= ui = UI[\cos\varphi - \cos(2\omega t + \varphi)] \\ &= UI\cos\varphi - UI\cos(2\omega t + \varphi) \\ &= UI\cos\varphi - UI\cos2\omega t\cos\varphi + UI\sin2\omega t\sin\varphi \\ &= UI\cos\varphi(1 - \cos2\omega t) + UI\sin\varphi\sin2\omega t \end{aligned}$$

上式两个分量中，第一个分量为非负值，其平均值为 $UI\cos\varphi$，即为电路的平均功率，实质是电路中电阻分量所消耗的功率。第二分量是以角频率 2ω 在横轴上下波动，其平均值为零。第二分量表明电路中存在储能元件，储能元件没有能量的消耗，储能元件与电源之间存在能量的交换。把储能元件与电源之间能量交换的规模，称为无功功率（Reactive Power），用符号 Q 表示，利用第二分量的振幅来表示，即有

$$Q = UI\sin\varphi \tag{4-14a}$$

无功功率的单位是乏（var）。当电压与电流确定时，无功功率的结果也是常量。特殊地，当电路具有纯电容特性时，$\varphi = -\pi/2$，无功功率可用 Q_C 表示，$Q_C = -UI$；当电路具有纯电感特性时，$\varphi = \pi/2$，无功功率可用 Q_L 表示，$Q_L = UI$；当电路具有纯电阻特性时，由于 $\varphi = 0$，无功功率也为零。电路中总的无功功率也等于所有储能元件的无功功率之和。假设电路中有 N 个储能元件，则总的无功功率为

$$Q = \sum_{i=1}^{N} Q_i \tag{4-14b}$$

4.5.4　视在功率

在正弦交流电路中，把电路的电压有效值和电流有效值的乘积，称为电路的视在功率（Apparent Power），用 S 表示，即有

$$S = UI \tag{4-15}$$

视在功率的单位为伏安（V · A）。视在功率通常表示电源设备的容量，数值体现电源设备所能输出的最大平均功率。视在功率 S、平均功率 P 和无功功率 Q，三者在数值上的关系为

$$S = \sqrt{P^2 + Q^2},\ P = S\cos\varphi,\ Q = S\sin\varphi$$

这种关系可用直角三角形——功率三角形表示，如图 4-30 所示。

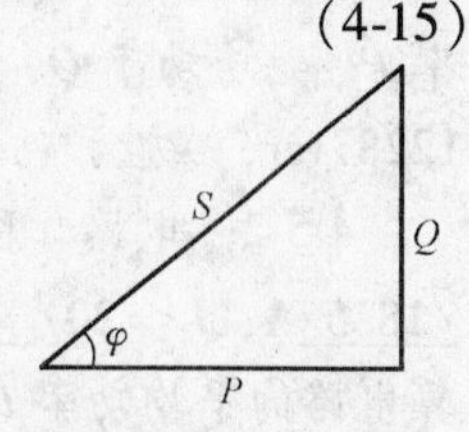

图 4-30　功率三角形

需要说明的是，电路总的视在功率不等于各部分电路的视在功率之和。

4.5.5 功率因数的提高

以上分析了电路的功率，一般情况下电路的视在功率不等于电路的平均功率。计算平均功率时，还要考虑功率因数 $\lambda=\cos\varphi$ 的值，λ 直接影响平均功率的计算。正如前面分析，只有在纯电阻性电路中，功率因数最大，此时 $\lambda=1$，平均功率与视在功率在数值上相等。在实际中大量感性负载的存在，使得功率因数 $\lambda<1$，平均功率小于视在功率，因此为了充分利用电源设备的容量，就要求提高电路的功率因数 λ。例如，一台变压器的容量为 7500kV · A，若负载的功率因数 $\lambda=1$，则此变压器能输出 7500kW 的平均功率；若负载的功率因数下降到 $\lambda=0.7$，则此变压器输出 5250kW，此时说变压器的容量未能充分利用。其次，提高功率因数还能减少输电线路损耗，从而提高输电效率。当负载有功功率 P 和电压 U 一定时，功率因数 $\lambda=\cos\varphi$ 越大，则输电线路中电流 $I=\dfrac{P}{U\cos\varphi}$ 就越小，消耗在输电线路电阻上的功率也就越小。因此提高功率因数有很大的经济意义。

实际在工业上大量的设备均为感性负载，例如电动机、变压器等设备。为提高功率因数，常采用并联电容器的方法提高功率因数。电路如图 4-31a 所示，电阻元件与电感元件串联表示感性负载。当负载确定时，其功率因数角（电压 U 超前电流 I 的相位）φ 确定，从而功率因数 $\lambda=\cos\varphi$ 也确定。为了提高功率因数，给负载并联电容元件，如图 4-31b 所示。并联电容前后电压电流相量关系如图 4-32 所示。并联后功率因数角减小为 φ'，功率因数增大，从而达到提高功率因数的目的。

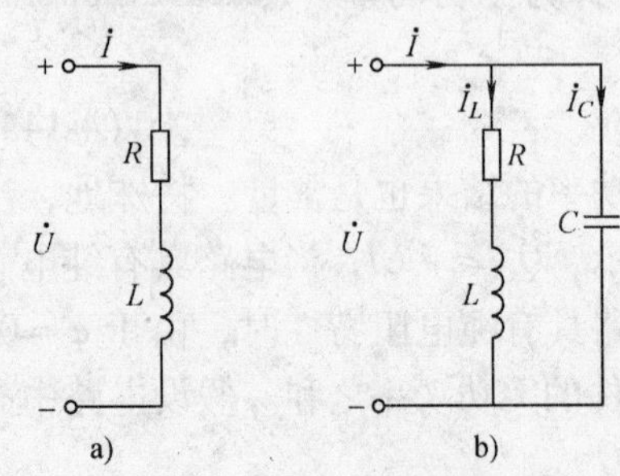

图 4-31 功率因数提高原理
a）感性负载 b）感性负载并联电容

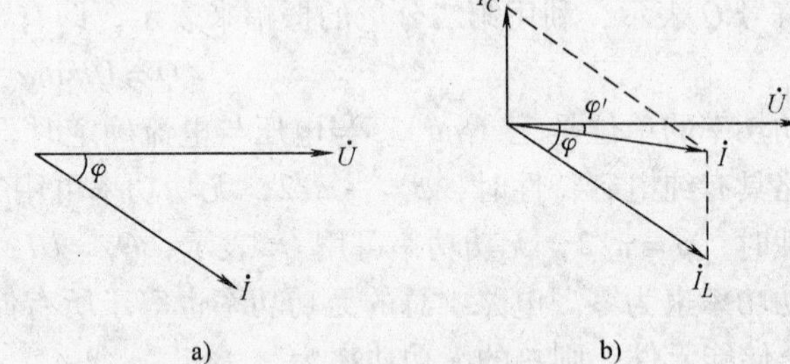

图 4-32 功率因数提高相量图
a）并联电容前相量 b）并联电容后相量

练习与思考题

4-5-1 如图 4-27 所示网络 N，已知电压 $u=300\sqrt{2}\sin(314t+10°)$ V，电流为 $i=50\sqrt{2}\sin(314t-45°)$ A。试求网络的功率因数角 φ、功率因数 λ、平均功率 P、无功功率 Q，并判断电路的特性。（55°，0.573，8604W，12287var，感性）

4-5-2 电路如图 4-33 所示，已知 $\dot{U}=100\angle 0°$ V，$\dot{I}=12.65\angle 18.5°$ A，$\dot{I}_1=20\angle -53.1°$ A，$\dot{I}_2=20\angle 90°$ A。试用两种方法计算电路的平均功率 P。（1200W）

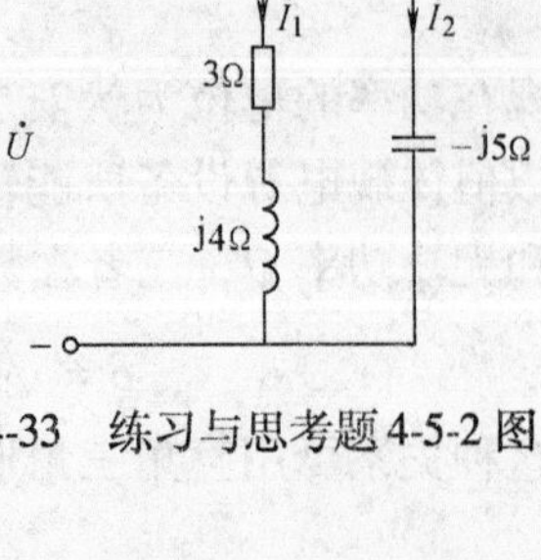

图 4-33 练习与思考题 4-5-2 图

4-5-3 已知某电路的等效阻抗 $Z=20\angle 60°\,\Omega$，现给该电路

外加电压 $\dot{U}=100\underline{/30^\circ}$V。求电路的平均功率和功率因数。(250W，0.5)

4-5-4　已知一负载的平均功率为 50kW，其功率因数为 0.8（感性负载），试求该负载的无功功率和视在功率。(37.5kvar，62.5kV · A)

4.6　电路的谐振

在具有电感和电容元件的电路中，电路的电压和电流一般来说是具有不同的相位的，如果调节电路的参数或电源频率而使其同相，这时电路发生谐振现象。谐振分为串联谐振（Series Resonance）和并联谐振（Parallel Resonanle），以下分别讨论谐振的条件和特征。

4.6.1　串联谐振

在 R、L、C 串联电路中发生的谐振现象称为串联谐振，以下通过电路来进行说明。图 4-34 所示为一 R、L、C 串联交流电路，该电路的总阻抗 Z 为

$$Z=R+\mathrm{j}\omega L+\frac{1}{\mathrm{j}\omega C}$$

$$=R+\mathrm{j}\left(\omega L-\frac{1}{\omega C}\right)$$

当 $\omega L=\dfrac{1}{\omega C}$时，有

$$Z=R$$

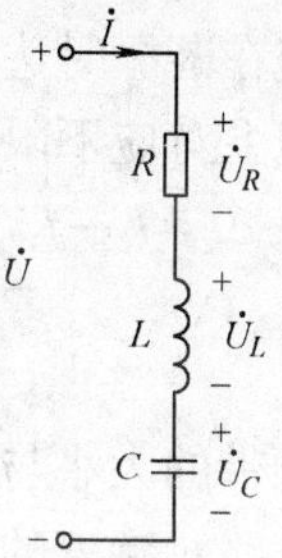

图 4-34　*RLC* 串联谐振电路

在 $\omega L=\dfrac{1}{\omega C}$条件下，总阻抗等效为一电阻，电路呈现纯电阻的性质，此时电压与电流是同相位的，电路发生谐振现象，该条件称为谐振条件。

由谐振条件 $\omega L=\dfrac{1}{\omega C}$可以得到谐振频率（Resonance Frequency），用 f_0 表示。有

$$f_0=\frac{1}{2\pi\sqrt{LC}}\text{或 }\omega_0=\frac{1}{\sqrt{LC}} \tag{4-16}$$

即当电源频率 f 与电感 L、电容 C 满足上述关系时电路发生谐振现象。串联谐振电路具有以下特征：

1）谐振时感抗与容抗相等，所以电感和电容上的电压大小相等，即 $U_L=U_C$。而 $\dot{U}_L$ 与 $\dot{U}_C$ 的相位相反互相抵消，对整个电路不起作用，因此 $\dot{U}=\dot{U}_R$。图 4-35 所示是各电压的相量图。

此时 U_L、U_C 与 U 的关系为

$$U_L=\omega_0 LI_0=\frac{\omega_0 L}{R}U$$

$$U_C=\frac{1}{\omega_0 C}I_0=\frac{1}{\omega_0 CR}U$$

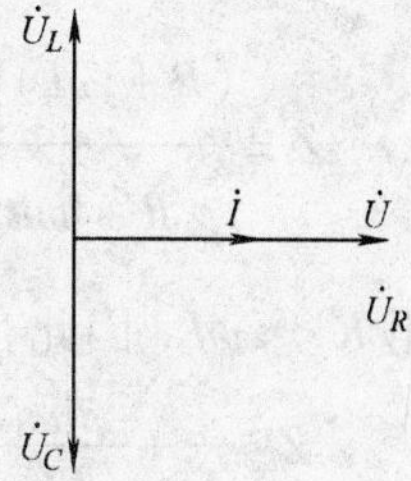

图 4-35　*RLC* 串联谐振相量图

这里 $\omega_0 L$ 或$\dfrac{1}{\omega_0 C}$为谐振时的感抗或容抗，称为特性阻抗，用 ρ 表示，即有

$$\rho=\omega_0 L=\frac{1}{\omega_0 C}=\sqrt{\frac{L}{C}} \tag{4-17}$$

将谐振时特性阻抗与电阻的比值称为谐振电路的品质因数（Quality Factor），用 Q 表示，即有

$$Q=\frac{\rho}{R}=\frac{\omega_0 L}{R}=\frac{1}{\omega_0 CR}=\frac{1}{R}\sqrt{\frac{L}{C}} \tag{4-18}$$

品质因数的物理意义表示谐振时电容或电感元件上的电压是电源电压的 Q 倍。即有

$$U_C=U_L=QU$$

例如，串联电路的品质因数 $Q=100$，电源电压 $U=6\text{V}$ 时，电路发生谐振，电感或电容上的电压有 $U_C=U_L=600\text{V}$。在电力工程上，一般避免发生串联谐振，若电压过高，有可能击穿线圈和电容器的绝缘，造成安全事故。但在无线电工程上则常用串联谐振以获得较高的电压。

2）谐振时电路阻抗的模最小，即 $|Z_{\min}|=R$。因此在电源电压 $\dot{U}$ 不变的情况下，电路中的电流在谐振时达到最大，即 $I_0=I_{\max}=U/R$，谐振曲线如图 4-36 所示。当电流 $I=I_0/\sqrt{2}$，此时曲线上对应下限频率点 f_1 和上限频率点 f_2，用 Δf 表示上下限频率的差值，Δf 称为通频带，即有 $\Delta f=f_2-f_1$。可以证明，通频带与品质因数的关系为

$$\Delta f=f_2-f_1=\frac{f_0}{Q} \tag{4-19}$$

通频带的大小与品质因数有关，如图 4-37 所示。Q 越大，通频带 Δf 越小，谐振曲线越尖锐，电路对频率的选择性越好。

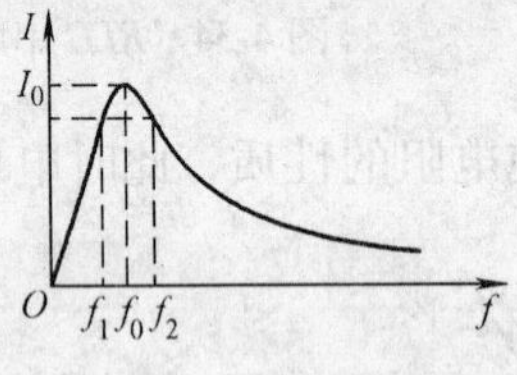

图 4-36　谐振曲线

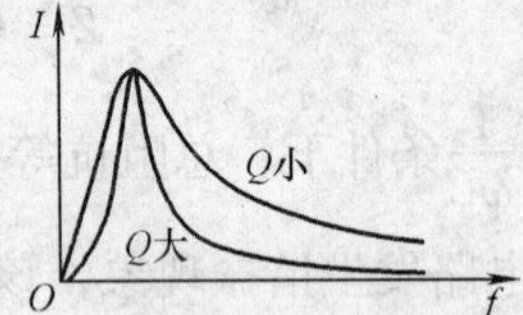

图 4-37　谐振曲线与 Q 的关系

3）谐振时电压与电流同相，电路对电源呈现纯电阻性，电源供给电路的能量都被电阻所消耗，电源与电路间无能量交换，能量交换只发生在电感和电容之间。

4.6.2　并联谐振

图 4-38 所示为线圈与电容器 C 并联电路，其中线圈用 R 与 $\mathrm{j}\omega L$ 的串联表示，且 R 比较小。电路的等效阻抗为

$$Z=\frac{(R+\mathrm{j}\omega L)\left(-\mathrm{j}\frac{1}{\omega C}\right)}{R+\mathrm{j}\omega L-\mathrm{j}\frac{1}{\omega C}}=\frac{R+\mathrm{j}\omega L}{1+\mathrm{j}\omega RC-\omega^2 LC}$$

这里电阻 $R<<\omega L$，因此有

$$Z\approx\frac{\mathrm{j}\omega L}{1+\mathrm{j}\omega RC-\omega^2 LC}=\frac{1}{\frac{RC}{L}++\mathrm{j}\left(\omega C-\frac{1}{\omega L}\right)}$$

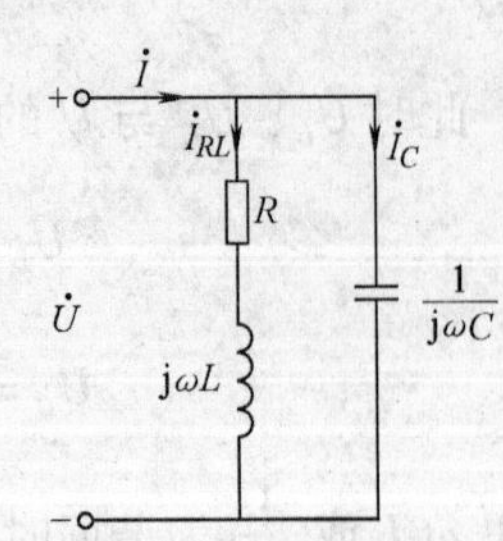

图 4-38　RLC 并联谐振电路

当 $\omega L = \dfrac{1}{\omega C}$ 时，阻抗具有纯电阻的特性，此时称电路发生并联谐振，谐振频率 f_0 为

$$f_0 = \frac{1}{2\pi\sqrt{LC}} \text{或} \ \omega_0 = \frac{1}{\sqrt{LC}}$$

并联谐振的特征如下：

1）谐振时电路的阻抗模为最大，为 $|Z| = \dfrac{L}{RC}$。因此在电压 U 一定的情况下，电流 I 为最小值。阻抗模与电流的谐振曲线如图 4-39 所示。

2）谐振时电路呈纯电阻的性质，此时电压 U 与电流 I 同相位。并联谐振时电压和电流的相量图如图 4-40 所示。此时电流 I_C 和 I_L 比电流 I 大得多。

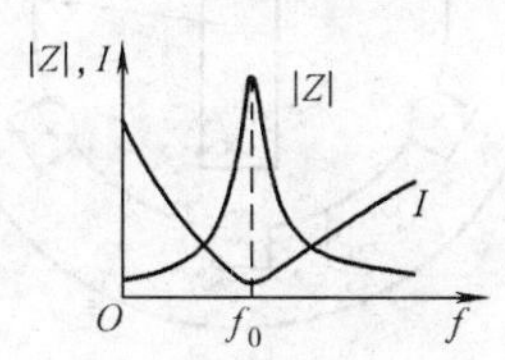

图 4-39　阻抗模与电流的谐振曲线

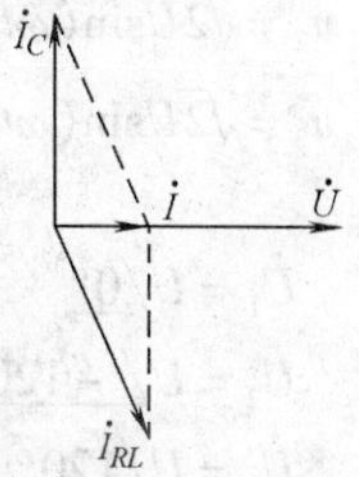

图 4-40　谐振时电压和电流的相量图

3）并联谐振电路的品质因数仍用 Q 表示，有

$$Q = \frac{1}{\omega_0 CR} = \frac{\omega_0 L}{R}$$

在谐振时，支路电流是总电流的 Q 倍。

并联谐振在无线电工程和工业电子技术中也常应用。例如利用并联谐振时阻抗高的特点来选择信号或消除干扰。

练习与思考题

4-6-1　将一线圈（$L = 4\text{mH}$，$R = 50\Omega$）与电容器（$C = 160\text{pF}$）串联，接在 $U = 25\text{V}$ 的电源上。试求：(1) 电路的谐振频率；(2) 谐振时的电流；(3) 电容上的电压。(200kHz，0.5A，2500V)

4-6-2　电路如图 4-38 所示，已知 $L = 0.25\text{mH}$，$R = 25\Omega$，$C = 85\text{pF}$，试求谐振角频率 ω_0、品质因数 Q 和谐振时电路的阻抗大小。($6.86 \times 10^6 \text{rad/s}$，68.6，117k$\Omega$)

4-6-3　试说明当频率低于或高于谐振频率时，RLC 串联电路是电容性还是电感性？

4.7　三相交流电路

由三个幅值相等、频率相同、相位互差 120°的交流电源所构成的电源，称为三相电源。工业和民用的电能几乎都是由三相电源供给，日常生活用电也是取自三相电源中的一相。由三相电源构成的电路称为三相电路（three-phase circuit）。本节重点介绍三相电路中线电压、相电压、线电流、相电流以及功率的计算。

4.7.1　三相交流电源

三相交流电源是根据电磁感应原理，由三相交流发电机产生。图 4-41 所示为三相交流发电机的示意图。三相发电机是由定子和转子两部分组成。定子铁心的内圆周表面冲有槽，用以放置三相完全相同，并在空间上互差 120°的绕组，如图 4-41 中 U_1U_2、V_1V_2、W_1W_2。当转子（磁铁）由其他动力机械拖动并以恒定转速运转时，就会使定子凹槽内放置的三个绕组中产生频率幅度相同，相位依次相差 120°的正弦电压 u_1、u_2 和 u_3，若设 u_1 的初相位为 0°，则有

$$u_1 = \sqrt{2}U\sin\omega t$$
$$u_2 = \sqrt{2}U\sin(\omega t - 120°)$$
$$u_3 = \sqrt{2}U\sin(\omega t + 120°) \tag{4-20a}$$

用相量表示为

$$\dot{U}_1 = U\angle 0°$$
$$\dot{U}_2 = U\angle -120°$$
$$\dot{U}_3 = U\angle 120° \tag{4-20b}$$

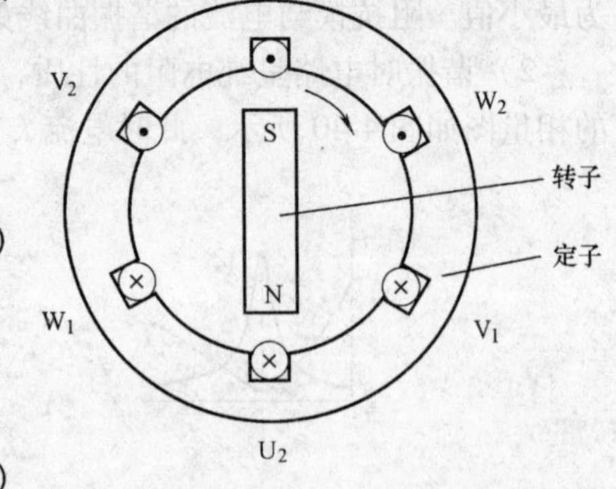

图 4-41　三相交流发电机的示意图

三相电压波形和相量图如图 4-42 所示。

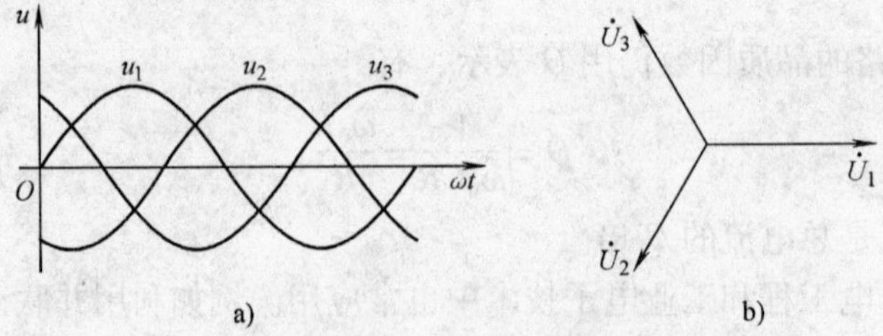

图 4-42　三相电压波形与相量图
a）三相电压波形　b）三相电压相量图

把三相交流电出现正幅值的顺序称为相序，即正序为 U_1—V_1—W_1。三相交流电压具有幅值相等，频率相同，彼此相位差相等且为 120°的特性，满足

$$u_1 + u_2 + u_3 = 0 \tag{4-21a}$$
$$\dot{U}_1 + \dot{U}_2 + \dot{U}_3 = 0 \tag{4-21b}$$

在三相电路中，把满足幅值相等、频率相同、彼此相位差为 120°的电压称为对称电压。三相交流电压源属对称电压源。

如图 4-43a 所示，将三相绕组三个末端（U_2、V_2、W_2）连接在一起，而 U_1、V_1、W_1 引出作为三相电源端引出。这种连接方式称为三相电源的 Y（星形）联结。实际中，把从始端 U_1、V_1、W_1 引出的三根导线 L_1、L_2、L_3 称为相线（Phase Line），俗称为火线。将三个末端的连接点引出线称为中性线（Neutral Conductor）N，俗称为零线。这种连接方式称为三相四线制（Three Phase Four-wire System）联结。以后为了简化电路图，将线圈用电压源来代替，如图 4-43b 所示。

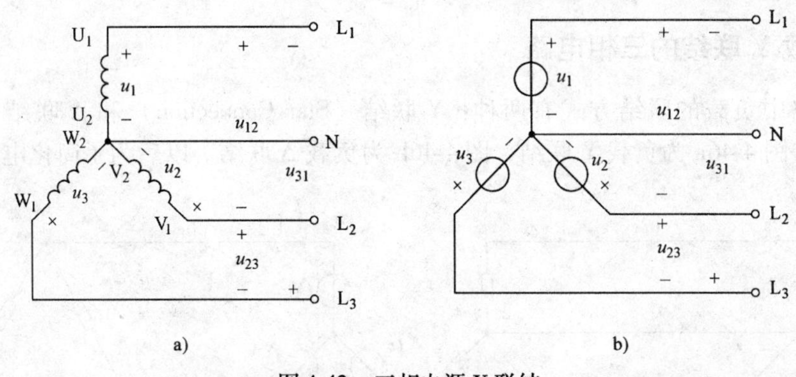

图 4-43　三相电源 Y 联结

a）三相电源 Y 联结　b）三相电源 Y 联结等效

三相电源中每相绕组的电压，亦即相线与中性线之间的电压称为电源的相电压（Phase Voltage），如图 4-43 中 u_1、u_2 和 u_3，其有效值常用 U_p 表示。任意两始端之间的电压称为线电压（Line Voltage），如图 4-43 中 u_{12}、u_{23} 和 u_{31}，其有效值常用 U_l 表示。线电压与相电压之间的关系为

$$\left.\begin{aligned} u_{12} &= u_1 - u_2 \\ u_{23} &= u_2 - u_3 \\ u_{31} &= u_3 - u_1 \end{aligned}\right\} \tag{4-22a}$$

用相量表示为

$$\left.\begin{aligned} \dot{U}_{12} &= \dot{U}_1 - \dot{U}_2 \\ \dot{U}_{23} &= \dot{U}_2 - \dot{U}_3 \\ \dot{U}_{31} &= \dot{U}_3 - \dot{U}_1 \end{aligned}\right\} \tag{4-22b}$$

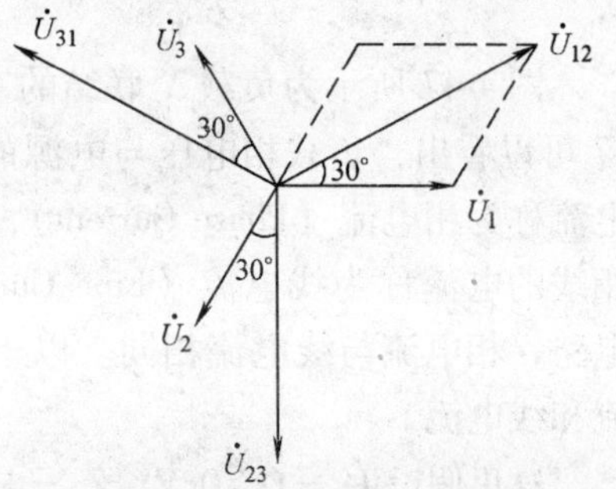

图 4-44　电源线电压与相电压的相量图

线电压与相电压的相量关系如图 4-44 所示。

三相电源 Y 联结时可以得到以下结论：

1）三相电源的相电压、线电压均对称；

2）相位上线电压超前对应相电压 30°；

3）线电压是相电压大小的$\sqrt{3}$倍，即有 $U_l = \sqrt{3}U_p$，通常低压配电系统的相电压为 220V，线电压为 $220\sqrt{3} = 380$V。

另外，三相电源也可以连接成 Δ（三角形）联结，如图 4-45 所示。Δ 联结是将三相绕组首尾相接，引出 U_1、V_1、W_1 作为三相电源端引出。这种联结方式应用较少，我们只分析三相电源的 Y 联结情况。

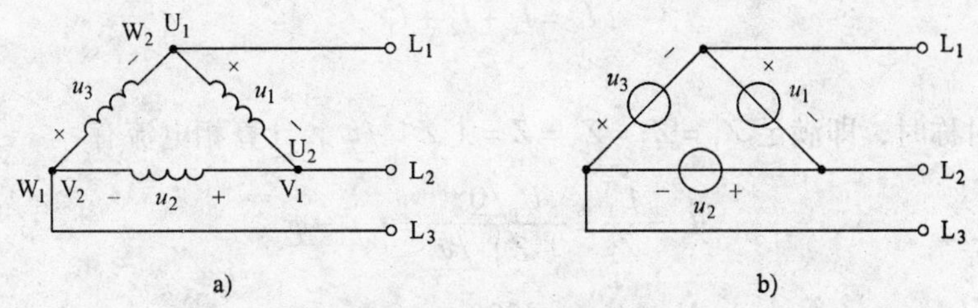

图 4-45　三相电源 Δ 联结

a）三相电源 Δ 联结　b）三相电源 Δ 联结等效

4.7.2 负载 Y 联结的三相电路

三相电路中负载的联结方式有两种：Y 联结（Star Connection）和 Δ 联结（Triangular Connection）。图 4-46a 为负载 Y 联结，图 4-46b 为负载 Δ 联结。以后为了简化电路，可将三相电源省略。

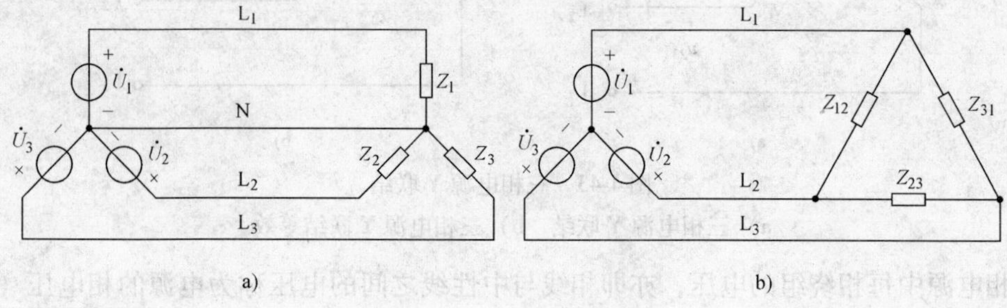

图 4-46 负载的联结方式
a）负载 Y 联结 b）负载 Δ 联结

图 4-47 所示为负载 Y 联结的三相电路，每相负载上的电压称为负载的相电压。从图 4-47 可以看出，负载相电压与电源的相电压相同。每相负载的电流称为相电流（Phase Current），如图中的 $\dot{I}_1$、$\dot{I}_2$、$\dot{I}_3$，每一相线的电流称为线电流（Line Current）。负载 Y 联结的三相电路，相电流与线电流相同。以下分析计算三相电路的相电流和线电流。

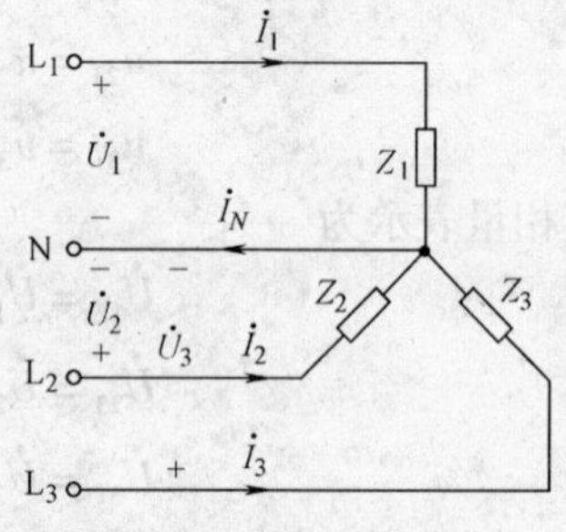

图 4-47 负载 Y 联结

这里假设 $\dot{U}_1 = U_p\underline{/0°}$V，$Z_1 = |Z_1|\underline{/\varphi_1}$，$Z_2 = |Z_2|\underline{/\varphi_2}$，$Z_3 = |Z_3|\underline{/\varphi_3}$。则 $\dot{U}_2 = U_p\underline{/-120°}$V，$\dot{U}_3 = U_p\underline{/120°}$V，相电流为

$$\dot{I}_1 = \frac{\dot{U}_1}{Z_1} = \frac{U_p\underline{/0°}}{|Z_1|\underline{/\varphi_1}} = I_1\underline{/-\varphi_1}$$

$$\dot{I}_2 = \frac{\dot{U}_2}{Z_2} = \frac{U_p\underline{/-120°}}{|Z_2|\underline{/\varphi_2}} = I_2\underline{/-120° - \varphi_2}$$

$$\dot{I}_3 = \frac{\dot{U}_3}{Z_3} = \frac{U_p\underline{/120°}}{|Z_3|\underline{/\varphi_3}} = I_3\underline{/120° - \varphi_3} \tag{4-23}$$

根据 KCL，中性线电流为

$$\dot{I}_N = \dot{I}_1 + \dot{I}_2 + \dot{I}_3 \tag{4-24}$$

讨论：

1）负载对称时，即满足 $Z_1 = Z_2 = Z_3 = Z = |Z|\underline{/\varphi}$。计算相电流有

$$\dot{I}_1 = \frac{\dot{U}_1}{Z_1} = \frac{U_p\underline{/0°}}{|Z|\underline{/\varphi}} = I_p\underline{/-\varphi}$$

$$\dot{I}_2 = \frac{\dot{U}_2}{Z_2} = \frac{U_p\underline{/-120°}}{|Z|\underline{/\varphi}} = I_P\underline{/-120° - \varphi}$$

$$\dot{I}_3=\frac{\dot{U}_3}{Z_3}=\frac{U_p\angle 120^\circ}{|Z|\angle\varphi}=I_p\angle 120^\circ-\varphi$$

通过以上计算可知，相电流大小相等，相位上互差 120°，因此相电流也是对称的。满足

$$\dot{I}_1+\dot{I}_2+\dot{I}_3=0$$

此时中性线上没有电流，即 $\dot{I}_N=0$。负载对称时，可以得到相电压、相电流、线电流全部对称。在负载对称条件下，通常用 I_p 表示相电流的有效值，I_l 表示线电流的有效值。

2）负载不对称时，相电流的计算按照一般的正弦交流电路计算。这种情况下，相电流不对称，中性线上有电流。实际中尽可能使三相负载近似对称。中性线在 Y 联结电路中的作用是：使不对称负载的相电压对称，即不管负载是否对称，通过中性线的连接保证负载的相电压对称。因此，实际中中性线（指干线）内不接入熔断器或刀开关，以免造成中性线断开，造成 Y 联结负载不能正常工作。

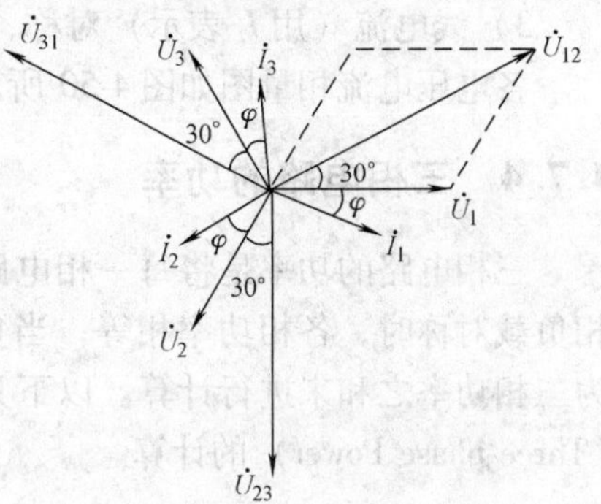

图 4-48　对称负载 Y 联接电压和电流相量图

对称负载 Y 联结时有以下结论：

1）相电压（用 U_p 表示）对称；

2）相电流（用 I_p 表示）对称，$I_p=\dfrac{U_p}{|Z|}$；

3）线电流（用 I_l 表示）对称，$I_l=I_p$。

电压电流相量图如图 4-48 所示。

4.7.3　负载 Δ 联结的三相电路

图 4-49 所示电路是负载 Δ 联结的三相电路。负载的相电压与电源的线电压相同，在图 4-49 中用 $\dot{U}_{12}$、$\dot{U}_{23}$以及 $\dot{U}_{31}$表示，它们也是三相电源的线电压。负载的线电流用 $\dot{I}_1$、$\dot{I}_2$ 和 $\dot{I}_3$ 表示。相电流用 $\dot{I}_{12}$、$\dot{I}_{23}$和 $\dot{I}_{31}$表示。它们之间的关系为

$$\dot{I}_{12}=\frac{\dot{U}_{12}}{Z_{12}},\ \dot{I}_{23}=\frac{\dot{U}_{23}}{Z_{23}},\ \dot{I}_{31}=\frac{\dot{U}_{31}}{Z_{31}} \tag{4-25}$$

$$\dot{I}_1=\dot{I}_{12}-\dot{I}_{31},\ \dot{I}_2=\dot{I}_{23}-\dot{I}_{12},\ \dot{I}_3=\dot{I}_{31}-\dot{I}_{23} \tag{4-26}$$

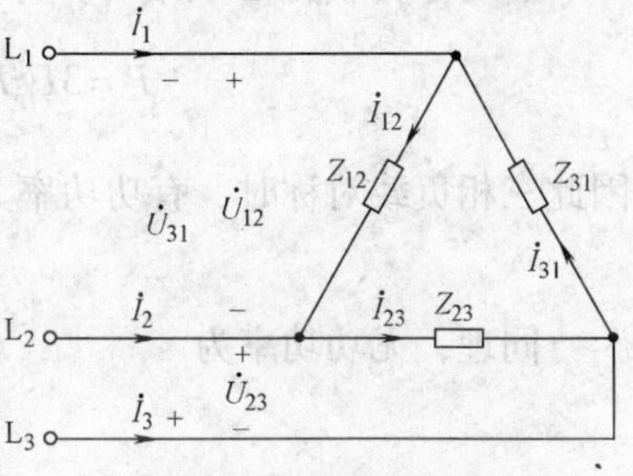

图 4-49　负载 Δ 联结

假设 $\dot{U}_{12}=U_l\angle 0^\circ$V，负载对称时，即 $Z_{12}=Z_{23}=Z_{31}=|Z|\angle\varphi$时，相电流有

$$\dot{I}_{12}=\frac{\dot{U}_{12}}{Z_{12}}=\frac{U_l\angle 0^\circ}{|Z|\angle\varphi}=\frac{U_l}{|Z|}\angle-\varphi$$

$$\dot{I}_{23}=\frac{\dot{U}_{23}}{Z_{23}}=\frac{U_l\angle-120^\circ}{|Z|\angle\varphi}=\frac{U_l}{|Z|}\angle-120^\circ-\varphi$$

$$\dot{I}_{31}=\frac{\dot{U}_{31}}{Z_{31}}=\frac{U_l\angle 120^\circ}{|Z|\angle\varphi}=\frac{U_l}{|Z|}\angle 120^\circ-\varphi$$

线电流有

$$\dot{I}_1=\sqrt{3}\dot{I}_{12}\angle -30°$$

$$\dot{I}_2=\sqrt{3}\dot{I}_{23}\angle -30°$$

$$\dot{I}_3=\sqrt{3}\dot{I}_{31}\angle -30°$$

通过以上分析，对称负载Δ联结时有：

1）相电压（用 U_p 表示）对称；

2）相电流（用 I_p 表示）对称，$I_p=\frac{U_p}{|Z|}$；

3）线电流（用 I_l 表示）对称，$I_l=\sqrt{3}I_p$，相位上线电流滞后对应相电流30°。

各电压电流相量图如图4-50所示。

4.7.4 三相电路的功率

三相电路的功率是将每一相电路的功率求和得到的。当三相负载对称时，各相功率相等；当负载不对称时，按照总功率为三相功率之和来进行计算。以下只讨论对称负载的三相功率（Three-phase Power）的计算。

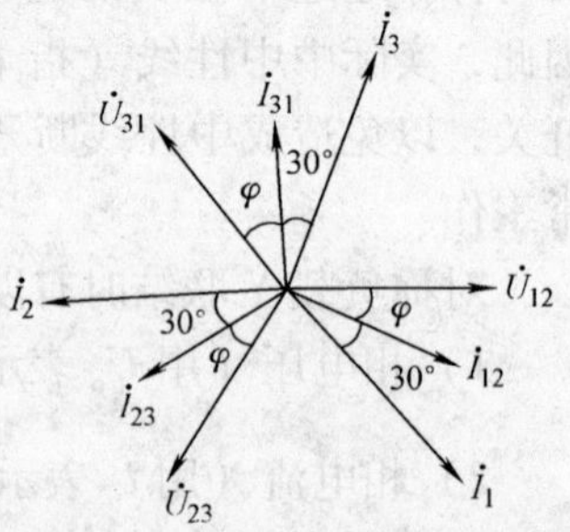

图4-50 对称负载Δ联结的电压和电流相量图

当对称负载为Y联结时，有 $U_l=\sqrt{3}U_p$，$I_l=I_p$，因此三相有功功率为

$$P=3U_pI_p\cos\varphi=3\times\frac{1}{\sqrt{3}}U_lI_l\cos\varphi=\sqrt{3}U_lI_l\cos\varphi \quad (4\text{-}27a)$$

式中，φ 为负载的阻抗角，也是功率因数角。

当对称负载为Δ联结时，有 $U_l=U_p$，$I_l=\sqrt{3}I_p$，因此三相有功功率为

$$P=3U_pI_p\cos\varphi=3U_l\times\frac{1}{\sqrt{3}}I_l\cos\varphi=\sqrt{3}U_lI_l\cos\varphi \quad (4\text{-}27b)$$

因此三相负载对称时，有功功率为

$$P=\sqrt{3}U_lI_l\cos\varphi \quad (4\text{-}27c)$$

同理，无功功率为

$$Q=\sqrt{3}U_lI_l\sin\varphi \quad (4\text{-}28)$$

视在功率为

$$S=\sqrt{3}U_lI_l \quad (4\text{-}29)$$

练习与思考题

4-7-1 试简要说明负载Y联结时中性线的作用。若中性线接入的熔断器熔断，对三相电路有何影响？

4-7-2 假设一实验室有220V、100W的电灯66个，应如何加入线电压为380V的三相四线制电路？并求负载对称时的线电流。（10A）

4-7-3 对称负载Δ联结，每相负载 $Z=10\angle 10°\Omega$，负载线电压为190V，试求相电流和线电流，并画出相量图。（19A，33A）

4-7-4　图 4-51 为一对称负载 Y 联结，已知电源的相电压为 220V。(1) 若中性线断开、L_1 相开路时，求各负载的相电压；(2) 若中性线断开，L_1 相负载短路，求各负载的相电压。((1) 330V，190V，190V；(2) 0V，380V，380V)

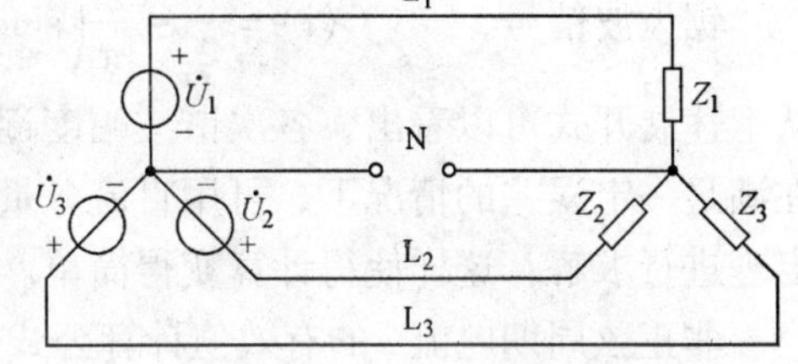

图 4-51　练习与思考题 4-7-4 图

4-7-5　某楼电灯发生故障，第二层和第三层楼的所有电灯突然都暗下来，而第一层楼的电灯亮度未变，请判断这是什么原因？同时发现第三层楼的电灯比第二层楼的还要暗些，这又是什么原因？

4-7-6　现有一台三相发电机，其绕组接成 Y 联结，每相额定电压为 220V。一次试验时，测得相电压 $U_1 = U_2 = U_3 = 220V$，而线电压为 $U_{12} = U_{31} = 220V$，$U_{23} = 380V$。试问这种现象是如何造成的？

4.8　非正弦交流电路

除了正弦电压和电流外，在实际中还会遇到非正弦的周期电压和电流。例如数字电路中的方波、整流电路中的全波整流波形、示波器扫描电路中的锯齿波等都是常见的非正弦周期波形，如图 4-52 所示。

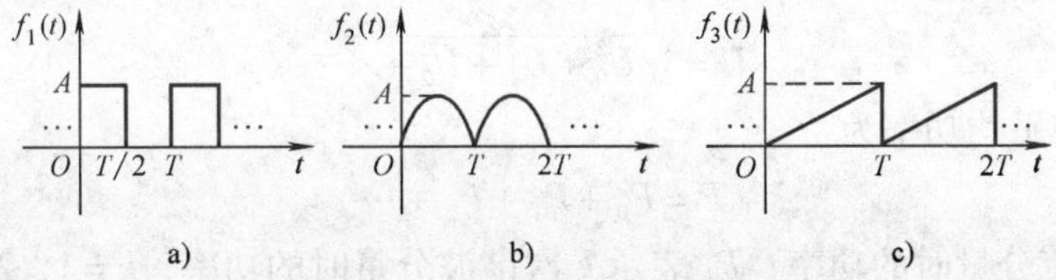

图 4-52　常见非正弦周期信号波形
a) 方波信号　b) 全波整流波形　c) 锯齿波信号

对于这一类信号作用于线性电路，通常将信号分解为傅里叶三角级数，然后利用叠加定理进行求解。

4.8.1　非正弦周期信号的分解

非正弦周期信号 $f(t)$ 只要满足狄里赫利条件（即在一个周期内含有有限个最大值和最小值以及有限个第一类不连续点，电工技术中非正弦周期信号都满足这一条件），就可以展开为傅里叶三角级数。其展开式为

$$
\begin{aligned}
f(t) &= A_0 + A_{1m}\sin(\omega t + \varphi_1) + A_{2m}\sin(2\omega t + \varphi_2) + \cdots \\
&= A_0 + \sum_{k=1}^{\infty} A_{km}\sin(k\omega t + \varphi_k)
\end{aligned}
\tag{4-30}
$$

式中，ω 为 $f(t)$ 的角频率，且 $\omega = 2\pi/T$，T 为 $f(t)$ 的周期；A_0 为信号中的直流分量，也是信号在一个周期内的平均值；$A_{1m}\sin(\omega t + \varphi_1)$ 称为基波或一次谐波分量；$A_{km}\sin(k\omega t + \varphi_k)$ 称为 k 次谐波分量。

图 4-52 中提到的非正弦周期信号，利用傅里叶级数（Fourier Series）展开式分别为

方波信号　$$f_1(t) = \frac{A}{2} + \frac{2A}{\pi}\left(\sin\omega t + \frac{1}{3}\sin 3\omega t + \frac{1}{5}\sin 5\omega t + \cdots\right) \tag{4-31}$$

全波整流信号 $$f_2(t)=\frac{2A}{\pi}\left(1-\frac{2}{3}\cos2\omega t-\frac{2}{15}\cos4\omega t-\cdots\right) \tag{4-32}$$

锯齿波信号 $$f_3(t)=\frac{A}{2}-\frac{A}{\pi}\left(\sin\omega t+\frac{1}{2}\sin2\omega t+\frac{1}{3}\sin3\omega t+\cdots\right) \tag{4-33}$$

从上述展开式可以看出，各次谐波幅度逐渐降低，谐波次数越高，幅度越低。实际工程中，在满足一定误差的情况下，可用直流分量和展开式的前几项近似代替原信号，然后利用叠加定理进行求解，这样使得计算变得简单。

非正弦周期电流 i 的有效值计算公式仍用下式：

$$I=\sqrt{\frac{1}{T}\int_0^T i^2\,\mathrm{d}t}$$

将傅里叶展开式代入可得出

$$I=\sqrt{I_0^2+I_1^2+I_2^2+\cdots} \tag{4-34}$$

式中，I_0 表示直流分量；I_k 表示 k 次谐波分量的有效值，$k=1$，2，…。

谐波分量有效值与最大值之间的关系仍为

$$I_k=\frac{I_{km}}{\sqrt{2}} \tag{4-35}$$

同理，非正弦周期电压 u 的有效值为

$$U=\sqrt{U_0^2+U_1^2+U_2^2+\cdots} \tag{4-36}$$

非正弦周期电路中平均功率为

$$P=P_0+P_1+P_2+\cdots \tag{4-37}$$

式中，P_0 表示直流分量时的功率；P_k 表示 k 次谐波分量时的功率，$k=1$，2，…。

这一点和第 2 章叠加定理中所讲的功率不可叠加是不同的，也并不矛盾。

4.8.2 非正弦交流电路分析

非正弦交流电路的分析仍然是求解电路中的电压、电流以及功率问题。之前已经提到，首先要将非正弦周期信号利用傅里叶级数分解为三角级数，按照正弦交流电路分析的方法求解某一频率信号作用下的电压、电流和功率，然后利用线性电路叠加特性求和，从而得到原周期信号电路的电压、电流和功率。具体求解步骤如下：

1）利用傅里叶级数展开式将电源信号分解成直流分量和各次谐波分量之和。为减少计算量，谐波分量一般取前几项。

2）让直流分量和各次谐波分量单独作用于电路，求出单独作用时的电压、电流以及功率，各次谐波分量单独作用时利用相量法进行计算。

3）将单独作用时的电压和电流的瞬时表达式相叠加，结果就是非正弦信号作用在电路上所得到的电压和电流。将单独作用时功率直接相加即为非正弦信号作用在电路上所得到的功率。

例 4-8 电路如图 4-53 所示，$C=10\mu\text{F}$，$R=100\Omega$。已知 u_i 如图 4-52a 所示的方波信号，方波周期 $T=0.01\text{s}$，幅度 $A=10\text{V}$。试求输出电压 u_o。（方波电压利用傅里叶级数展开只取前三项）。

解：方波信号的角频率 $\omega=\frac{2\pi}{T}=\frac{2\times3.14}{0.01}\text{rad/s}=628\text{rad/s}$，利用傅里叶级数展开取前三项有

$$u_i\approx[5+6.363\sin628t+2.121\sin(3\times628t)]\text{V}$$

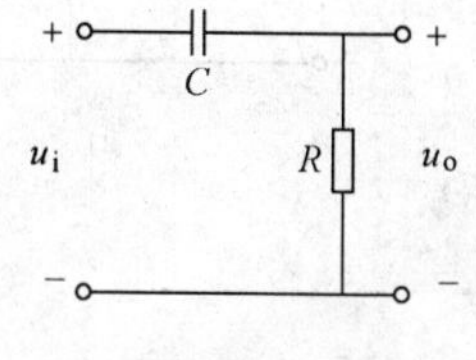

图 4-53　例 4-8 图

当直流分量 5V 单独作用时

$$u_o'=0\text{V}$$

当 $6.363\sin628t$V 单独作用时

$$\dot{U}_o'=\frac{100\times6.363\times0.707}{100-\text{j}159}\text{V}=2.4\angle57.8°\text{V}$$

因此

$$u_o'=2.4\times\sqrt{2}\sin(628t+57.8°)\text{V}=3.394\sin(628t+57.8°)\text{V}$$

当 $2.121\sin(3\times628t)$V 单独作用时

$$\dot{U}_o''=\frac{100\times1.212\times0.707}{100-\text{j}53}\text{V}=1.3\angle27.9°\text{V}$$

因此

$$u_o''=1.3\times\sqrt{2}\sin(3\times628t+27.9°)\text{V}=1.838\sin(1884t+27.9°)\text{V}$$

所以

$$u_o\approx3.394\sin(628t+57.8°)\text{V}+1.838\sin(1884t+27.9°)\text{V}$$

4.9　工程应用举例

4.9.1　电容耦合电路

电容耦合电路（Capacitance Coupled Circuit）在多级放大电路中应用较多。图 4-54 所示为一典型的电容耦合电路，关键元件为耦合电容元件。耦合电容元件的作用是将前级信号尽可能无损耗地加到后级电路中，同时也抑制掉不需要的信号。常见的就是电容具有隔离直流、传送交流的特性，也就是说前级信号中的直流信号被抑制掉，交流信号顺利通过电容到达后级电路。实际中，要根据电路工作频率选择合适的耦合电容。

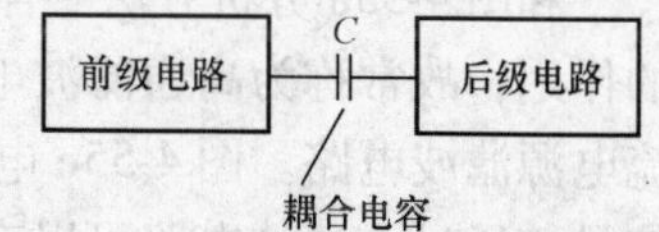

图 4-54　电容耦合电路示意图

4.9.2　滤波电路

几乎所有的电子电路系统中均含有滤波电路（Filter Circuit）。所谓滤波就是利用容抗或感抗随频率而改变的特性，对不同频率的输入信号产生不同的响应，让需要的某一频带的信号顺利通过，而抑制不需要的其他频率的信号。滤波电路通常分为低通、高通、带通和带阻等。

图 4-55a 为 RC 低通滤波电路（Low Pass Filter Circuit），图中 $U_i(\text{j}\omega)$是输入电压信号，$U_o(\text{j}\omega)$是输出电压信号，两者都是频率的函数。电路输出电压与输入电压的比值称为电路的传递函数或转移函数（Transfer Function），用 $H(\text{j}\omega)$表示，有

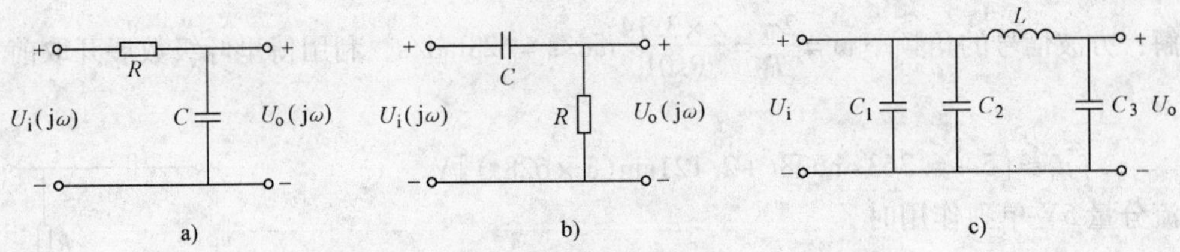

图 4-55 滤波电路

a) RC 低通滤波电路 b) RC 高通滤波电路 c) π 形滤波电路

$$H(j\omega)=\frac{U_o(j\omega)}{U_i(j\omega)}=\frac{\frac{1}{j\omega C}}{R+\frac{1}{j\omega C}}=\frac{1}{1+j\omega C}$$

$$=\frac{1}{\sqrt{1+(\omega RC)^2}}\underline{/-\arctan(\omega RC)}=|H(j\omega)|\underline{/\varphi(\omega)} \quad (4\text{-}38)$$

式中，表示$|H(j\omega)|$随频率ω变化的特性称为幅频特性（Amplitude-frequency Characteristic），表示$\varphi(\omega)$随频率ω变化的特性称为相频特性（Phase-frequency Characteristic），两者通称为频率特性（Frequency Characteristic）。

以下定性讨论电路的频率特性，有

$$\omega=0\text{ 时，}|H(j\omega)|=1,\ \varphi(\omega)=0$$

$$\omega=\frac{1}{RC}\text{时，}|H(j\omega)|=\frac{1}{\sqrt{2}}=0.707,\ \varphi(\omega)=-\frac{\pi}{4}$$

$$\omega=\infty\text{ 时，}|H(j\omega)|=0,\ \varphi(\omega)=-\frac{\pi}{2}$$

从上述计算结果可以看出，当输入频率增大时，输出信号幅度降低。这种电路具有使低频信号较易通过而抑制较高频率信号的作用，故常称为低通滤波电路。

和图 4-55a 分析方法一样，图 4-55b 电路具有使高频信号较易通过而抑制较低频率信号的作用，故常称为高通滤波电路（High Pass Filter Circuit）。图 4-55c 为一典型的 π 形 *LC* 直流电源滤波电路。图 4-55c 电路中输入信号为一直流电压信号，该电压信号中含有交流噪声信号，通过该滤波电路可以有效降低噪声。在直流状态下，电感元件的阻抗为零，而电容元件的阻抗为无穷大，此时输出与输入完全相同，即直流信号顺利通过；在交流状态下，信号频率越高感抗越大，容抗越小，因而输出信号越小，从而一定程度上抑制直流电源噪声，达到滤波的目的。

4.9.3 移相电路

移相电路（Phase Shift Circuit）可以用来改变输入信号和输出信号之间的相位差，电路可分为超前移相和滞后移相两种。移相电路可用 *RC* 或 *RL* 电路构成，以下以 *RL* 电路为例说明移相电路的工作原理。图 4-56a 所示为 *RL* 超前移相电路，输出信号的相位将超前输入信号。为方便叙述，假设电阻 *R* 上的电压的初相位为零，其相量关系如图 4-56b 所示，相位上，输出信号超前输入信号 φ_1。

RL 滞后电路如图 4-57a 所示，仍然假设电阻上的电压的初相位为零，该电路的相量关系如图 4-57b 所示，输出电压相位滞后输入信号 φ_2。

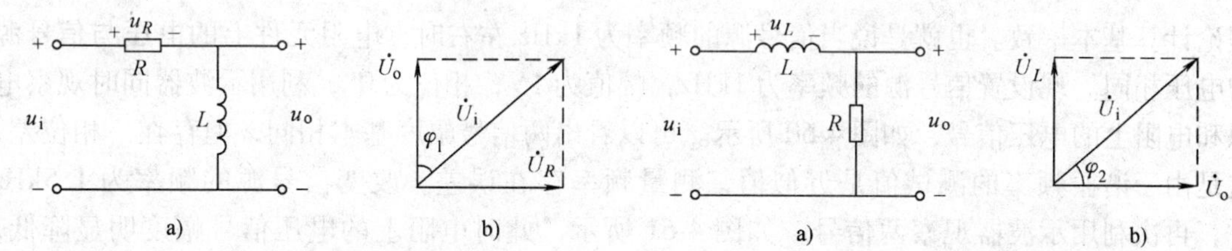

图 4-56　*RL* 超前移相电路　　　　图 4-57　*RL* 滞后移相电路

通过以上分析可以看出，*RL* 移相电路的最大相移量小于 90°，如果要求相移大于 90°，则采用多级 *RL* 移相电路即可；改变电路中的电阻或电感的大小，可以改变相移量。

4.10　串联谐振电路的仿真

谐振是正弦交流电路中一种常见现象，以下以串联谐振电路的仿真分析为例，了解谐振电路的特性和分析方法。电路原理如图 4-58 所示，通过双通道示波器和波特图仪观察谐振现象。通过 4.6.1 节可知，*RLC* 电路发生串联谐振时，电路中的电流最大，因此 R1 上的电压最大，利用波特图仪可以观察到幅频特性曲线出现峰值，测试该峰值对应的频率即为谐振频率。波特图仪测试结果如图 4-59 所示，测试出峰值对应的频率为 1.063kHz，这一结果与

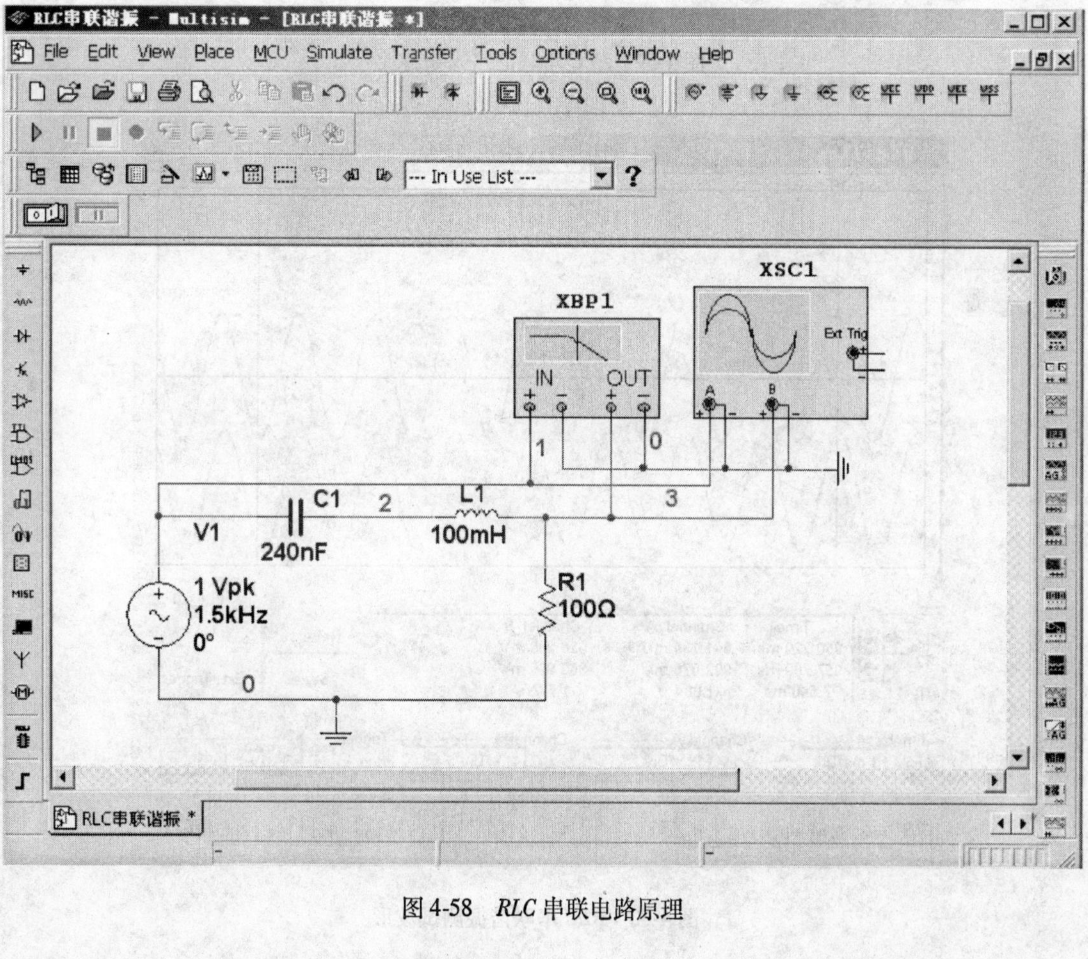

图 4-58　*RLC* 串联电路原理

理论计算基本一致。也就是说当信号源的频率为1kHz左右时，电阻元件上的电压与信号源的电压相同。现设置信号源的频率为1kHz，幅值为1V，相位为0°，利用示波器同时观察电源和电阻上的电压信号，如图4-60所示。可以看出两信号幅度基本相同，但存在一相位差，这是由于谐振频率的测试值是近似值，测量频率存在误差。改变信号源的频率为1.5kHz时，再次利用示波器观察两信号，如图4-61所示，此时电阻上的电压信号幅度明显降低，相位差增大。

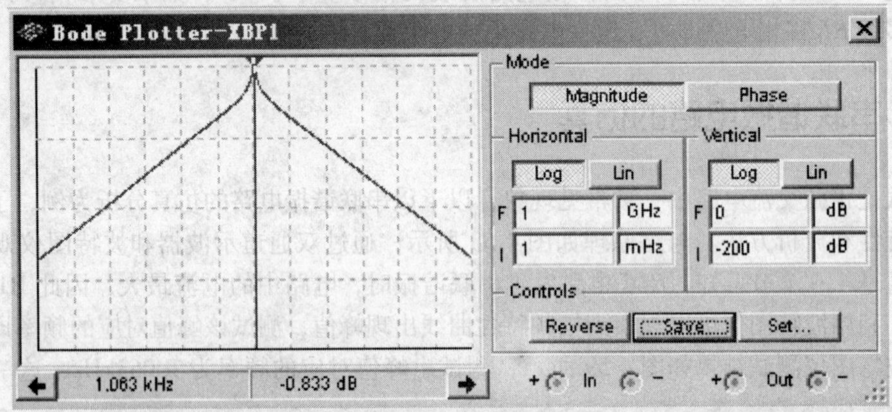

图4-59 *RLC*串联电路幅频特性

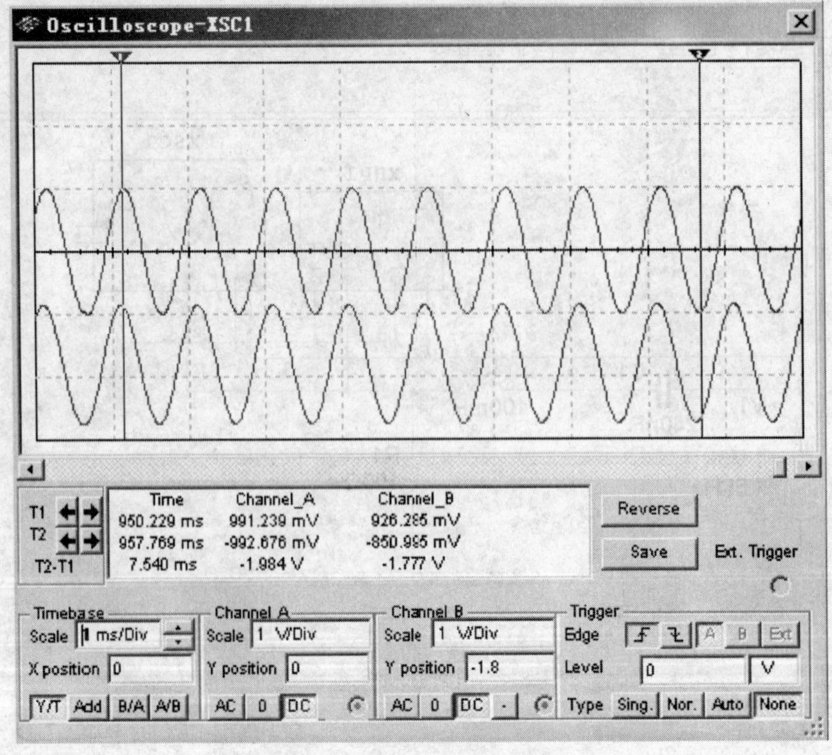

图4-60 *RLC*串联谐振测试波形

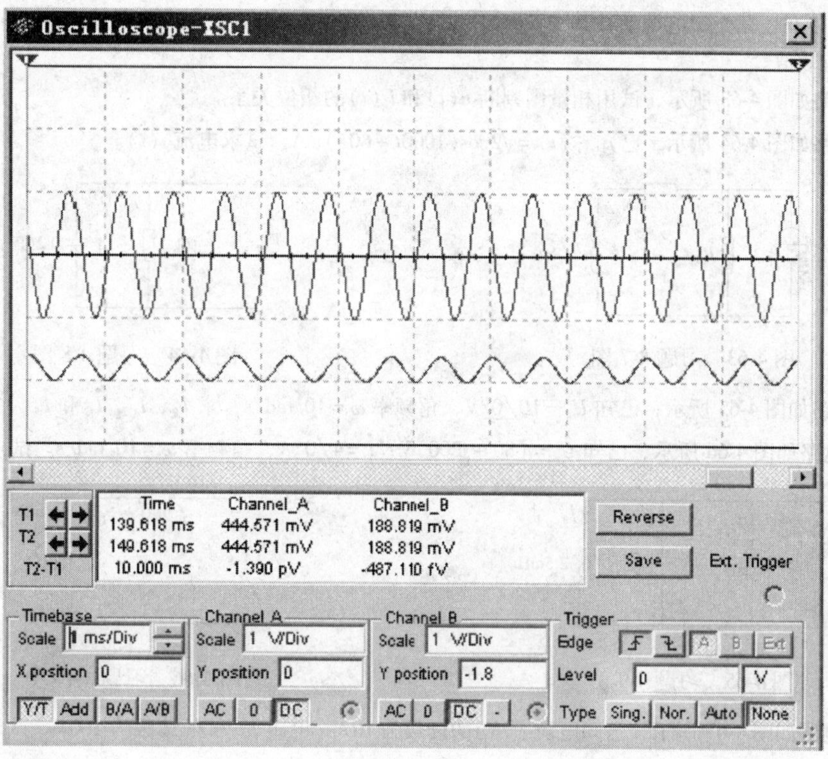

图 4-61　*RLC* 串联电路测试波形

习　题

4-1　定性画出下列正弦量的波形，并指出幅值、频率和初相位。

(1) $u(t)=100\sin(10^2t+60°)\text{V}$

(2) $u(t)=10\sqrt{2}\sin\left(314t+\dfrac{\pi}{4}\right)\text{V}$

(3) $i(t)=5\sin(10\pi t+45°)\text{A}$

(4) $i(t)=100\sqrt{2}\sin\left(5t-\dfrac{\pi}{2}\right)\text{A}$

4-2　将习题 4-1 的正弦量分别用幅值相量表示。

4-3　写出下列相量代表的正弦信号的瞬时表达式。（设角频率为 ω）

(1) $\dot{I}_{\text{m}}=(80+\text{j}120)\text{A}$

(2) $\dot{I}=(100-\text{j}50)\text{A}$

(3) $\dot{U}_{\text{m}}=(-30+\text{j}40)\text{V}$

(4) $\dot{U}=(-60-\text{j}80)\text{V}$

4-4　电路如图 4-62 所示，$i_{\text{s}}=2\sin(400\pi t+30°)\text{A}$，试求 u_R、u_C 和 u_L。

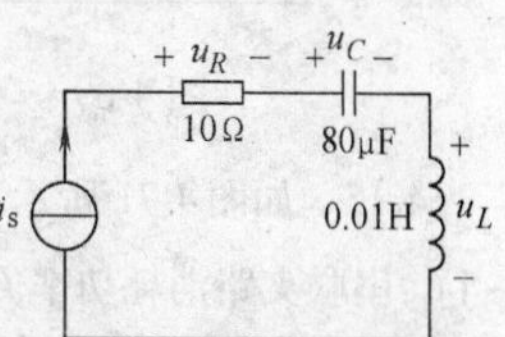

图 4-62　习题 4-4 图

4-5　某线圈可看作 R 和 L 串联电路，若接在 $U=120\text{V}$ 的直流电源上时，测得其上电流 $I=20\text{A}$；若接在 $f=50\text{Hz}$，$U=220\text{V}$ 的交流电源上，测得其上电流 $I=28.2\text{A}$。试求线圈的电阻 R 和电感 L。

4-6　荧光灯管与镇流器串联接到交流电压上，可看作为 R 和 L 串联电路。如已知某灯管的等效电阻为 280Ω，镇流器的电阻和电感分别为 20Ω 和

1.65H。电路接在正弦交流电源上，其中$f=50$Hz，$U=220$V，试画出等效电路，并求电路中的电流和灯管两端电压的有效值。

4-7 电路如图4-63所示，试用相量图判断$u(t)$和$i_s(t)$的相位关系。

4-8 电路如图4-64所示，已知$i_C(t)=\sqrt{2}\cos(1000t+60°)$mA，试求电流$i(t)$。

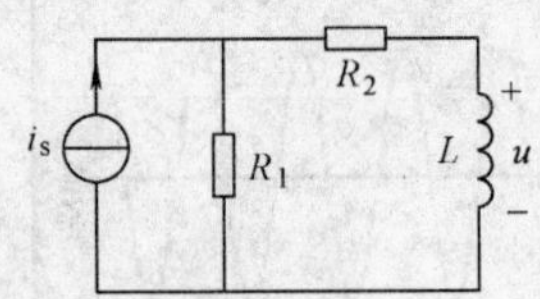

图4-63 习题4-7图

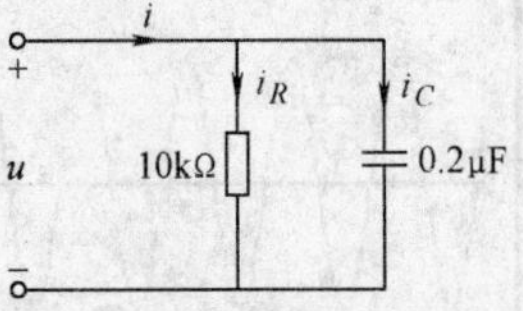

图4-64 习题4-8图

4-9 电路如图4-65所示，已知$\dot{U}_s=10\underline{/0°}$V，角频率$\omega=10^4$rad/s，求$\dot{I}_R$、$\dot{I}_C$、$\dot{I}_L$和$\dot{I}$，并画出相量图。

4-10 电路如图4-66所示，已知$\dot{U}_s=(80+j200)$V，$\dot{I}=4\underline{/0°}$A，角频率$\omega=10^3$rad/s。试求电容C。

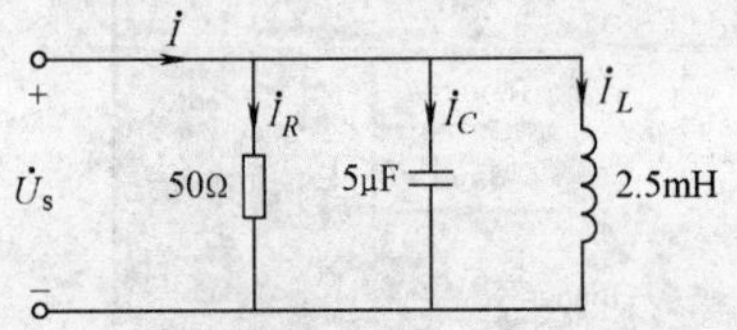

图4-65 习题4-9图

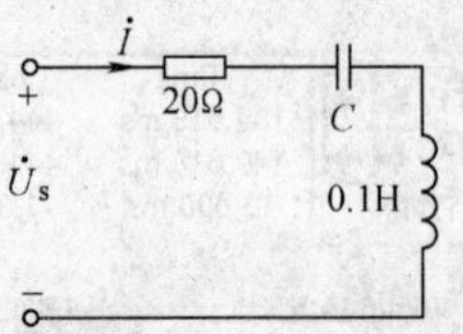

图4-66 习题4-10图

4-11 电路如图4-67所示，已知电流表A_1的读数为10A，电压表V_1的读数为100V。试求A_2以及V_2的读数。

4-12 电路如图4-68所示，已知$I_1=I_2=10$A，$U=100$V，u与i同相，试求I、R、X_C及X_L。

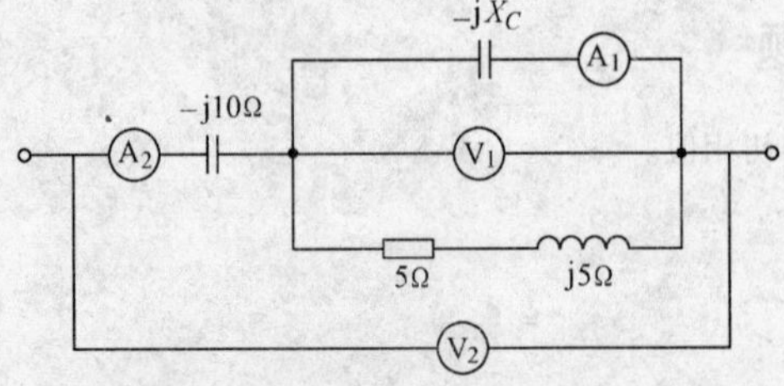

图4-67 习题4-11图

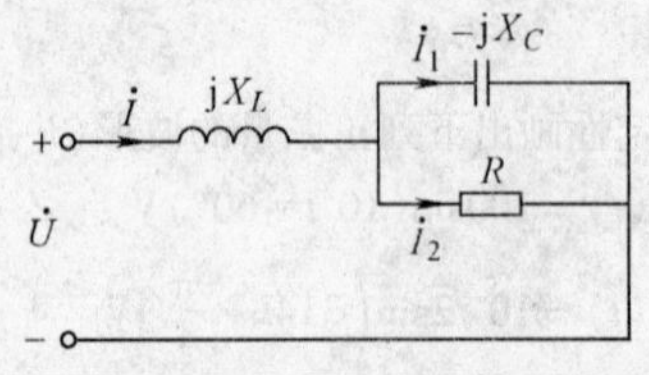

图4-68 习题4-12图

4-13 图4-69所示为一正弦稳态电路，已知$\dot{I}_s=2\underline{/0°}$A，$\dot{U}_s=6\underline{/90°}$V。求$\dot{I}_1$。

4-14 电路如图4-70所示，已知$\dot{U}_C=10\underline{/0°}$V。试求电路的$P$、$Q$、$S$和$\lambda$。

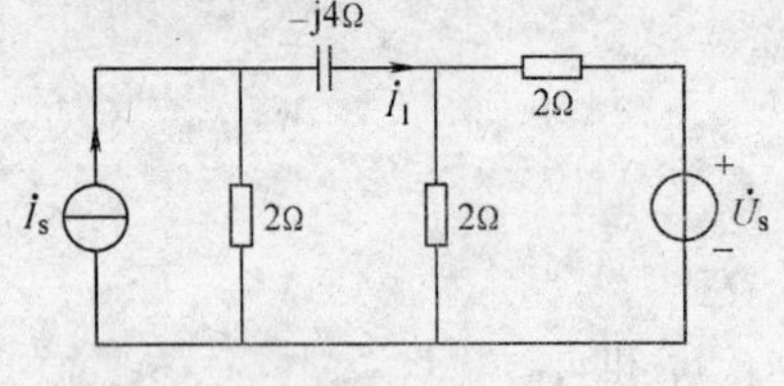

图4-69 习题4-13图

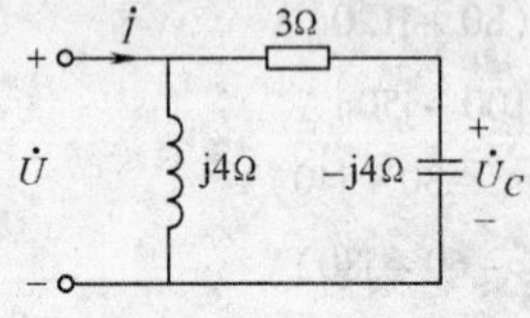

图4-70 习题4-14图

4-15 如图4-71所示，已知$U=20$V，R_1与jX_L串联支路消耗功率$P_1=16$W，功率因数$\lambda_1=0.8$，R_2与$-jX_C$串联支路消耗功率$P_2=24$W，功率因数$\lambda_2=0.6$。试求电流$\dot{I}$、视在功率S以及整个电路的功率因数λ。

4-16 如图4-72所示，测得电动机的电压和电流分别为$\dot{U}=220\underline{/0°}$V，$\dot{I}=16.25\underline{/-36.9°}$A，$\omega=$

$100\pi \text{rad/s}$。（1）试求电动机的平均功率和功率因数；（2）如果想进一步提高电动机的功率因数，可以采取什么措施？

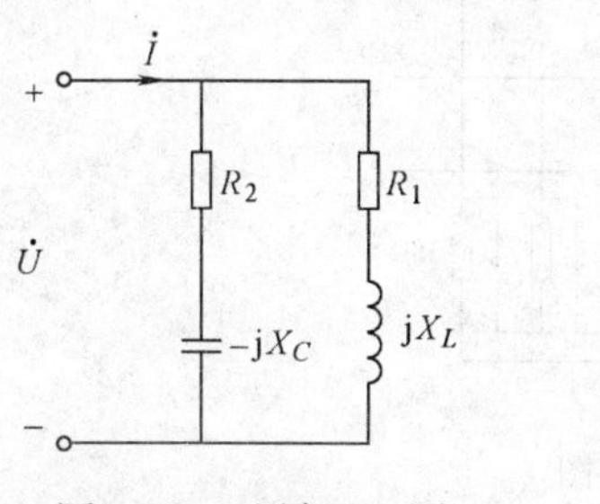

图 4-71　习题 4-15 图

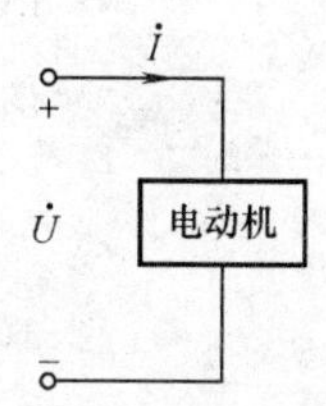

图 4-72　习题 4-16 图

4-17　电路如图 4-73 所示。当调节电容 C，使得 $\dot{I}$ 与 $\dot{U}$ 同相时，测得 $U=50\text{V}$，$U_C=200\text{V}$，$I=1\text{A}$。已知 $\omega=10^3\text{rad/s}$。试求元件 R、L、C 的值。

4-18　在图 4-74 所示电路中，电路发生并联谐振，谐振时测得 $I_1=10\text{A}$，$I_2=6\text{A}$，$U_Z=113\text{V}$，电路总功率 $P=1140\text{W}$。求阻抗 Z。

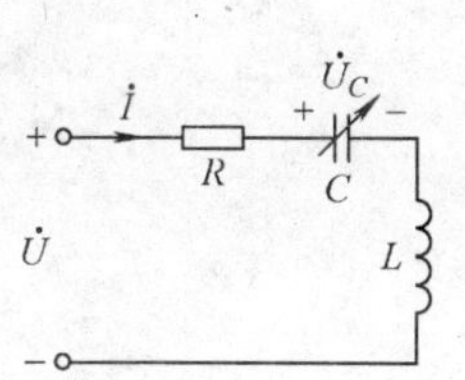

图 4-73　习题 4-17 图

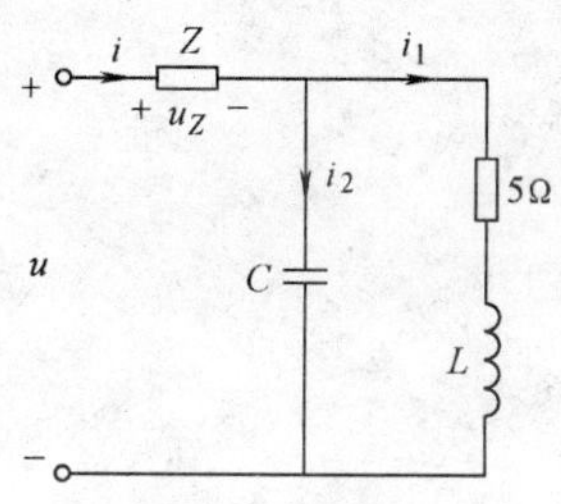

图 4-74　习题 4-18 图

4-19　已知一 RLC 串联电路，它在电源频率为 500Hz 时发生谐振。谐振时电流为 0.2A，容抗为 314Ω，并测得电容上的电压是电源电压的 20 倍。试求该电路的电阻和电感的大小。

4-20　现有 40W 的荧光灯一个，使用时灯管与镇流器（可近似把镇流器看作纯电感）串联在电压为 220V、频率为 50Hz 的电源上。已知灯管工作时属于纯电阻负载，灯管两端的电压等于 110V，试求镇流器的感抗、整个电路的功率因数；若将功率因数提高到 0.8，应并联多大的电容？

4-21　一用电设备（电感性负载）接于 220V 的交流电源上。电源频率为 50Hz，测得电流和功率为 0.41A、40W，试求该电气设备的功率因数和功率因数角。

4-22　在图 4-75 所示电路中，三相四线制电源电压为 380V/220V，接有对称 Y 联结的白炽灯负载（纯电阻性），其总功率为 180W。此外在 C 相上接有额定电压为 220V、功率为 40W、功率因数为 0.5 的荧光灯一支（感性负载）。试求 I_1、I_2、I_3 及 I_N。

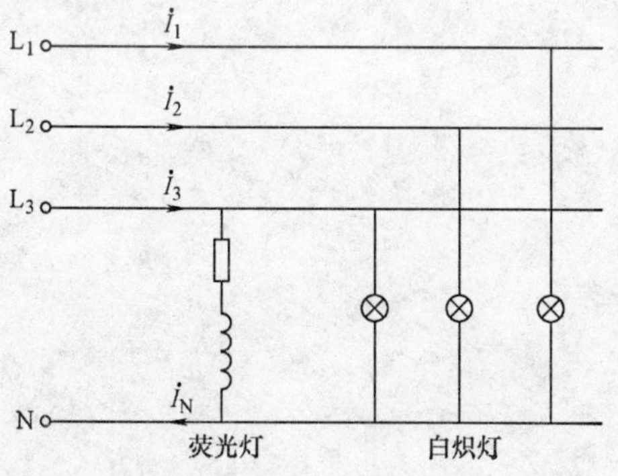

图 4-75　习题 4-22 图

4-23 在线电压为380V的三相电源上，接有两组电阻性对称负载，如图4-76所示，试求线电流。

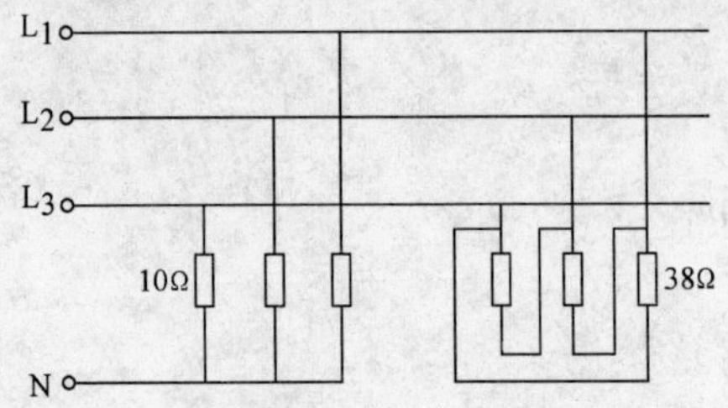

图4-76 习题4-23图

4-24 有一三相异步电动机，其绕组接成Δ联结（负载对称），接在线电压为380V的三相电源上，测得电动机的平均功率为11.43kW、功率因数为0.87，试求电动机的相电流和线电流。

第5章　磁路与变压器

在前面的几章中已经讨论过分析与计算各种电路的基本定律和基本方法。虽然电路是本书所研究的基本对象，但在生产实际中，许多电工设备（例如电机、变压器、电磁铁、电工测量仪器仪表以及其他各种铁磁元件）中，不仅仅存在电路的问题，同时还存在磁路的问题。在掌握电路的基础上，本章主要介绍磁场与磁路的基本概念、磁性材料、交流铁心线圈电路、变压器。只有同时掌握电路和磁路两方面的内容，才能对各种电工设备做出全面的分析。

5.1　磁场与磁路

5.1.1　磁场的基本知识

为了准确描述磁场（Magnetic Field）的大小、方向及其性质，便于分析、计算和设计磁路，常用如下物理量描述磁场。

1. 磁感应强度（磁通密度）$\boldsymbol{B}$

描述磁场内某点的磁场强弱及方向的物理量称为磁感应强度（Flux Density）$\boldsymbol{B}$。它是一个矢量。为了形象地描绘磁场，往往采用磁感应线，常称为磁力线，磁力线是无头无尾的闭合曲线。

磁力线的方向与产生它的电流方向满足右手螺旋关系。在国际单位制中，磁感应强度 B 的单位为特（特斯拉），单位符号为 T，$1\text{T} = 1\text{Wb/m}^2$（韦伯每平方米）。

如果磁场内各点的磁感应强度的大小相等、方向相同，这样的磁场则称为均匀磁场。

2. 磁通 $\boldsymbol{\Phi}$

穿过某一截面 S 的磁感应强度的通量，即穿过截面 S 的磁力线根数称为磁感应通量，简称磁通（Flux）。用 Φ 表示，即

$$\Phi = \int_S B\mathrm{d}S \tag{5-1}$$

在均匀磁场中，如果截面 S 与 B 垂直，则式（5-1）变为

$$\Phi = BS \quad 或 \quad B = \frac{\Phi}{S} \tag{5-2}$$

式（5-2）中，磁感应强度在数值上可以看成为与磁场方向相垂直的单位面积所通过的磁通，故又称为磁通密度，S 为面积。在国际单位制中，Φ 的单位为韦（韦伯），单位符号为 Wb。

3. 磁场强度 $\boldsymbol{H}$

计算导磁物质中的磁场时，引入辅助物理量磁场强度 $\boldsymbol{H}$（Magnetizing Force），它也是一个矢量，通过它来确定磁场与电流之间的关系。它与磁感应强度 B 的关系为

$$B=\mu H \tag{5-3}$$

式中，μ 为导磁物质的磁导率（Permeability）。

真空的磁导率为 $\mu_0=4\pi\times10^{-7}$ H/m。铁磁材料的 $\mu>>\mu_0$，例如铸钢的 μ 约为 μ_0 的1000倍，各种硅钢片的 μ 约为 μ_0 的6000～7000倍。

国际单位制中，磁场强度 H 的单位为安（安培）每米，单位符号为A/m。

5.1.2 磁路及其基本定律

为了使较小的励磁电流产生足够大的磁通（或磁感应强度），在电机、变压器及各种铁磁元件中常用磁性材料做成一定形状的铁心。铁心的磁导率比周围空气或其他物质的磁导率高很多，因此磁通的绝大部分通过铁心而形成一个闭合通路。这种人为造成的磁通的路径，称为磁路（Magnetic Circuit）。交流接触器的磁路如图5-1所示。直流电机的磁路如图5-2所示。磁通经过铁心（磁路的主要部分）和空气间隙（有的磁路中没有空气间隙）而闭合。

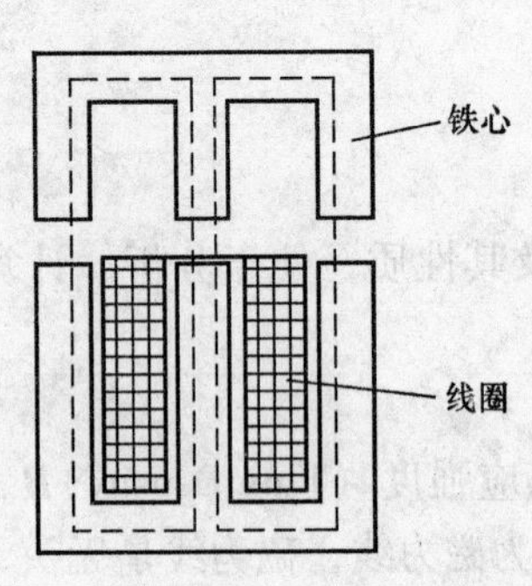

图5-1 交流接触器的磁路

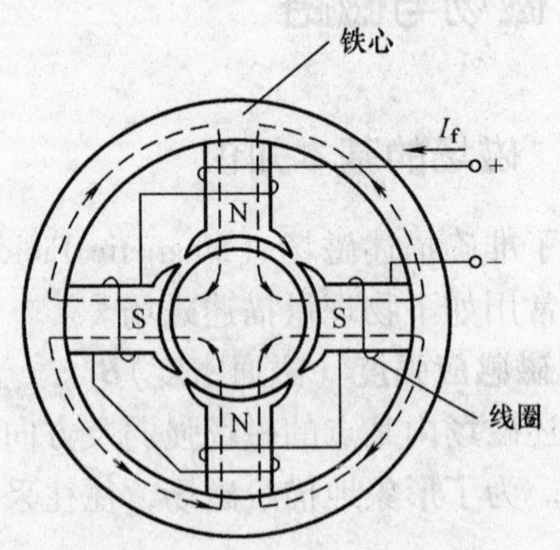

图5-2 直流电机的磁路

1. 安培环路定律——描述电流产生磁场的规律

凡导体中有电流流过时，就会产生与该载流导体相交链的磁通。在磁场中，沿任意一个闭合磁回路的磁场强度线积分等于该回路所包围的所有电流的代数和，即

$$\oint_l H\mathrm{d}l=\sum i \tag{5-4}$$

式中，$\sum i$ 就是该磁路所包围的全电流。

因此，式（5-4）也称全电流定律。

2. 电磁感应定律——描述磁场产生电动势的规律

当导体处于变化的磁场（磁通）中时，导体中会产生感应电动势，这就是电磁感应现象。这个感应电动势的大小和磁通随时间的变化率的负值成正比，这就是电磁感应定律。例如匝数为 N 的线圈所交链的磁通为 Φ，当该磁通随时间发生变化时，线圈产生的感应电动势为

$$e=-N\frac{\mathrm{d}\Phi}{\mathrm{d}t} \tag{5-5}$$

式（5-5）为电磁感应定律的数学描述。

3. 磁路欧姆定律

如图 5-3 所示，套装在铁心上用于产生磁通的 N 匝线圈称为励磁线圈，励磁线圈中的电流 i 称为励磁电流。若励磁电流为直流，磁路中的磁通是恒定的，不随时间变化，这种磁路称为直流磁路，直流电机的磁路属于这一类；若励磁电流为交流，磁路中的磁通是交变的，随时间变化，这种磁路称为交流磁路，交流电机、变压器的磁路属于这一类。铁心上绕有 N 匝线圈，通以电流 i 产生沿铁心闭合的主磁通 Φ（Main Flux）和沿空气闭合的漏磁通 Φ_σ（Leakage Flux）。铁心截面积为 S，平均磁路长度为 l，铁磁材料的磁导率为 μ（μ 不是常数，随磁通密度 B 变化）。

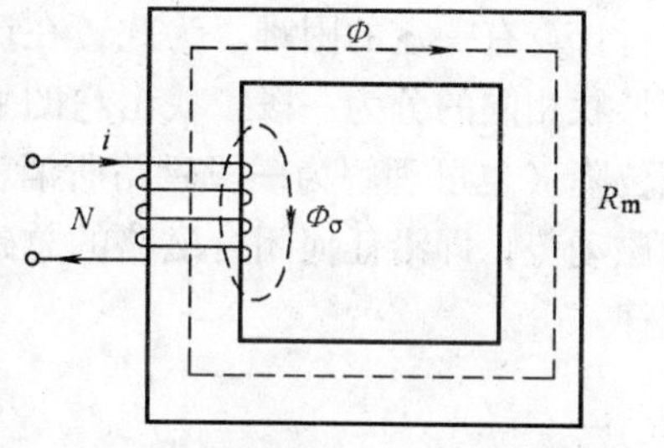

图 5-3　磁动势的产生和磁路欧姆定律

假设漏磁通可以不考虑（即令 $\Phi_\sigma=0$），并且认为磁路 l 上的磁场强度 H 处处相等，于是，根据全电流定律有

$$\oint_l H\mathrm{d}l = Hl = Ni \tag{5-6}$$

因 $H=B/\mu$，$B=\Phi/S$，可得

$$\Phi=\frac{F}{R_m}=\frac{Ni}{l/(\mu S)}=\Lambda_m F$$

或

$$F=Ni=Hl=\frac{Bl}{\mu}=\Phi\frac{l}{\mu S}=\Phi R_m=\frac{\Phi}{G_m} \tag{5-7}$$

式中，F 为磁动势，$F=Ni$；R_m 为磁阻，$R_m=\dfrac{l}{\mu S}$，G_m 为磁导，$G_m=\dfrac{1}{R_m}=\dfrac{\mu S}{l}$。

式（5-7）即所谓磁路欧姆定律，与电路欧姆定律相似。它表明，当磁阻 R_m 一定（即确定磁路情况下）磁动势 F 越大，所激发的磁通量 Φ 也越大；而当磁动势 F 一定时，磁阻 R_m 越大，则产生的磁通量 Φ 越小。在磁路中，磁阻 R_m 与磁导率 μ 成反比，空气的磁导率 μ_0 远小于铁心的磁导率 μ_{Fe}，这表明漏磁路（空气隙）的 R_σ 远大于铁心的 R_m，故分析中可忽略漏磁通 Φ_σ。

根据式（5-7）和 $L=\psi/i$，有 $L=N\Phi/i=N^2G_m$。

4. 磁路基尔霍夫第一定律

如果铁心不是一个简单的回路，而是带有并联分支的磁路，从而形成磁路的节点，则当忽略漏磁通时，在磁路任何一个节点处，磁通的代数和恒等于零，即

$$\Sigma\Phi=0 \tag{5-8}$$

式（5-8）与 KCL 形式上相似，因此称为磁路的基尔霍夫第一定律。若令流入节点的磁通定为（+）。则流出该节点的磁通定为（－）。如图 5-4 所示，封闭面处有

$$\Phi_1+\Phi_2-\Phi_3=0$$

磁路基尔霍夫第一定律表明，进入或穿出任一封闭面的总磁通量的代数和等于零，或穿入任一封闭面的磁通量恒等于穿出该封闭面的磁通量。

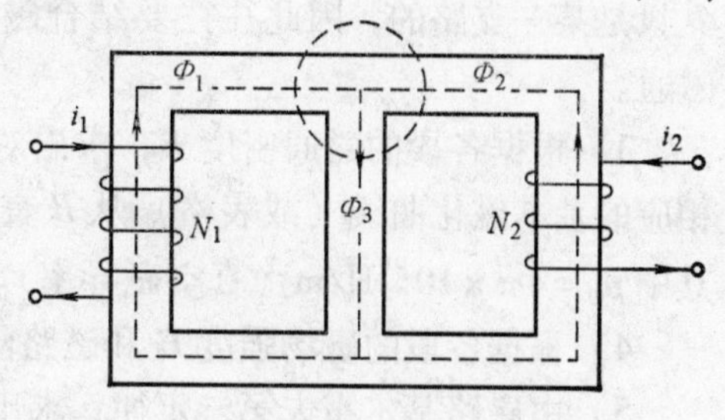

图 5-4　磁路欧姆定律

5. 磁路基尔霍夫第二定律

工程应用中的磁路，其几何形状往往是比较复杂的，直接利用安培环路定律的积分形式进行计算有一定的困难。为此，在计算磁路时，要进行简化。简化的办法是把磁路分段，几何形状相同的分为一段，找出它的平均磁场强度，再乘上这段磁路的平均长度，求得该段的磁位降（也可理解为一段磁路所消耗的磁动势）。然后把各段磁路的磁位降相加，结果就是总磁动势，即沿任何闭合磁路的总磁动势恒等于各段磁位降的总和。称为磁路基尔霍夫第二定律

$$\sum_{1}^{n} H_k l_k = \sum i = Ni \tag{5-9}$$

式中，H_k 为磁路里第 k 段磁路的磁场强度（A/m）；l_k 为第 k 段磁路的平均长度（m）；Ni 为作用在整个磁路上的磁动势，即全电流数（安匝）；N 为励磁线圈的匝数。

式（5-9）也可以理解为，消耗在任一闭合磁回路上的磁动势，等于该磁路所交链的全部电流。

图5-5中，磁路可分为两段，一段为铁磁材料组成的铁心，总长度为 $2l_1+2l_2-\delta$，磁场强度为 H_1；另一段为气隙，长度为 δ，磁场强度为 H_δ。铁心上有两组线圈，一组线圈的电流为 i_1，线圈的匝数为 N_1；另一组线圈的电流为 i_2，线圈的匝数为 N_2。由磁路基尔霍夫第二定律可得

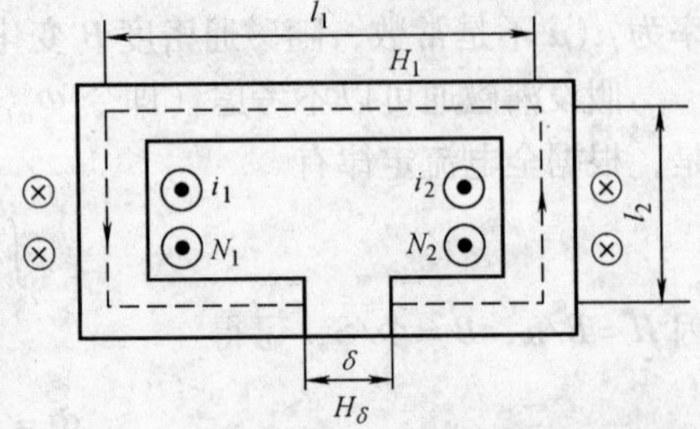

图5-5 磁路基尔霍夫第二定律

$$H_1(2l_1+2l_2-\delta)+H_\delta\delta = N_1 i_1 + N_2 i_2 \tag{5-10}$$

5.1.3 简单磁路及计算

1. 直流磁路及计算

直流磁路计算有已知磁通 Φ 求磁动势（Magnetomotive Force）F，或已知磁动势 F 求磁通 Φ 两类问题。直流电机的磁路计算属于第一类问题，所以下面主要介绍第一类问题的计算，然后简单介绍第二类问题。

已知磁通 Φ 求磁动势 F 的计算步骤：

1）将磁路进行分段，每一段磁路应是均匀的（即材料相同，截面相同），算出各段的截面积 S（单位为 m^2），磁路的平均长度 l（单位为 m）。

2）根据已给定的磁通 Φ，由 $\Phi/S=B$ 计算出各段的磁通密度。对于分支磁路，给定的 Φ 只是某一支路的，因此往往要结合磁路基尔霍夫第一、第二定律，以确定另外各支路的磁通。

3）根据各段的磁通密度 B，求出对应的磁场强度 H。有两种类型：①对铁磁材料，由相应的基本磁化曲线（或表格）从 B 查出 H；②对空气隙或非磁性间隙，由 $H=B/\mu_0$ 算出，其中 $\mu_0=4\pi\times10^{-7}$H/m（真空磁导率）。

4）根据各段的磁场强度 H 和磁路段平均长度 l，计算各段磁压降 Hl。

5）由磁路基尔霍夫第二定律，求出 $F=NI$（单位为 A），并计算出线圈电流 I。如果 F 是磁路磁场的源，线圈称为励磁线圈，算出的电流称为励磁电流。

将闭合磁路进行分段，分别求出各段磁路的磁压降，然后应用磁路基尔霍夫定律，将回路各段磁压降相加而得磁动势的方法，称为磁路的分段计算法。

对于磁路计算的第二类问题，即已知磁动势求磁通，常可用试探法，即先假定一个磁通量 Φ，计算得 F。如果算出的 F，与给定的磁动势相等，则 Φ 就是所求，如果 F 与给定的磁动势不等，则经分析决定 Φ 应增加还是减小后，再计算磁动势，直至相等为止。试探法也称逐次近似法，这种方法可用计算机求解。

例 5-1　在图 5-6 中，铁心用 DR530 叠成，它的截面积 $S=8\times10^{-4}\text{m}^2$，铁心的平均长度 $l_{\text{Fe}}=0.3\text{m}$，空气隙长度 $\delta=5\times10^{-4}\text{m}$，线圈的匝数 $N=3$ 匝。试求产生磁通 $\Phi=10.4\times10^{-4}\text{Wb}$ 时所需要的励磁磁动势 IN 和励磁电流 I。考虑到气隙磁场的边缘效应，在计算气隙有效面积时，通常在长、宽方向各增加一个 δ 值。

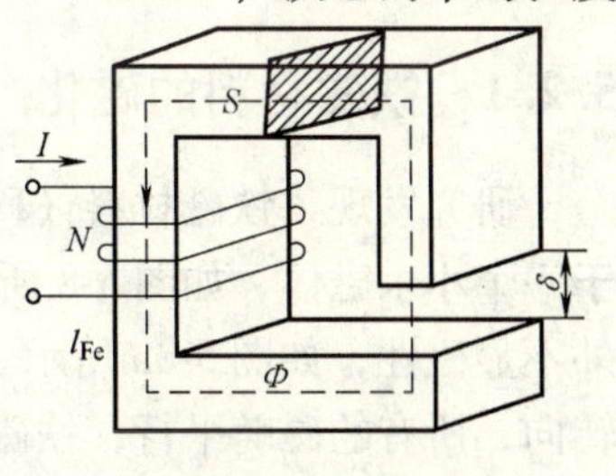

图 5-6　例 5-1 图

解： 铁心内磁通密度为

$$B_{\text{Fe}}=\frac{\Phi}{S}=\frac{10.4\times10^{-4}\text{Wb}}{8\times10^{-4}\text{m}^2}=1.3\text{T}$$

从 DR530 的磁化曲线（见图 5-12）查得，与铁心内磁通密度对应的 $H_{\text{Fe}}=800\text{A/m}$。

铁心段的磁位降　$H_{\text{Fe}}l_{\text{Fe}}=800\text{A/m}\times0.3\text{m}=240\text{A}$

空气隙的磁通密度　$B_\delta=\dfrac{\Phi}{S_\delta}=\dfrac{10.4\times10^{-4}\text{Wb}}{2.05\times4.05\times10^{-4}\text{m}^2}=1.253\text{T}$

空气隙的磁场强度　$H_\delta=\dfrac{B_\delta}{\mu_0}=\dfrac{1.253\text{T}}{4\pi\times10^{-7}\text{m}^2}=9.973\times10^5\text{A/m}$

空气隙的磁位降　$H_\delta l_\delta=9.973\times10^5\text{A/m}\times5\times10^{-4}\text{m}=498.6\text{A}$

励磁磁动势　$F=NI=H_\delta l_\delta+H_{\text{Fe}}l_{\text{Fe}}=498.6\text{A}+240\text{A}=738.6\text{A}$

励磁电流　$I=\dfrac{F}{N}=\dfrac{738.6}{3}\text{A}=246.2\text{A}$

2. 交流磁路

在交流系统中，电压和磁通的波形非常接近于时间的正弦函数。采用闭合铁心磁路作为模型（即没有气隙）描述磁性材料稳态交流工作的励磁特性，如图 5-7 所示的简单磁路。磁路长度为 l，贯穿铁心长度的横截面积为 S。此外，假设铁心磁通 Φ 正弦变化，因此：

$$\Phi=\Phi_{\text{m}}\cos\omega t=B_{\text{m}}S\cos\omega t \tag{5-11}$$

式中，Φ_{m} 为铁心磁通的幅值；B_{m} 为磁通密度的幅值；ω 为角频率，$\omega=2\pi f$，f 为电源频率。

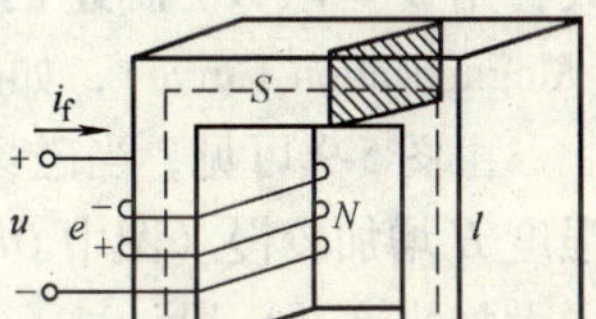

图 5-7　简单磁路

在 N 匝绕组中感应的电动势为

$$e=-\frac{\text{d}\Psi}{\text{d}t}=-N\frac{\text{d}\Phi}{\text{d}t}=\omega N\Phi_{\text{m}}\sin\omega t=2\pi fN\Phi_{\text{m}}\sin\omega t \tag{5-12}$$

练习与思考题

5-1-1　什么是磁感应强度 B？它的单位是什么？

5-1-2　什么是磁感应通量 Φ？它的单位是什么？

5-1-3 什么是磁场强度 H？它的单位是什么？

5.2 磁性材料

磁性材料（Magnetic Material）一般是由铁或铁与钴、钨、镍、铝及其他金属的合金构成，迄今为止是最通用的磁性材料。虽然这些材料的性能差异很大，但决定其性能的基本现象却是共同的。

5.2.1 铁磁材料的磁化

研究发现，铁磁材料（Ferro-magnetic Material）由许许多多的磁畴构成，每个磁畴相当于一个小永磁体，如图 5-8 所示。在未磁化的材料样品中，所有磁畴摆列杂乱，因此材料对外不显磁性，如图 5-8a 所示。当外部磁场施加到这一材料时，磁畴就会沿施加的磁场方向转向，所有的磁畴平行，铁磁材料对外表现出磁性，如图 5-8b 所示。因此，当外磁场加到铁磁材料时，铁磁材料产生比外部磁场单独作用所引起的磁场更强。随着外部磁场强度 H 的增加，这一现象会继续，直到所有的磁畴沿施加的磁场排列。这也是铁磁材料的磁导率比非铁磁材料大得多的原因。

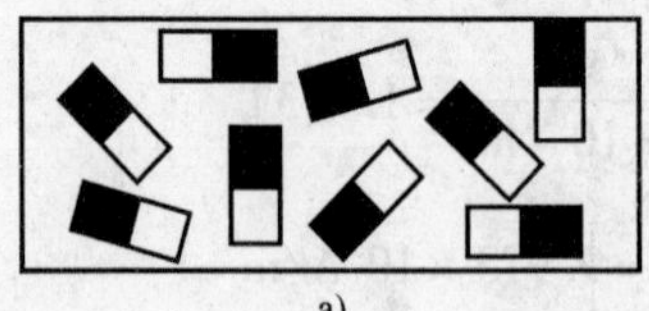

a)

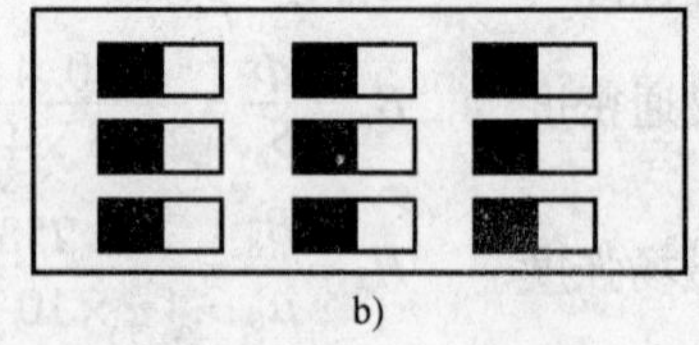

b)

图 5-8 铁磁材料的磁化

a）未磁化 b）磁化

5.2.2 起始磁化曲线、磁滞回线、基本磁化曲线

将一块没有磁化的铁磁材料进行磁化，当磁场强度由零逐渐增大时，磁通密度将随之增大，用 $B=f(H)$ 描述的曲线称为铁磁材料的起始磁化曲线（Magnetization Curve），如图 5-9 所示。

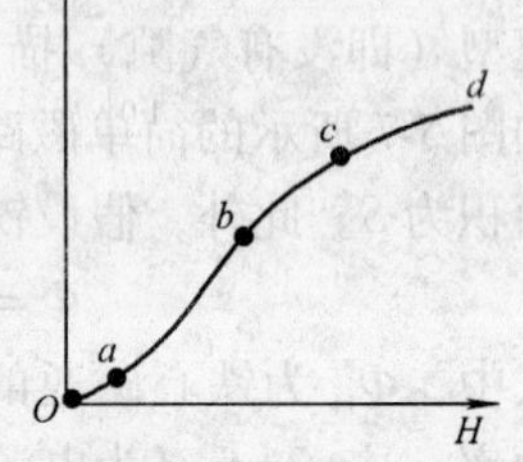

图 5-9 起始磁化曲线

由图 5-9 可见，当磁场强度从零增大初期，磁通密度 B 随磁场强度 H 增加较慢（图中 Oa 段），之后，磁通密度 B 随 H 的增加而增大加快（ab）段，过了 b 点，B 的增加减慢（bc 段），最后为 cd 段，又呈直线。其中，称 a 为跗点，b 点为膝点，c 点为饱和点。过了饱和点 c，铁磁材料的磁导率趋近于 μ_0。各种电机和变压器的主磁路中，为了获得较大的磁通密度，又不过分增大磁动势，通常把铁心内的工作点磁通密度选择在膝点附近。

若将铁磁材料进行周期性磁化，B 和 H 之间的变化关系就会变成如图 5-10 中的 $abcdefa$ 所示形状。当 H 开始从零增加到 H_m 时，以后逐渐减小磁场强度 H，B 值将沿曲线 ab 下降。当 $H=0$ 时，B 值并不为零，而等于 B_r，称为剩余磁通密度，简称剩磁。要使 B 值从 B_r 减小到零，必须加上相应的反向外磁场，此反向磁场强度称为矫顽力，用 H_c 表示。铁磁材料所具有的这种磁通密度 B 的变化滞后于磁场强度 H 变化的现象，叫做磁滞（Hysteresis）。呈现磁滞现象的 B—H 闭合回线，称为磁滞回线（Hysteresis Loop），如图 5-10 中的 *abcdefa* 所示。曲线段 *abcd* 为磁滞回线下降分支，*defa* 为磁滞回线上升分支。

对于同一铁磁材料，选择不同的磁场强度 H_m 反复磁化时，可得出不同的磁滞回线，将各条磁滞回线的顶点连接起来，所得的曲线称为基本磁化曲线，或平均磁化曲线，如图 5-11 所示。起始磁化曲线与平均磁化曲线相差甚小，如图 5-11 中的虚线所示。

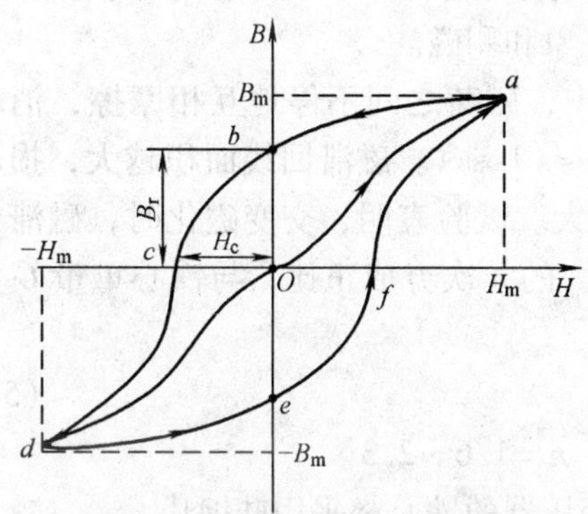

图 5-10　铁磁材料的磁化特性

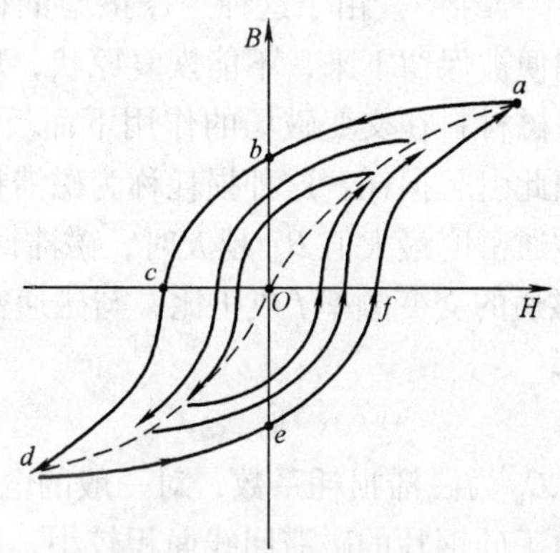

图 5-11　基本磁化曲线

铁磁材料，如铁、镍等的磁导率 μ 比空气的磁导率 μ_0 大几千到几万倍。磁导率 μ 除了比 μ_0 大得多外，还与磁场强度以及物质磁状态的历史有关，所以铁磁材料的 μ 不是一个常数。在工程计算时，不按 $H = B/\mu$ 进行计算，而是按铁磁材料的基本磁化曲线计算。

图 5-12 所示为电机中常用的硅钢片 DR530、铸铁、生铁的基本磁化曲线。

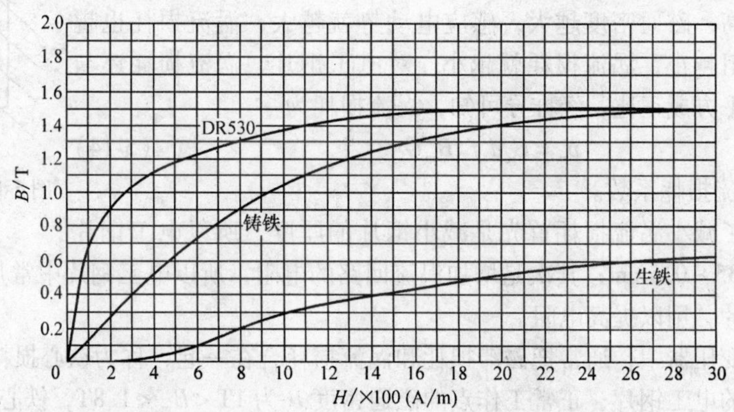

图 5-12　电机中常用的铁磁材料的基本磁化曲线

5.2.3　软磁材料和硬磁材料

磁滞回线较窄，剩磁 B_r 和矫顽力 H_c 都小的铁磁材料属于软磁材料，如硅钢片、铁镍合金、铸钢等。这些材料磁导率较高，磁滞回线包围面积小，磁滞损耗小，多用于做电机、变压器的铁心。

磁滞回线较宽，剩磁 B_r 和矫顽力 H_c 都大的铁磁材料属于硬磁材料，如钨钢、钴钢、铝镍钴、铁氧体、钕铁硼等，硬磁材料主要用做永久磁铁。

5.2.4　磁滞损耗和涡流损耗

1. 磁滞损耗

磁滞现象的产生是由于铁磁材料中的磁畴在外磁场作用下，发生移动和倒转时，彼此之间产生“摩擦”。由于这种“摩擦”的存在，当外磁场停止作用后，磁畴与外磁场方向一致的排列便被保留下来，不能恢复原状，形成了磁滞现象和剩磁。

铁磁材料在交变磁场的作用下而反复磁化过程中，磁畴之间不停地互相摩擦，消耗能量，因此引起损耗。这种损耗称为磁滞损耗（Hysteresis Loss）。磁滞回线面积越大，损耗越大。磁通密度最大值 B_m 越大时，磁滞回线面积也越大。试验表明，交变磁化时，磁滞损耗 p_h 与磁通的交变频率 f 成正比，与磁通密度的幅值 B_m 的 n 次方成正比，与铁心重量 G 成正比，即

$$p_h = C_h f B_m^n G \tag{5-13}$$

式中，C_h 为磁滞损耗系数，对一般的电工用硅钢片，$n=1.6\sim2.3$。

由于硅钢片的磁滞回线面积较小，所以电机和变压器的铁心都采用硅钢片。

2. 涡流损耗

当通过铁心的磁通发生交变时，根据电磁感应定律，在铁心中将产生感应电动势，并引起环流。这些环流在铁心内部围绕磁通呈旋涡状流动，如图 5-13 所示，称为涡流。涡流在铁心中引起损耗，称为涡流损耗。

设涡流为 i_e，涡流回路的电阻为 R_e，涡流感应电动势为 $E_e \propto fB_m$，涡流损耗为

$$p_e = i_e^2 R_e = E_e^2/R_e \propto f^2 B_m^2$$

可见，频率越高，磁通密度越大，感应电动势就越大，涡流损耗也越大；铁心的电阻越小，涡流损耗就越小。对电工钢片，涡流损耗还与钢片厚度 d 的平方成正比，经推导可知，涡流损耗为

$$p_e = C_e d^2 f^2 B_m^n G \tag{5-14}$$

式中，C_e 为涡流损耗系数。

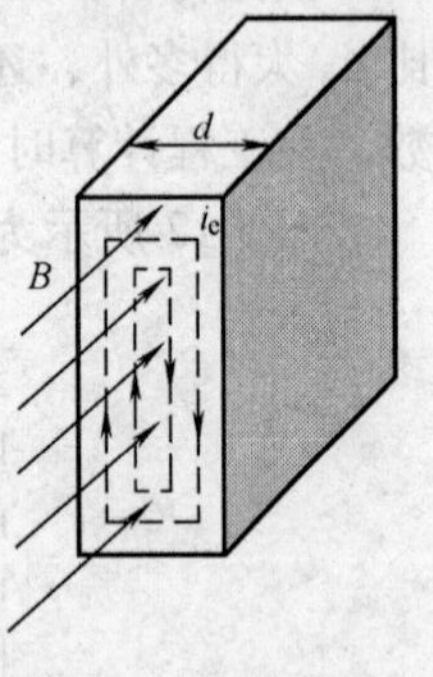

图 5-13　一片硅钢片中的涡流

可见，为了减小涡流损耗首先是减小钢片的厚度，所以电工钢片的厚度做成 0.35 ~0.5mm；其次是增加涡流回路的电阻，所以电工钢片中常加入 4% 左右的硅，变成硅钢片，用以提高电阻。

在电机和变压器中，通常把磁滞损耗和涡流损耗合在一起，称为铁心损耗，简称铁耗。

对于一般的电工钢片，正常工作点的磁通密度 B 为 $1\text{T} < B_m < 1.8\text{T}$，铁心损耗可近似为

$$p_{Fe} = p_h + p_e \approx C_{Fe} f^{1.3} B_m^2 G \tag{5-15}$$

式中，C_{Fe} 为铁心的损耗系数；G 为铁心重量。

可见，铁心损耗与频率的 1.3 次方、磁通密度的平方、铁心重量成正比。

5.2.5　永磁材料的应用

剩磁的意义在于，当没有外部励磁存在时，它也能在磁路中产生磁通。剩磁广泛用在扬

声器及永磁电机等装置中。

几种常用永磁材料的磁化曲线如图 5-14 所示。铝镍钴 5 为一种广泛应用的铁、镍、铝及钴的合金，其具有相对较大的剩余磁通密度。与铝镍钴 5 相比，铝镍钴 8 有较低的剩余磁通密度和较高的矫顽磁力，因此，比铝镍钴 5 更少去磁。铝镍钴合金的缺点是其有相对较低的矫顽磁力以及它的机械脆性。

陶瓷永磁材料用氧化铁及钡或碳酸锶粉末制成，比铝镍钴合金剩余磁通密度低，但矫顽磁力明显要高。因而，此类材料更少趋于去磁。在图 5-14 中示出此类材料的一种，陶瓷 7，其磁化特性几乎为一条直线。陶瓷体具有良好的机械性能，制造成本也不高，因而广泛用于许多永磁应用场合。

随着稀土永磁材料的发现，永磁材料技术从 20 世纪 60 年代开始取得了重大进步，其中以钐钴为典型代表，从图 5-14 中看出，钐钴具有像铝镍钴合金那样的高剩余磁通密度，而同时又有更高的矫顽磁力及最大磁能积。最新的稀土磁性材料是钕铁硼材料。它表现出比钐钴更大的剩余磁通密度、矫顽磁力及最大磁能积。

永磁材料性能的一个有用的衡量标准称其为最大磁能积。这对应于最大 $B-H$ 乘积 $(B-H)_{max}$，相应于在磁滞回线第二象限的一点。B 和 H 的乘积具有能量密度的量纲（焦耳每立方米）。若永磁材料工作于该点，将使得在气隙中产生一定的磁通密度所需要的材料体积最小。因而，选取具有最大可利用的最大磁能积的材料，可使需要的磁体体积最小。

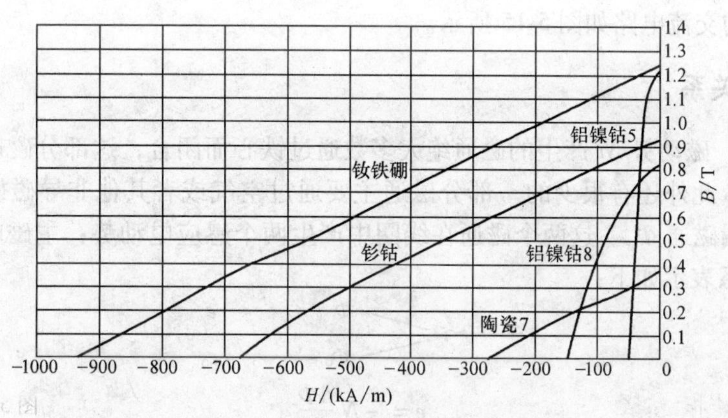

图 5-14　常用永磁材料的磁化曲线

练习与思考题

5-2-1　电机和变压器的磁路常采用什么材料制成，这种材料有哪些主要特性？

5-2-2　磁滞损耗和涡流损耗是什么原因引起的？它们的大小与哪些因素有关？

5-2-3　试比较磁路和电路的相似点和不同点。

5-2-4　什么是软磁材料？什么是硬磁材料？

5-2-5　磁路的基本定律有哪些？

5-2-6　简述铁磁材料的磁化过程？

5-2-7　磁路计算的步骤是什么？

5.3 交流铁心线圈电路

线圈又叫绕组，是由普通的导线缠绕而成，缠绕一圈称为一匝，所以线圈都有匝数的概念，一般线圈的匝数都大于1。这里的普通导线也不是裸线，而是包有绝缘层的铜线或铝线，因此，线圈的匝与匝之间是彼此绝缘的。

线圈通电后有电流，其作用是完成电能的传输或信号的传递。不同的电工设备，铁心的形状也各异，有闭合的，也有不闭合的。

铁心线圈分为两种。直流铁心线圈通直流励磁（如直流电机的励磁线圈、电磁吸盘以及各种直流电器的线圈）。交流铁心线圈通交流励磁（如交流电机、变压器以及各种交流电器的线圈）。分析直流铁心线圈比较简单，因为励磁电流是直流，产生的磁通是恒定的，在线圈和铁心中不会感应出电动势来；在一定电压 U 下，线圈中的电流 I 只和线圈本身的电阻 R 有关；功率损耗也只有 $P=RI^2$。而交流铁心线圈在电磁关系、电压电流关系及功率损耗等方面和直流铁心线圈是有所不同的。

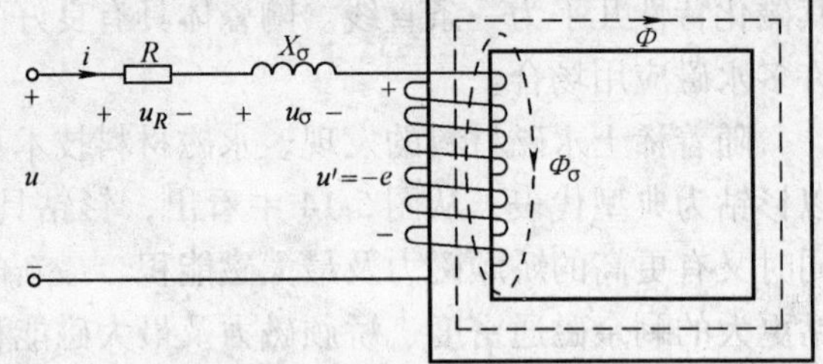

图 5-15 铁心线圈的交流电路

铁心线圈的交流电路如图 5-15 所示。

5.3.1 电磁关系

图 5-15 中，磁动势 Ni 产生的磁通绝大多数通过铁心而闭合，这部分磁通称为主磁通或者工作磁通 Φ。此外还有很少的一部分磁通主要通过空气或者其他非导磁媒质而闭合，这部分磁通称为漏磁通 Φ_σ。这两个磁通在线圈中产生两个感应电动势：主磁电动势 e 和漏磁电动势 e_σ。关系表示如下：

$$u \longrightarrow i \begin{cases} \longrightarrow \Phi \longrightarrow e \\ \longrightarrow \Phi_\sigma \longrightarrow e_\sigma \end{cases}$$

$$e = -N\frac{\mathrm{d}\Phi}{\mathrm{d}t} \tag{5-16}$$

$$e_\sigma = -N\frac{\mathrm{d}\Phi_\sigma}{\mathrm{d}t} = -L_\sigma\frac{\mathrm{d}i}{\mathrm{d}t} \tag{5-17}$$

式中，L_σ 为漏电感。

5.3.2 电压电流关系

从电路的角度，图 5-15 的等效电路如图 5-16 所示。电压和电流之间的关系也可以应用 KVL（分析中考虑了线圈电阻的损耗），得

$$Ri = u + e + e_\sigma \quad 或者\ u = Ri + (-e_\sigma) + (-e) = Ri + L_\sigma\frac{\mathrm{d}i}{\mathrm{d}t} + (-e) = u_R + u_\sigma + u' \tag{5-18}$$

当 u 是正弦电压时，式（5-18）可用相量表示为

$$\dot{U}=R\dot{I}+(-\dot{E}_\sigma)+(-\dot{E})=R\dot{I}+\mathrm{j}X_\sigma\dot{I}+(-\dot{E})=\dot{U}_R+\dot{U}_\sigma+\dot{U}' \tag{5-19}$$

式中，$\dot{E}_\sigma$ 称为漏磁感应电动势，$\dot{E}_\sigma=-\mathrm{j}X_\sigma\dot{I}$，其中 $X_\sigma=\omega L_\sigma$ 为漏磁感抗，它是由漏磁通引起的；R 是铁心线圈的电阻。

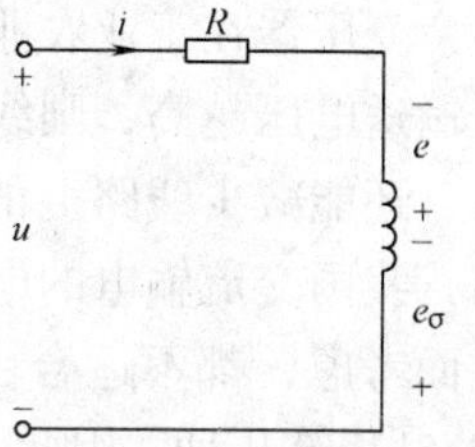

由于主磁电感或相应的主磁感抗不是常数，主磁感应电动势应按下法计算。

设主磁通 $\Phi=\Phi_\mathrm{m}\sin\omega t$，则

$$e=-N\frac{\mathrm{d}\Phi}{\mathrm{d}t}=-N\frac{\mathrm{d}(\Phi_\mathrm{m}\sin\omega t)}{\mathrm{d}t}=-N\omega\Phi_\mathrm{m}\cos\omega t$$

$$=2\pi fN\Phi_\mathrm{m}\sin(\omega t-90°)=E_\mathrm{m}\sin(\omega t-90°) \tag{5-20}$$

图 5-16　铁心线圈交流电路的等效电路

式（5-20）中，$E_\mathrm{m}=2\pi fN\Phi_\mathrm{m}$，是主磁电动势 e 的幅值，而其有效值为

$$E=\frac{E_\mathrm{m}}{\sqrt{2}}=\frac{2\pi fN\Phi_\mathrm{m}}{\sqrt{2}}=4.44fN\Phi_\mathrm{m} \tag{5-21}$$

由式（5-18）或者式（5-19）可知，电源电压 u 可分为三个分量：$u_R=Ri$，是电阻上的电压降；$u_\sigma=-e_\sigma$，是平衡漏磁电动势的电压分量；$u'=-e$，是与主磁电动势相平衡的电压分量。因为根据楞次定则，感应电动势具有阻碍电流变化的物理性质，所以电源电压必须有一部分来平衡它们。

通常由于线圈的电阻 R 和感抗 X_σ 较小，因而它们的电压降也较小，与主磁电动势比较起来，可以忽略不计。于是 U（V）为

$$U\approx E=4.44fN\Phi_\mathrm{m}=4.44fNB_\mathrm{m}S \tag{5-22}$$

式中，B_m 是铁心磁通密度的最大值，单位用特斯拉，简称特；S 是铁心截面积，单位是 m^2。若 B_m 的单位用高斯，S 的单位用 cm^2，则 U（V）为

$$U\approx E=4.44fNB_\mathrm{m}S\times10^{-8} \tag{5-23}$$

5.3.3　功率损耗

在交流铁心线圈中，除线圈电阻 R 上有功率损耗 RI^2（所谓铜耗（Copper Loss）ΔP_Cu）外，处于交变磁化下的铁心中也有功率损耗（所谓铁耗（Core Loss）ΔP_Fe）。

铁心线圈交流电路的有功功率为

$$P=UI\cos\varphi=\Delta P_\mathrm{Cu}+\Delta P_\mathrm{Fe}=I^2R+I^2R_\mathrm{o} \tag{5-24}$$

式中，I 是线圈电流；R 是线圈电阻；R_o 是和铁耗相应的等效电阻。

铜耗 $\Delta P_\mathrm{Cu}=I^2R$ 由线圈导线发热引起。铁耗 $\Delta P_\mathrm{Fe}=I^2R_\mathrm{o}$ 主要是由磁滞和涡流产生的。

5.4　变压器

变压器（Transformer）是一种常见的电气设备，在电力系统和电子线路中应用广泛。变压器除了可变换电压、电流，进行能量变换外，变压器还用来耦合电路，传递交流信号，并且实现阻抗匹配。

5.4.1 变压器的概述

变压器在工业农业生产和科学实验中被广泛运用。当输送功率和负载功率因数一定时，若输送电压越高，则线路电流越小，因而可以减少输电导线的截面积，节省有色金属材料，而且还能减少线路上的功率损耗和电压损失。因此，远距离输电采用高电压是经济的。目前，我国交流输电的电压已达500kV。这样高的电压，不论从安全运行角度还是从制造成本方面考虑，都不适合由发电机直接产生。大型发电机的额定电压一般有3.15kV、6.3kV、10.5kV等几种。因此，在输电时必须利用变压器将电压升高。

在用电方面，各类负载的额定电压不一，多数为220V或380V，少数电动机也有采用3kV或6kV的，机床上和井下的安全照明灯为36V。为了保证负载在额定电压下正常工作，供电时还要利用变压器把电源的高电压变换成为负载所需的低电压。综上所述，可知变压器是输配电系统中不可缺少的重要设备之一。

1. 变压器的分类

变压器的种类很多。

变压器按用途分有：电力变压器、试验用变压器、仪器用变压器、特殊用途变压器等。

变压器按相数分有：单相和三相变压器两种。

变压器按其冷却方式分有：油浸式变压器、干式变压器、充气式变压器、蒸发冷却变压器等。

变压器按其绕组材质分有：铜绕组和铝绕组两种。

变压器按绕组形式分有：自耦变压器（Autotransformer）、双绕组变压器、三绕组变压器。

电子电路中常见变压器的图形符号如图5-17所示。

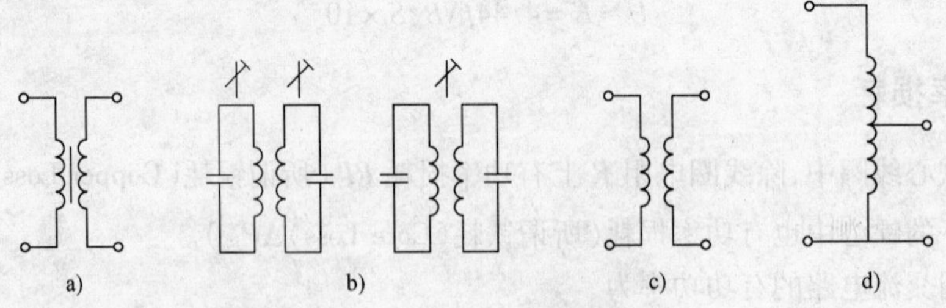

图5-17 常见变压器的图形符号

a）低频变压器 b）中频变压器 c）高频变压器 d）自耦变压器

2. 变压器的主要技术参数

1）额定容量。指在规定的频率和电压下，变压器能长期工作而不超过规定温升时的最大输出视在功率，单位为V·A。

2）电压比。是变压器的一次侧加额定电压与二次绕组空载电压之比，此值近似等于一次与二次绕组的匝数比。

3）变压器的效率。指在额定负载时变压器的输出功率和输入功率的比值。

4）温度等级和温升。电源变压器工作时有不同程度的发热现象，必须根据其所用绝缘材料相应地规定它的允许工作温度。电子电路中的电源变压器常采用五个工作温度等级，见表 5-1。特殊环境下使用的高温变压器工作温度可达 250～500℃，甚至更高。

表 5-1　电子电路中的电源变压器常采用的五个工作温度等级

代　号	A	E	B	F	H
温度/℃	105	120	130	155	180

变压器的温升是指变压器工作发热后，温度上升到稳定值时比周围环境温度所高出的数值。它决定变压器绝缘系统的寿命。

5）频率响应。该参数反映变压器传输不同频率信号的能力。要求用于传输信号的变压器对信号规定频带宽度内不同频率分量的信号电压能均匀而不失真地传输。

6）绝缘电阻。是表征变压器绝缘性能的一个参数，包括绕组与绕组间、绕组与铁心间、绕组与外壳间的绝缘电阻值。绝缘电阻是施加在绝缘层上的电压与产生漏电流的比值。变压器的绝缘电阻与其绝缘材料的绝缘性能、变压器防潮性能、工作温度等因素有关。变压器受潮和加电发热后，绝缘电阻都将大大降低。如果变压器绝缘电阻过低，使用中可能出现机壳带电以及击穿烧毁的情况。

3. 变压器的检查与简单测试

1）外观检查。检查线圈引线是否断线、脱焊，绝缘材料是否烧焦，有无表面破损等。

2）直流电阻的测量。变压器的直流电阻通常很小，用万用表的 R×1Ω 挡测变压器的一次、二次绕组的电阻值，可判断绕组有无断路或短路现象。判断电源变压器线圈内部有无局部短路，可在变压器一次绕组串一灯泡，其电压及功率应根据电源电压和变压器功率来确定，变压器功率在 100W 以下的可用 25～40W 灯泡，接通电源，二次侧开路。若灯泡微红或不亮，则说明变压器无短路；若很亮，则说明内部有短路现象。

3）绝缘电阻的测量。变压器各绕组之间及绕组和铁心之间的绝缘电阻可根据变压器工作条件而定，用 500V 或 1000V 兆欧表进行测量。

一般电源变压器和扼流圈应用 1000V 兆欧表测量，绝缘电阻应不小于 1000MΩ。晶体管收音机输入、输出变压器用 500V 兆欧表测量，绝缘电阻应不小于 100MΩ。如果没有兆欧表，也可用万用表测量，将表置于 R×10kΩ 挡，测量绝缘电阻时表头指针应不动。

4）空载电压测试。将变压器一次侧接入电源，用万用表测变压器输出电压。一般要求高压线圈电压误差范围为 ±5%，具有中心抽头的绕组，其不对称度应小于 2%。

5）温升。对小功率电源变压器，让变压器在额定输出电流下工作一段时间，然后切断电源，用手摸变压器的外壳，若感觉温热，则表明变压器温升符合要求；若感觉非常烫手，则表明变压器温升指标不符合要求。普通小功率变压器允许温升是 40～50℃。

4. 变压器结构

变压器是由铁心、绕组、冷却装置、绝缘套管等组成。油浸式电力变压器如图 5-18 所示。铁心和绕组是变压器的主体。

铁心是变压器的磁路部分，由硅钢片叠压而成。绕组是变压器的电路部分，用绝缘铜线或铝线绕制而成。变压器运行时自身损耗转化为热量使绕组和铁心发热，温度过高会损伤或烧坏绝缘材料，因此变压器运行需要有冷却装置。绝缘套管是为固定引出线并使之与油箱绝缘。绝缘套管一般是瓷质的，其结构主要取决于电压等级。此外，变压器还装有气体继电器、防爆管、分接开关、放油阀等附件。

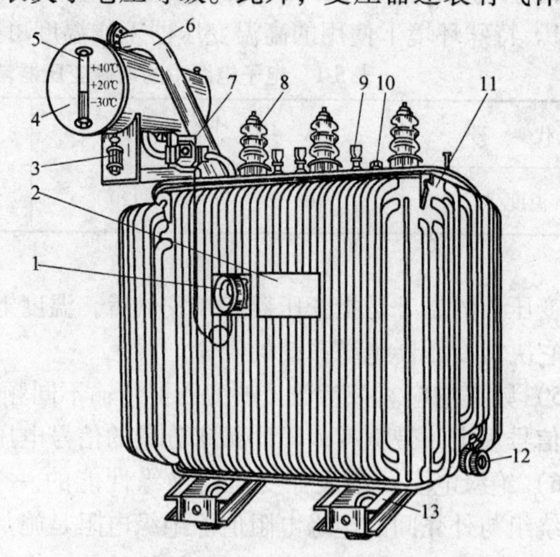

图 5-18 油浸式电力变压器

1—信号式温度计 2—铭牌 3—吸湿器 4—储油柜 5—油表 6—安全气道 7—气体继电器 8—高压套管 9—低压套管 10—分接开关 11—油箱 12—放油阀 13—小车

5. 变压器的铭牌

变压器外壳上都有一块金属牌，其上刻有变压器的型号和主要技术数据。它相当于简单说明书，使用者要正确理解铭牌中字母与数字的含义。

变压器的型号用来表示设备的特征和性能。变压器的型号一般由两部分组成：前一部分用汉语拼音字母表示变压器的类型和特点；后一部分由数字组成。型号含义如图 5-19 所示。

所以 S9—315/10 表示三相油浸自冷式铜绕组变压器，设计序号为 9，额定容量为 315 kV · A，高压侧额定电压为 10kV。电力变压器的主要类型除 S9 外，还有 S6、S7、SL7、SF7 等。

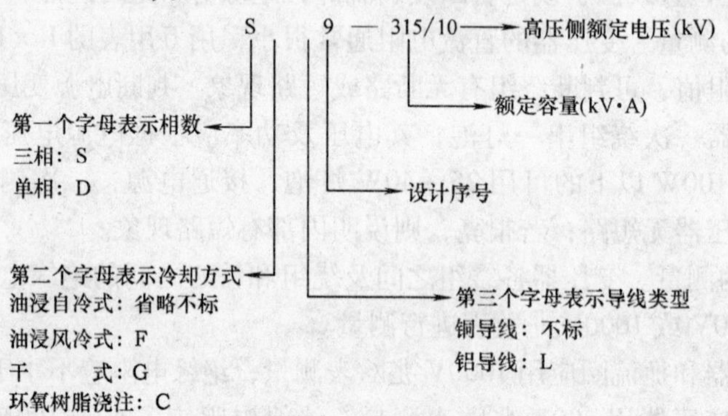

图 5-19 变压器的铭牌意义

5.4.2 变压器的工作原理

变压器是电力系统的重要设备。变压器是根据电磁感应原理制成的。它可用来把某一数值的交变电压或电流变换为同频率的另一数值的交变电压或电流，实现电能的经济传输与灵活分配；也可用来变换阻抗、传输信号；还可用来调节电压、测试电量等。

变压器由两个（或多个）互相绝缘的绕组（线圈）套在一个共同的铁心上，绕组之间彼此有磁的耦合，但没有电的联系，变压器的原理图如图 5-20 所示，图形符号如图 5-21 所示。其中一个绕组接到交流电源，称为一次绕组（或原绕组、初级绕组）；另一个绕组接到负载，称为二次绕组（或副绕组、次级绕组）。一次绕组匝数为 N_1，电压 u_1，电流 i_1，产生主磁电动势 e_1，产生漏磁电动势 $e_{\sigma1}$；二次绕组匝数为 N_2，电压 u_2，电流 i_2，产生主磁电动势 e_2，产生漏磁电动势 $e_{\sigma2}$。

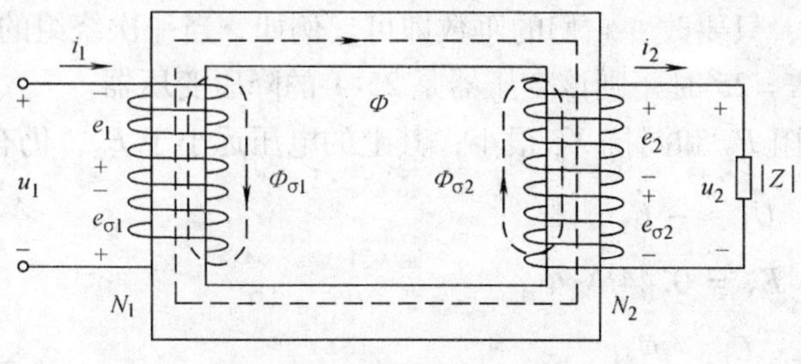

图 5-20　变压器的原理图

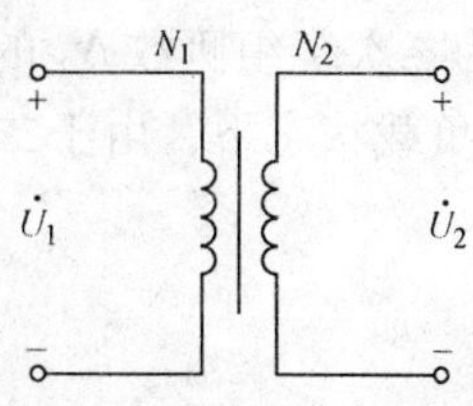

图 5-21　变压器图形符号

1. 电压变换

根据 KVL，对一次绕组电路各电压有如下关系：

$$R_1 i_1 = u_1 + e_1 + e_{\sigma1}$$

或者

$$u_1 = R_1 i_1 + (-e_{\sigma1}) + (-e_1) = R_1 i_1 + L_{\sigma1}\frac{\mathrm{d}i_1}{\mathrm{d}t} + (-e_1) \tag{5-25}$$

通常一次绕组上所加的是正弦电压，式（5-25）可用相量表示为

$$\dot{U}_1 = R_1\dot{I}_1 + (-\dot{E}_{\sigma1}) + (-\dot{E}_1) = R_1\dot{I}_1 + \mathrm{j}X_1\dot{I}_1 + (-\dot{E}_1) \tag{5-26}$$

式中，R_1 和 $X_1 = \omega L_{\sigma1}$分别为一次绕组的电阻和感抗（漏磁感抗，由漏磁通产生）。

由于一次绕组的电阻 R_1 和感抗 X_1（或漏磁通 $\Phi_{\sigma1}$）较小，则因而它们两端的电压降也较小，可以忽略不计。则 $\dot{U}_1 \approx -\dot{E}_1$。其有效值为 $U_1 \approx E_1 = 4.44fN_1\Phi_m$。

同理，可列出二次绕组的电压方程

$$R_2 i_2 + u_2 = e_2 + e_{\sigma2}$$

或者

$$e_2 = R_2 i_2 + (-e_{\sigma2}) + u_2 = R_2 i_2 + L_{\sigma2}\frac{\mathrm{d}i_2}{\mathrm{d}t} + u_2 \tag{5-27}$$

如果用相量表示，则为

$$\dot{U}_2 = \dot{E}_2 - R_2\dot{I}_2 - \mathrm{j}X_{\sigma2}\dot{I}_2 \tag{5-28}$$

感应电动势 e_2 的有效值为

$$E_2 = 4.44fN_2\Phi_m$$

$$\frac{E_1}{E_2} = \frac{4.44fN_1\Phi_m}{4.44fN_2\Phi_m} \tag{5-29}$$

故

$$\frac{E_1}{E_2} = \frac{N_1}{N_2} = K$$

在变压器空载时，二次绕组电流 $I_2 = 0$，电压 $U_{20} = E_2$。式中，U_{20}是空载时二次绕组的端电压。

一次、二次绕组的电压之比为

$$\frac{U_1}{U_{20}} \approx \frac{E_1}{E_2} = \frac{N_1}{N_2} = K \tag{5-30}$$

式中，K 称为变压器的电压比（Ratio of Transformation），亦即一次、二次绕组的匝数比。

式（5-30）表明，变压器一次、二次绕组的电压比等于一次、二次绕组的匝数比。因

此，要使一次、二次绕组有不同的电压，只要改变它们的匝数即可。例如，当一次绕组的匝数 N_1 为二次绕组匝数 N_2 的 25 倍，即 $K=25$ 时，则该变压器是 25∶1 的降压变压器。

在负载状态下，由于二次绕组的电阻 R_2 和漏抗 $X_{\sigma1}$ 很小，其上的电压远小于 E_2，仍有

$$\dot{U}_2 \approx -\dot{E}_2$$

$$U_2 \approx E_2 = 0.44fN_2\Phi_m$$

$$\frac{U_1}{U_2} \approx \frac{E_1}{E_2} = \frac{N_1}{N_2} = K \tag{5-31}$$

三相变压器的两种接法及电压的变换关系如图 5-22 所示。

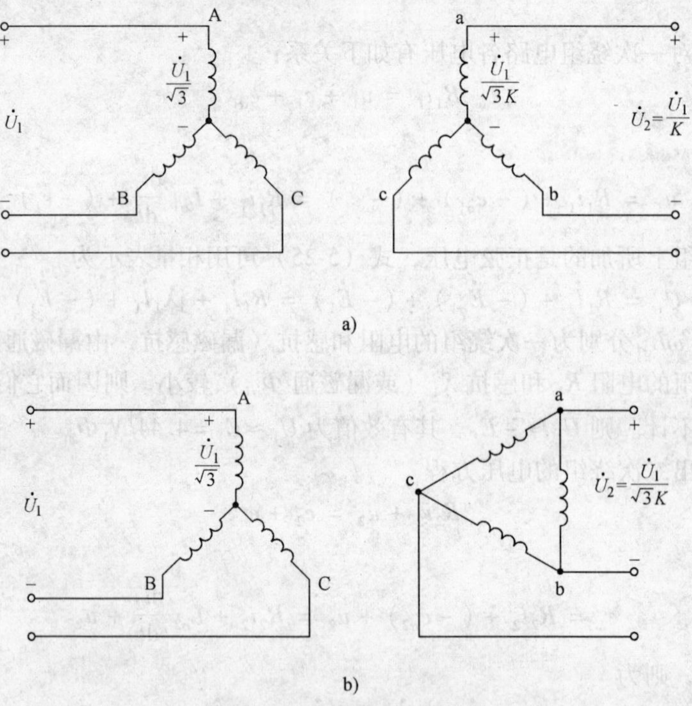

图 5-22 三相变压器的联结举例

a）Yyn 联结 b）Yd 联结

Yyn 联结的三相变压器是供动力负载和照明负载共用的，低压一般是 400V，高压不超过 35kV，Yd 联结的三相变压器，低压一般是 10kV，高压不超过 60kV。

2. 电流变换

变压器带负载运行时，二次电流的大小取决于负载阻抗，而一次电流的大小取决于二次电流的大小，这是因为从能量转换的角度看，二次绕组向负载输出的功率只能是由一次绕组从电源吸取，然后通过主磁通传递到二次绕组的。那么，一次电流和二次电流的关系是怎样的呢？

变压器带负载运行时，由于 i_2 形成的磁动势 i_2N_2 对磁路也产生影响，故这时铁心中的主磁通由 i_1N_1 和 i_2N_2 共同决定，由 $U_1 \approx E_1 = 4.44fN_1\Phi_m$ 可知，当电源电压 U_1 和频率 f 不变时，E_1 和 Φ_m 基本不变，和负载大小基本没有关系。即，铁心中主磁通的最大值在变压器

空载或有负载时是差不多恒定的。因此，有负载时产生主磁通的一次、二次绕组的合成磁动势$(i_1N_1+i_2N_2)$和空载时产生主磁通的一次绕组的磁动势 i_0N_1 基本相等，即

$$i_1N_1+i_2N_2=i_0N_1$$

用相量表示为

$$\dot{I}_1N_1+\dot{I}_2N_2=\dot{I}_0N_1 \tag{5-32}$$

变压器的空载电流 i_0 是很小的。它的有效值 I_0 在一次绕组额定电流 I_{1N}的 10% 之内。因此 N_1I_0 与 N_1I_1 相比很小，可忽略不计。于是

$$\dot{I}_1N_1\approx-\dot{I}_2N_2 \tag{5-33}$$

一次、二次绕组的电流关系为

$$\frac{I_1}{I_2}\approx\frac{N_2}{N_1}=\frac{1}{K} \tag{5-34}$$

式（5-34）表明，变压器一次、二次绕组的电流之比近似等于它们的匝数比的倒数。

3. 阻抗变换

变压器除了起变换电压和电流的作用外，还有变换负载阻抗的作用。在电子电路中，为了提高信号的传输功率和效率，常用变压器将负载阻抗变换为适当的数值，以取得最大的传输功率和效率，这种做法称为阻抗匹配。

变压器的阻抗变换作用如图 5-23 所示。

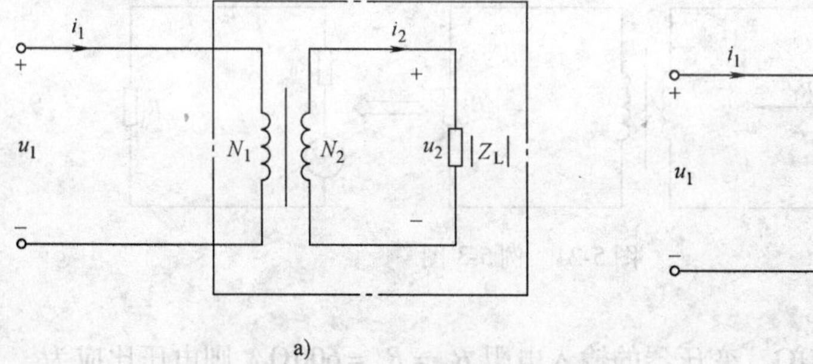

a)

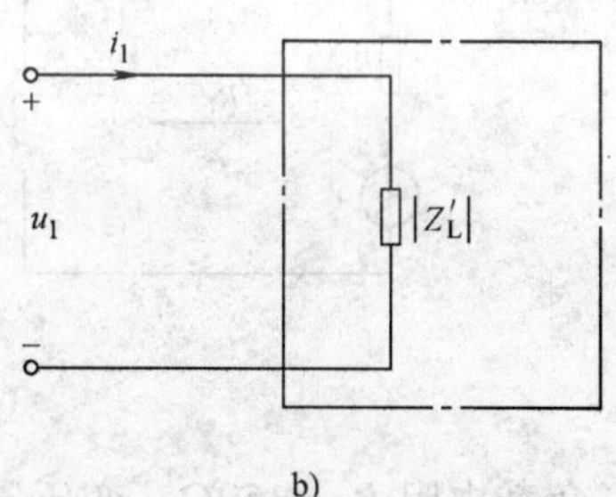

b)

图 5-23　变压器的阻抗变换作用

a）变压器电路　b）等效电路

负载阻抗模$|Z_L|$接在变压器二次侧，那么变压器连同负载折算到一次侧可等效成一个阻抗模$|Z'_L|$。就是说，直接接在电源上的阻抗模$|Z'_L|$和接在变压器二次侧的负载阻抗模$|Z_L|$对前端而言是等效的。两者之间的关系可以通过下面计算得出。因为

$$|Z_L|=\frac{U_2}{I_2}$$

所以

$$|Z'_L|=\frac{U_1}{I_1}=\left(\frac{N_1}{N_2}\right)^2\frac{U_2}{I_2}=\left(\frac{N_1}{N_2}\right)^2|Z_L|$$

即

$$|Z'_L|=K^2|Z_L| \tag{5-35}$$

可见，二次侧接上负载$|Z_L|$时，相当于电源接上阻抗为$K^2|Z_L|$的负载。

匝数比不同，负载阻抗模$|Z_L|$折算到（等效到）一次侧的等效阻抗模$|Z'_L|$也不同。可以采用不同的匝数比，把负载阻抗模变换为所需要的、比较合适的数值。

例 5-2 有一电压比为 220/110V 的降压变压器，如果二次侧接上 55Ω 的电阻，求变压器一次侧的输入阻抗。

解 1：二次电流
$$I_2 = \frac{U_2}{|Z_2|} = \frac{110}{55}\text{A} = 2\text{A}$$
$$K = \frac{N_1}{N_2} \approx \frac{U_1}{U_2} = \frac{220}{110} = 2$$

一次电流
$$I_1 = \frac{I_2}{K} = \frac{2}{2}\text{A} = 1\text{A}$$

输入阻抗
$$|Z_1| = \frac{U_1}{I_1} = \frac{220}{1}\Omega = 220\Omega$$

解 2：电压比
$$K = \frac{N_1}{N_2} \approx \frac{U_1}{U_2} = \frac{220}{110} = 2$$

输入阻抗
$$|Z_1| \approx \left(\frac{N_1}{N_2}\right)^2 |Z_2| = K^2 |Z_2| = 4 \times 55\Omega = 220\Omega$$

例 5-3 有一信号源的电动势为 1V，内阻为 600Ω，负载电阻为 150Ω。欲使负载获得最大功率，必须在信号源和负载之间接一匹配变压器，使变压器的输入电阻等于信号源的内阻，如图 5-24 所示。问：变压器电压比，一次、二次电流各为多少？

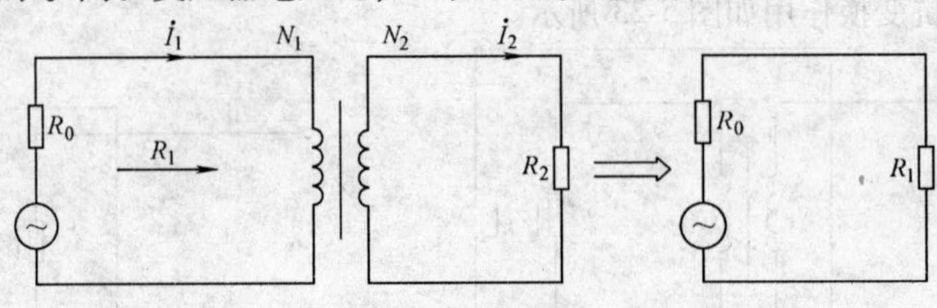

图 5-24 例 5-3 图

解：负载电阻 $R_2 = 150\Omega$，变压器的输入电阻 $R_1 = R_0 = 600\Omega$，则电压比应为
$$K = \frac{N_1}{N_2} \approx \sqrt{\frac{R_1}{R_2}} = \sqrt{\frac{600}{150}} = 2$$

一次、二次电流分别为
$$I_1 = \frac{E}{R_0 + R_1} = \frac{1}{600 + 600}\text{A} \approx 0.83 \times 10^{-3}\text{A} = 0.83\text{mA}$$
$$I_2 \approx \frac{N_1}{N_2} I_1 = 2 \times 0.83\text{mA} = 1.66\text{mA}$$

例 5-4 已知一变压器 $N_1 = 800$，$N_2 = 200$，$U_1 = 220\text{V}$，$I_2 = 8\text{A}$，负载为纯电阻，忽略变压器的漏磁和损耗，求变压器的二次电压 U_2、一次电流 I_1、输入功率、输出功率。

解：电压比 $K = N_1/N_2 = 800/200 = 4$

二次电压 $U_2 = U_1/K = 220/4\text{V} = 55\text{V}$

一次电流 $I_1 = I_2/K = 8/4\text{A} = 2\text{A}$

输入功率 $P_1 = U_1 I_1 / = 440\text{V} \cdot \text{A}$

输出功率 $P_2 = U_2 I_2 = 440\text{V} \cdot \text{A}$

可见当变压器的功率损耗忽略不计时，它的输入功率与输出功率相等，这是符合能量守恒定律的。

例 5-5　图 5-25 所示电路中，某交流信号源的电动势 $E=120\text{V}$，内阻 $R_0=800\Omega$，负载电阻 $R_L=8\Omega$。试求：（1）如图 5-25a 所示，信号源输出多大功率？负载电阻 R_L 吸收多大功率？信号源的效率多大？（2）若要信号源输给负载的功率达到最大，负载电阻应等于信号源内阻。今用变压器进行阻抗变换，则变压器的匝数比应选多少？阻抗变换后信号源的输出功率多大？负载吸收的功率多大？此时信号源的效率又为多少？

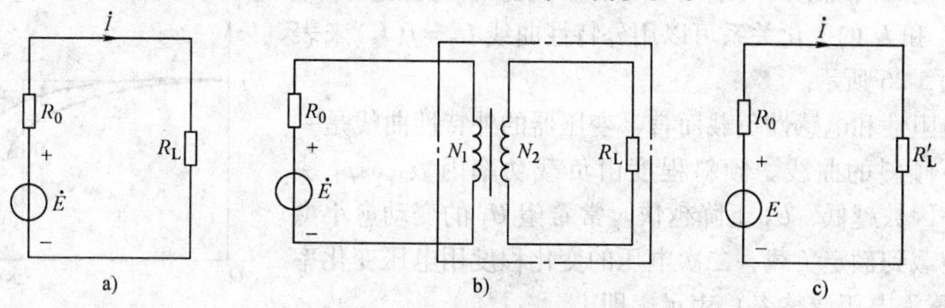

图 5-25　例 5-5 的电路

a）负载与信号源直接相连　b）变压器进行阻抗变换　c）图 b 等效电路

解：（1）由图 5-25a 可得信号源的输出功率为

$$P_i = IE = \frac{E}{R_0+R_L}E = \frac{E^2}{R_0+R_L} = \frac{120^2}{800+8}\text{W} = 17.8\text{W}$$

负载吸收的功率

$$P = I^2R_L = \left(\frac{E}{R_0+R_L}\right)^2 R_L = \left(\frac{120}{800+8}\right)^2 \times 8\text{W} = 0.176\text{W}$$

效率

$$\eta = \frac{P}{P_i} = \frac{0.176}{17.8} = 9\%$$

（2）如图 5-25 所示，变压器把负载 R_L 变换为等效电阻

$$R'_L = R_0 = 800\Omega$$

变压器的匝数比应为

$$\frac{N_1}{N_2} = \sqrt{\frac{R'_L}{R_L}} = \sqrt{\frac{800}{8}} = 10$$

负载吸收的功率为

$$P = I^2R'_L = \left(\frac{E}{R_0+R'_L}\right)^2 R'_L = \left(\frac{120}{800+800}\right)^2 \times 800\text{W} = 4.5\text{W}$$

这时信号源输出功率为

$$P_i = \frac{E^2}{R_0+R'_L} = \frac{120^2}{1600}\text{W} = 9\text{W}$$

效率为

$$\eta = \frac{P}{P_i} = \frac{4.5}{9} = 50\%$$

经过（1）、（2）两题的计算和比较后发现，利用变压器进行阻抗变换后，电源效率由 9% 增加到 50%。如果在电源输出同一信号功率下，负载将会得到最大的输出功率，这就是

电子电路中的阻抗匹配。

5.4.3 变压器的使用

1. 外特性

当电源电压 U_1 不变时，变压器二次绕组接入负载后，一次、二次绕组上都有电流通过，必然产生电压降，负载增加时，二次电流 I_2 的增加，一次、二次绕组阻抗上的电压降便增加，这将使二次绕组的端电压 U_2 发生变动。在电源电压 U_1 和负载功率因数 $\cos\varphi_2$ 不变的条件下，U_2 和 I_2 的变化关系可以用外特性曲线 $U_2=f(I_2)$ 来表示，如图 5-26 所示。

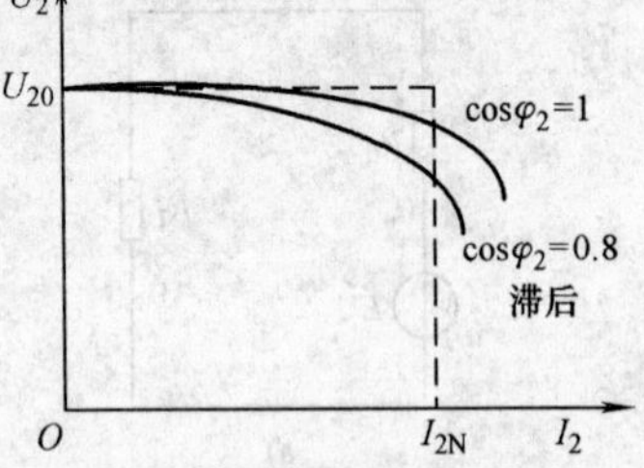

图 5-26 变压器的外特性曲线

对电阻性和电感性负载而言，变压器的外特性曲线是一根略向下倾斜的曲线。倾斜程度由负载功率因数 $\cos\varphi_2$ 决定，功率因数越低，U_2 下降越快。常希望 U_2 的变动愈小愈好，从空载到额定负载，二次电压的变化程度用电压变化率 ΔU（又称为电压调整率）表示，即

$$\Delta U=\frac{U_{20}-U_2}{U_{20}}\times 100\% \tag{5-36}$$

一般变压器的电压变化率约在 5% 左右，这也是衡量变压器质量好坏的一个重要指标。

2. 损耗与效率

和交流铁心线圈一样，变压器的功率损耗 ΔP 包括铁心中的铁耗 ΔP_{Fe} 和绕组上的铜耗 ΔP_{Cu} 两部分。铁耗的大小主要取决于电源频率和铁心中的磁通量，与铁心内磁通密度的最大值 B_m 有关，与负载大小无关，而铜耗则与负载大小（正比于电流平方）有关。

损耗 $$\Delta P=\Delta P_{Cu}+\Delta P_{Fe}$$

铜耗 $$\Delta P_{Cu}=I_1^2R_1+I_2^2R_2$$

铁耗 ΔP_{Fe} 包括磁滞损耗和涡流损耗。

变压器的效率与内部损耗密切相关，常用下式确定：

$$\eta=\frac{P_2}{P_1}=\frac{P_2}{P_2+\Delta P_{Fe}+\Delta P_{Cu}}\times 100\% \tag{5-37}$$

式中，P_2 为变压器的输出功率，P_1 为输入功率。

3. 额定值

变压器的额定数据主要有：

1）额定电压 U_N。一次额定电压是根据变压器的绝缘强度和允许发热程度而规定的一次侧应加的正常工作电压。二次额定电压是指一次侧加额定电压时二次侧的开路电压即空载电压。对三相变压器（Three-phase Transformer）而言，一次侧和二次侧额定电压均指线电压，单位为 kV 或 V。

2）额定电流 I_N。指按规定工作方式（长时间连续工作或短时间工作或间歇工作）运行时，一次、二次绕组允许通过的最大电流，它们是根据绝缘材料允许的温度确定的。对三相变压器而言，一次额定电流和二次额定电流均为线电流。

3）额定容量 S_N。是指变压器在额定工作条件下的输出能力，即视在功率。单位是 V·A，与输出功率（单位是 W）不同。

单相变压器

$$S_N = U_{2N}I_{2N} \approx U_{1N}I_{1N} \tag{5-38}$$

三相变压器

$$S_N = \sqrt{3}U_{2N}I_{2N} \approx \sqrt{3}U_{1N}I_{1N} \tag{5-39}$$

4）额定频率。是指变压器运行时允许的外加电源频率。我国电力变压器的额定频率为50Hz。

5）温升。是指变压器额定运行时，允许内部温度超过周围标准环境温度的数值。我国的标准环境温度规定为40℃。温升的大小取决于变压器所用绝缘材料的等级，也与变压器的损耗和散热条件有关。允许温升等于由绝缘材料耐热等级确定的最高允许温度减去标准环境温度。

6）变压器的效率。变压器的内部损耗很小，所以效率很高。中小型电力变压器的效率可达90% ~95%，大型电力变压器的效率可达98% ~99%。由于铜耗与负载有关，因此，在不同的工作状态下变压器的效率也不同。当负载为额定负载的50% ~75%时，效率最高，而轻载时变压器效率很低。

4. 变压器线圈极性的测定

1）同极性端（又称同名端）的标记方法如图 5-27 所示，图 a 中 1 端和 3 端为同极性端，绕组 1-2 和绕组 3-4 可称为同向绕组或称为正接。图 b 中 1 端和 4 端为同极性端，绕组 1-2 和绕组 3-4 可称为反向绕组或称为反接。

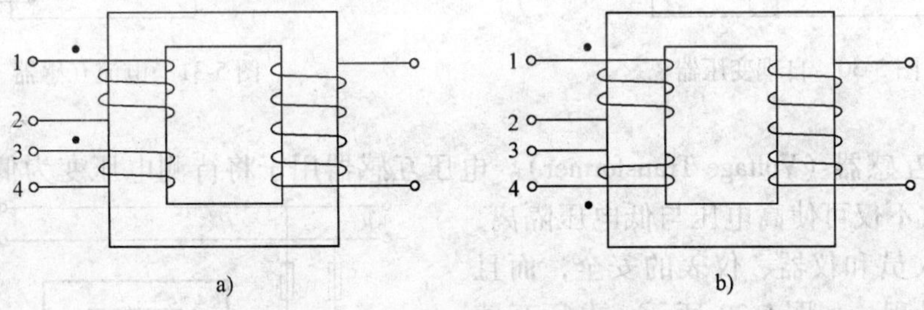

图 5-27　同极性端的标记方法

a）正接　b）反接

2）同极性端的测定方法—直流法如图 5-28 所示。在 S 闭合的瞬间，如果毫安表的指针正偏，1 和 3 是同极性端；反偏，1 和 4 是同极性端。

同极性端的测定方法—交流法如图 5-29 所示。$U_{13} = U_{12} - U_{34}$时，1 和 3 是同极性端；$U_{13} = U_{12} + U_{34}$时，1 和 4 是同极性端。

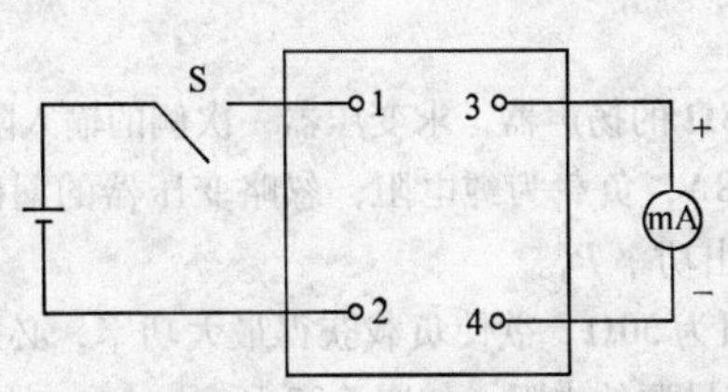

图 5-28　同极性端的测定方法—直流法

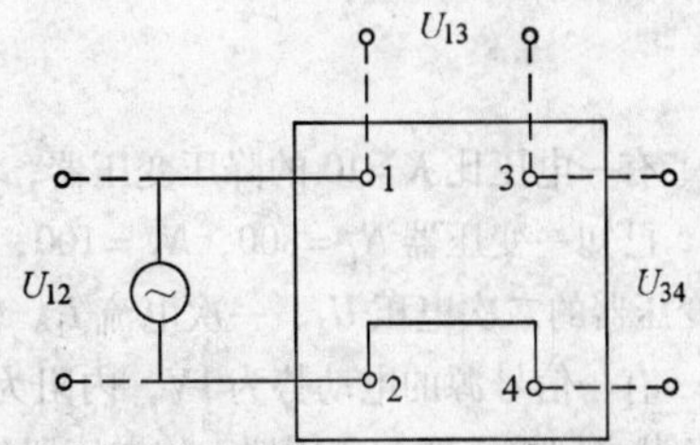

图 5-29　同极性端的测定方法—交流法

5.4.4 特殊变压器

1. 自耦变压器

图5-30所示是一种自耦变压器，其结构特点是二次绕组是一次绕组的一部分，一次、二次绕组不但有磁的联系，也有电的联系。一次、二次绕组的电压之比和电流之比为

$$\frac{U_1}{U_2}=\frac{N_1}{N_2}=K \qquad \frac{I_1}{I_2}=\frac{N_2}{N_1}=\frac{1}{K}$$

2. 仪用互感器

1）电流互感器（Current Transformer）。电流互感器主要用来扩大测量交流电流的量程，如图5-31所示。一次绕组线径较粗，匝数很少，与被测电路负载串联；二次绕组线径较细，匝数很多，与电流表及功率表、电能表、继电器的电流线圈串联。用于将大电流变换为小电流。使用时二次绕组电路不允许开路。为了防止在绝缘损坏的情况下，一次绕组的高压串入二次绕组，危及工作安全，电流互感器二次绕组的一端和机壳必须接地。

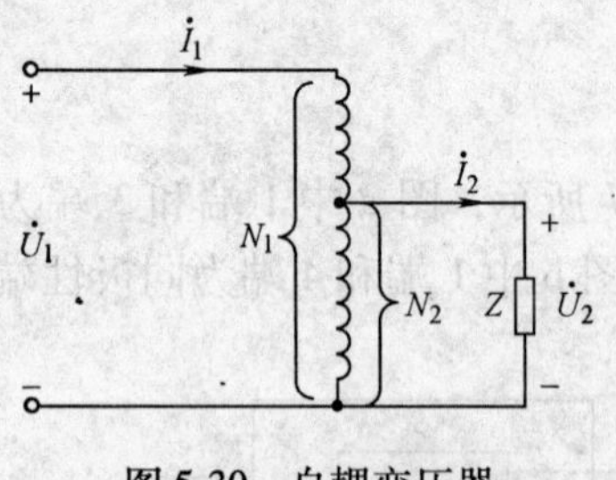

图5-30 自耦变压器

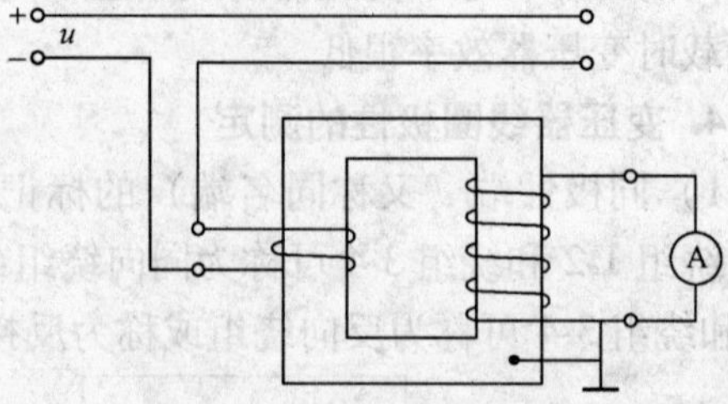

图5-31 电流互感器

2）电压互感器（Voltage Transformer）。电压互感器用于将待测电压变为低电压以供测量控制用。它不仅可使高电压与低电压隔离，以保证操作人员和仪器、仪表的安全，而且可扩大仪表量程，如图5-32所示。电压互感器的一次绕组匝数很多，并联于待测电路两端；二次绕组匝数较少，与电压表及电能表、功率表、继电器的电压线圈并联，将高电压变换成低电压。使用时二次绕组不允许短路。电压互感器二次绕组的一端和机壳必须接地。电压互感器一次绕组和二次绕组都应当加装熔断器保护。

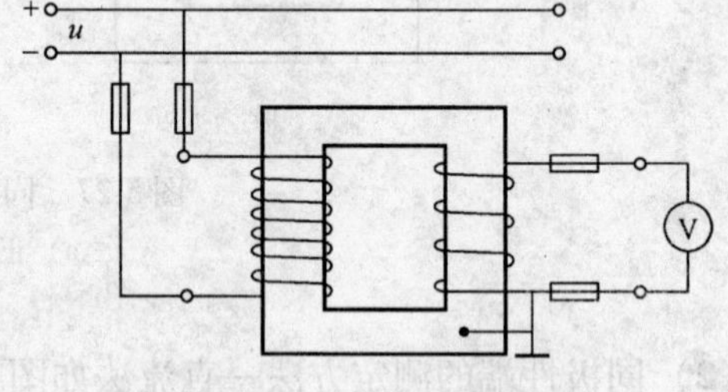

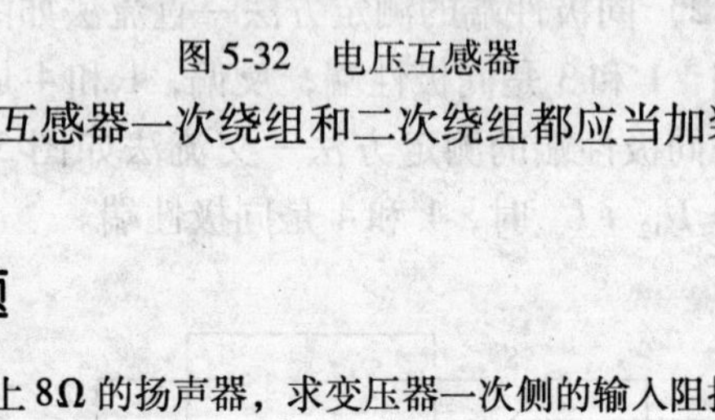

图5-32 电压互感器

习 题

5-1 有一电压比 $K=10$ 的降压变压器，如果二次侧接上 8Ω 的扬声器，求变压器一次侧的输入阻抗。

5-2 已知一变压器 $N_1=800$，$N_2=100$，$U_1=220\text{V}$，$I_2=8\text{A}$，负载为纯电阻，忽略变压器的漏磁和损耗，求变压器的二次电压 U_2、一次电流 I_1、输入功率 P_1、输出功率 P_2。

5-3 有一信号源的电动势为1V，内阻为 200Ω，负载电阻为 50Ω。欲使负载获得最大功率，必须在信号源和负载之间接一匹配变压器，使变压器的输入电阻等于信号源的内阻，如图5-33所示。问：变压器电压比，一次、二次电流各为多少？

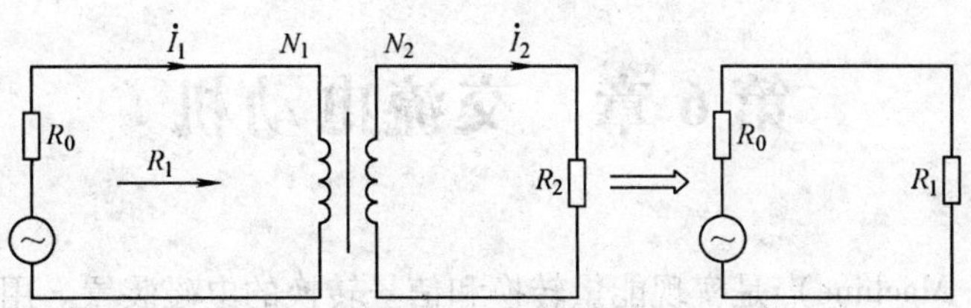

图 5-33　习题 5-3 图

5-4　有一交流铁心线圈，接在 50Hz、200V 的正弦交流电源上，在铁心中得到了磁通的幅值 $\Phi_m = 2.25 \times 10^{-3}$ Wb。现在在此铁心上再绕一个线圈，其匝数为 300，当此线圈开路时，求其两端的电压。

5-5　一变压器容量为 10kV · A，铁耗为 300W，满载时铜耗为 400W，求该变压器在满载情况下向功率因数为 0.8 的负载供电时输入和输出的有功功率及效率。

5-6　将电阻为 2Ω、匝数为 300 的线圈插入铁心接在 220V、50Hz 的交流电源上，测得电流为 5A，功率为 275W。若不计漏磁通，求励磁线圈的铜耗、感应电动势、电路的功率因数、磁路的磁通幅值和铁耗。

5-7　某变压器的一次电压 $U_1 = 3300$V，其电压比 $K = 10$，求二次电压 U_2。当二次电流 $I_2 = 50$A 时，求一次电流 I_1。

5-8　图 5-34 所示是一电源变压器，电源为 220V，一次绕组匝数为 550，它有两个二次绕组，一个电压为 36V，负载功率为 36W；另一个电压为 12V，负载功率为 24W。若不计空载电流，试求：

（1）两个二次绕组的匝数；

（2）一次绕组的电流。

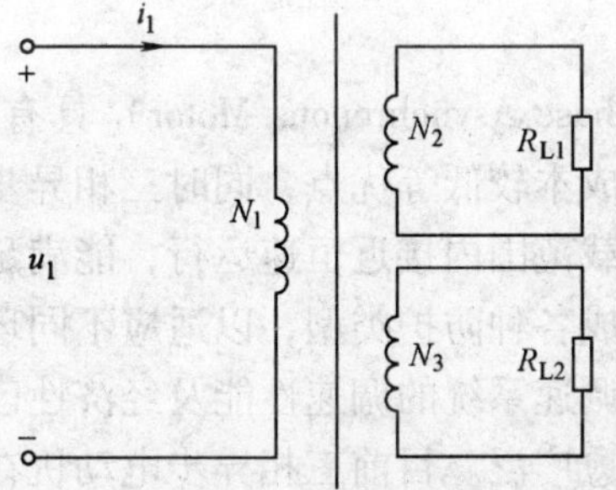

图 5-34　习题 5-8 图

第 6 章　交流电动机

电机（Electric Machine）是实现能量转换和信号转换的电磁装置。用作能量转换的电机称为动力电机；用作控制信号的转换和传递的电机称为控制电机。

动力电机中，将机械能转换为电能的称为发电机（Electric Generator）；将电能转换为机械能的称为电动机（Electric Motor）。

按电流的种类不同，动力电动机可分为交流电动机（Alternating-current Machine）和直流电动机（Derect-current Machine）两大类。交流电动机按其转速与电网电源频率之间的关系可分为同步电动机与异步电动机；按电源相数可分为三相电动机、单相电动机。直流电动机按照励磁方式的不同分为他励电动机、并励电动机、串励电动机和复励电动机四种。

现代各种生产机械都广泛应用电动机来驱动。三相异步电动机被广泛地用来驱动各种金属切削机床、起重机、锻压机、传送带、铸造机械、功率不大的通风机及水泵等。单相异步电动机常用于功率不大的电动工具和某些家用电器中。同步电动机主要应用于功率较大、不需调速、长期工作的各种生产机械，如压缩机、水泵、通风机等。直流电动机用在需要均匀调速的生产机械上，如龙门刨床、轧钢机、某些重型机床的主传动机构，以及某些电力牵引和起重设备中。控制电机的种类也很多，在自动控制系统中常作检测、放大、执行和校正等元件使用。

三相异步电动机（Three-phase Asynchronous Motor）具有结构简单，制造、使用和维护方便，运行可靠，重量较轻，成本较低等优点，同时三相异步电动机还有较高的运行效率和较好的工作特性，从空载到满载范围内接近恒速运行，能满足大多数工农业生产机械的传动要求。异步电动机还便于派生成各种防护类型，以适应不同环境条件的需要。随着交流变频调速技术的发展，异步电动机调速系统的调速性能及经济性已可与直流调速系统相媲美，且使用维护简便，因而应用愈来愈广泛。目前三相异步电动机在各种电动机中应用最广，需要量最大。在各种电气传动系统中，有 90% 左右采用异步电动机驱动；在电网总负载中，异步电动机占 65% 左右。

本章主要介绍三相笼型异步电动机的基本结构、工作原理、机械特性以及应用。

6.1　三相异步电动机的基本结构

三相异步电动机的种类很多，但各类三相异步电动机的基本结构是基本相同的，它们都由定子（Stator）和转子（Rotor）这两大部分组成，在定子和转子之间具有一定的气隙。此外，还有端盖、轴承、接线盒等其他附件。图 6-1 所示是 YS 系列和 YB2 系列三相异步电动机的外形，图 6-2 所示是三相异步电动机的结构。

三相异步电动机将电能转换为机械能是依赖于电动机定、转子间的磁场作为在能源和负载间传递的媒介，因此定子和转子是三相异步电动机的核心。按照其转子结构的不同，又将三相异步电动机分为笼型和绕线转子型两种。

a)

b)

图 6-1　三相异步电动机的外形

a）YS 系列三相异步电动机　b）YB2 系列三相异步电动机

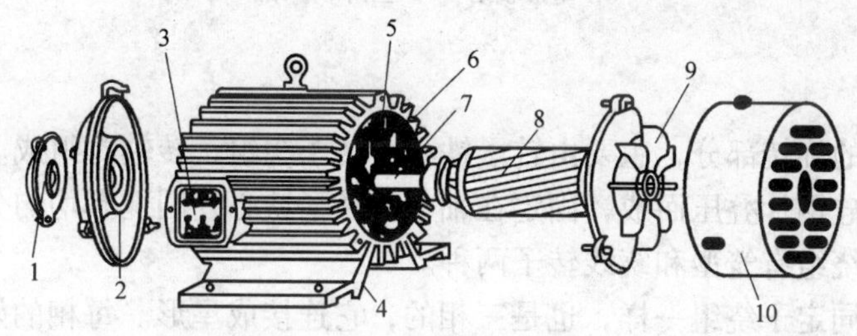

图 6-2　三相异步电动机的结构

1—轴承盖　2—端盖　3—接线盒　4—机座　5—定子铁心　6—定子绕组　7—转轴　8—转子　9—冷却风扇　10—罩壳

6.1.1　定子

三相异步电动机的定子是电动机的固定部分，主要由机座、定子铁心、定子绕组等组成。

机座：机座是用来固定和支撑定子铁心的，由铸铁或铸钢浇铸成型。

定子铁心：紧贴机座内壁放置着定子铁心。定子铁心由厚度为 0.35 ~ 0.5mm 彼此相互绝缘的硅钢片叠成，呈圆筒状，且内圆周上冲压有均匀的槽，用以嵌放定子绕组，如图 6-3 所示。

图 6-3　定子铁心

定子绕组：三相异步电动机的定子绕组是一个三相对称绕组，分别是 U_1U_2、V_1V_2、W_1W_2。三相绕组按对称结构放置于定子铁心内槽。三相定子绕组的六个接线头引出来并对应连接至电动机机座的接线盒内的接线柱上，使用时根据实际需要及电动机铭牌的指示，三相绕组可接成星形或三角形，如图 6-4 所示。我国生产的三相异步电动机，通常功率在 4kW 以下的采用星形联结，4kW 以上的采用三角形联结。

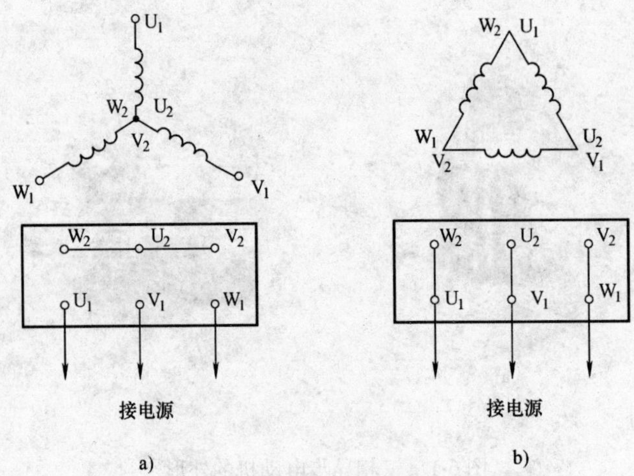

图 6-4 定子绕组的星形联结和三角形联结

a）星形联结 b）三角形联结

6.1.2 转子

转子是电动机的旋转部分，主要由转子铁心、转子绕组、转轴等组成。

转子铁心采用硅钢片叠压而成，固定在轴上。转子铁心外圆上有均匀分布的槽，用以嵌放转子绕组。转子绕组有笼型和绕线转子两种。

绕线转子绕组同定子绕组一样，也是三相的，它连接成星形。每相的始端连接在三个铜质的集电环上，集电环固定在转轴上，在环上用弹簧压着碳质电刷。通常可用三个集电环的构造来识别绕线转子三相异步电动机。

笼型转子绕组是在转子铁心每个槽内插入等长的裸铜导条，两端用铜端环焊接而成，形成一个闭合回路。若去掉铁心，很像一个装老鼠的笼子，故称笼型转子（Squirrel-cage Rotor），如图 6-5 所示。中小型异步电动机笼型转子槽内常采用铸铝，将导条、端环同时一次浇注成型，结构简单、制造方便，造价也低，应用非常广泛。

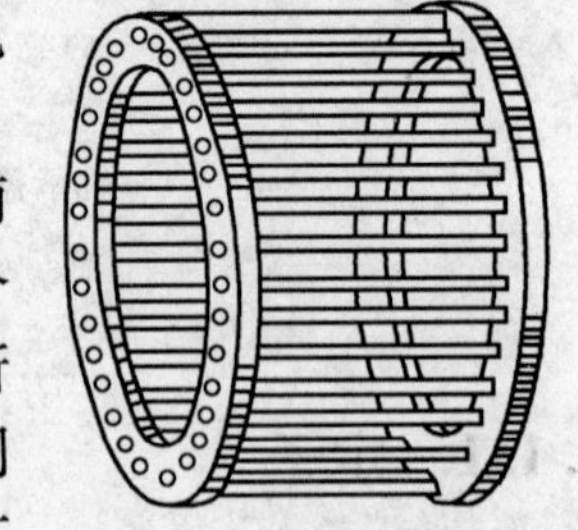

图 6-5 笼型转子绕组

笼型三相异步电动机和绕线转子三相异步电动机虽然转子的结构不同，但工作原理是基本一样的。下面以笼型异步电动机为例来学习三相异步电动机的转动原理、机械特性以及应用。

6.2 三相异步电动机的转动原理

三相异步电动机之所以能转起来是定子绕组中三相电流产生的旋转磁场与转子内的感应电流相互作用的结果。

6.2.1 旋转磁场

1. 旋转磁场的产生

三相异步电动机的定子绕组是三相对称绕组 U_1U_2、V_1V_2 和 W_1W_2。三相绕组均匀嵌放在铁心槽内，每相绕组在空间上互差 120°。为简化分析，设每相绕组只有一个线圈，将三相绕组连接成星形，U_1、V_1、W_1 为首端，U_2、V_2、W_2 为末端，三相绕组接在三相电源上，如图 6-6a 所示。绕组的电流分别为

$$i_{L_1} = I_m \sin\omega t$$
$$i_{L_2} = I_m \sin(\omega t - 120°)$$
$$i_{L_3} = I_m \sin(\omega t + 120°)$$

取绕组始端到末端的方向作为电流的参考方向。在电流的正半周时，其值为正，其实际方向与参考方向一致；在负半周时，其值为负，其实际方向与参考方向相反。电流波形如图 6-6b 所示。

现在对应三相绕组电流变化的几个瞬间来分析三相绕组电流在空间所形成的磁场分布情况，如图 6-7 所示。

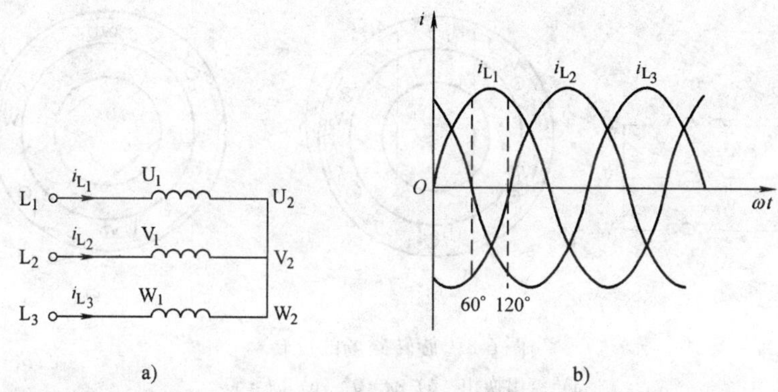

图 6-6　三相绕组与三相对称电流

三相电流产生的旋转磁场如图 6-7 所示。在图 6-7a 中，$\omega t = 0°$的瞬间，定子绕组中的电流 $i_{L_1} = 0$；$i_{L_2} < 0$，其实际方向与参考方向相反，即自 V_2 到 V_1；$i_{L_3} > 0$，其实际方向与参考方向相同，即自 W_1 到 W_2。将每相电流所产生的磁场相加，便得出三相电流的合成磁场。合成磁场轴线的方向是自上而下。

图 6-7b 所示的是 $\omega t = 60°$时定子绕组中电流的方向和三相电流的合成磁场。这时的合成磁场已在空间旋转了 60°。

同理可得在 $\omega t = 120°$时的三相电流的合成磁场，它比 $\omega t = 60°$时的合成磁场在空间又旋转了 60°，如图 6-7c 所示。

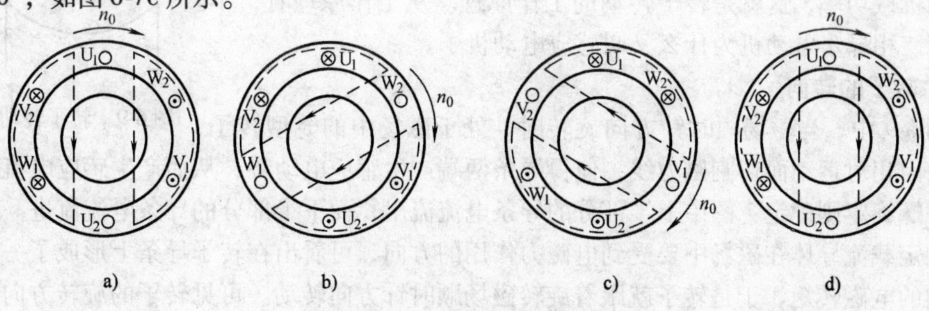

图 6-7　三相电流产生的旋转磁场

a）$\omega t = 0°$　b）$\omega t = 60°$　c）$\omega t = 120°$　d）$\omega t = 360°$

当 $\omega t=360°$时，又回到了 $\omega t=0°$时的情况，如图 6-7d 所示。

由上分析可知，当定子绕组中通入三相电流后，它们共同产生的合成磁场是随电流的交变而在空间不断地旋转着，这就是旋转磁场（Rotating Magnetic Field）。从图 6-7 中可以看出，输入电流的相位变化 60°，磁场也在空间旋转了 60°，输入电流的相位变化一个周期，磁场也旋转一周。当每相绕组只有一个线圈时，磁场旋转的速度与电流变化同步。

2. 旋转磁场的转向

从图 6-7 中可以观察到图中的相序为 $L_1 \to L_2 \to L_3$，为顺时针方向，旋转磁场的方向也为顺时针方向，由此可得出：旋转磁场的转向与各相绕组通入电流的相序相关。可以分析一下，只要将同三相电源连接的三根导线中的任意两根的一端对调位置，例如将电动机三相定子绕组的 V_1 端改与电源 L_3 相连，W_1 与 L_2 相连，则旋转磁场就反转了，如图 6-8 所示。

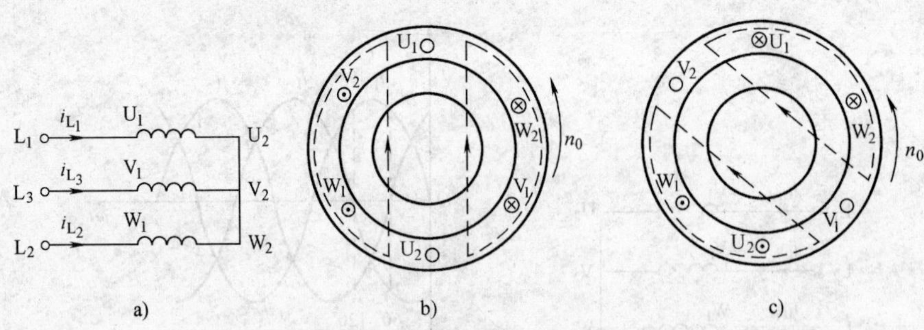

图 6-8 旋转磁场的反转

a）绕组换相 b）$\omega t=0°$ c）$\omega t=60°$

6.2.2 电动机转动原理

1. 转动原理

给定子绕组通三相交流电，产生了旋转磁场。N、S 表示旋转磁场的两个极，n_0 为其转速，如图 6-9 所示。磁场旋转时磁力线切割转子导条，根据电磁感应定律可知，在转子导条中将产生感应电动势（有效值为 E_2），因转子绕组是闭合的，导条中有电流（称转子电流，有效值为 I_2），电流方向与电动势相同。载流导体在磁场中要受到电磁力作用，形成电磁转矩 T。于是转子就跟着旋转磁场转动，并从轴上输出一定大小的机械功率，这就是转子转动的工作原理。从工作原理看，不难理解三相异步电动机为什么又叫感应电动机了。

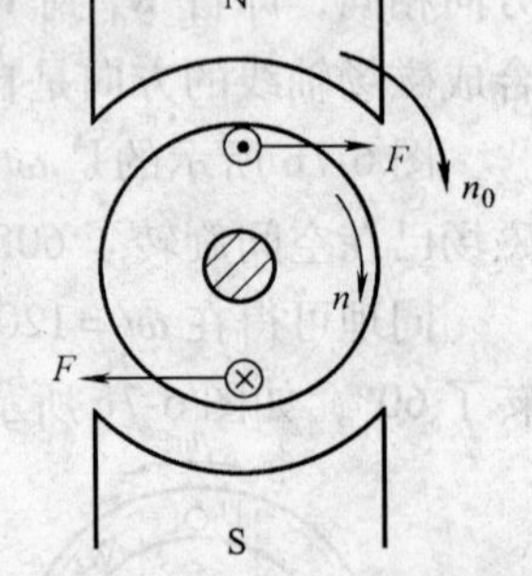

图 6-9 转子转动原理

2. 转子的转向

图 6-9 中，当磁场顺时针方向旋转时，处于磁场中的笼型转子的导条因相对运动而切割磁力线，使得导条两端产生感应电动势，从而产生感应电流，方向由右手螺旋定则确定：图中上半部分的导条电流流出，而下半部分的导条电流流进。由左手定则确定载流导体在磁场中要受到电磁力作用的方向，可看出在转子导条上形成了一个顺时针方向的电磁转矩，于是转子就跟着旋转磁场顺时针方向转动。可见转子的旋转方向与旋转磁场方向相同。

6.2.3　三相异步电动机的极数与转速

1. 三相异步电动机的极数

电动机的极数是一个非常重要的参数，三相异步电动机的极数就是旋转磁场的极数。旋转磁场的磁极对数与定子绕组的结构安排有关。通过适当的安排，可产生多磁极对数的旋转磁场。当每相绕组只有一个线圈时，如图 6-7 所示，绕组的始端之间相差 120°空间角，则产生的旋转磁场具有一对磁极，即 $p=1$，当交流电流变化一周期时，旋转磁场也转过一圈，这样的电动机称为 2 极电机。如将定子绕组安排得如图 6-10 所示那样，即每相绕组有两个线圈串联，绕组的始端之间相差 60°空间角，则产生的旋转磁场具有两对极，即 $p=2$，这样的电动机称为 4 极电机。

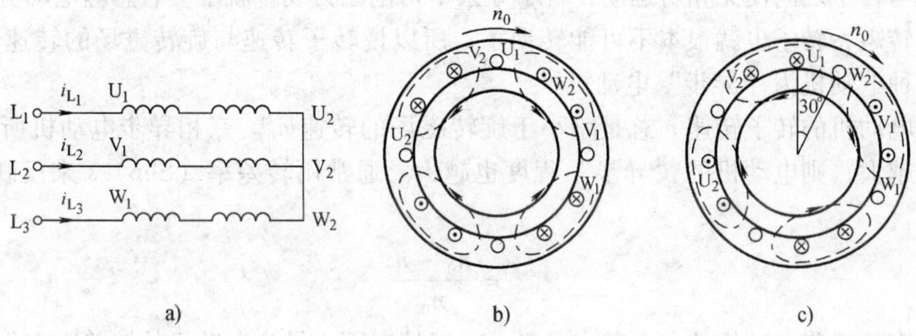

图 6-10　三相电流产生的旋转磁场（$p=2$）

同理，如果要产生三对极，即 $p=3$ 的旋转磁场，则每相绕组必须有均匀安排串联的三个线圈，绕组的始端之间相差 40°空间角。

2. 三相异步电动机的转速

（1）旋转磁场的极数与转速关系

图 6-7 中是 $p=1$ 的情况，当电流从 $\omega t=0$ 到 $\omega t=60°$ 经历了 60°时，磁场在空间也旋转了 60°，磁场变化的速度和电流同步，即当电流交变了一次（一个周期）时，磁场恰好在空间旋转了一转。

可得到 $p=1$ 时，旋转磁场的转速为

$$n_0 = 60f_1$$

式中，n_0 为旋转磁场的转速，又称同步转速，单位为转每分（r/min）；f_1 为定子电流的频率。

由图 6-10 可看出，当 $p=2$ 时，电流也从 $\omega t=0$（如图 6-10b）到 $\omega t=60°$（如图 6-10c）经历了 60°，而磁场空间仅旋转了 30°。就是说，当电流交变了一周时，磁场仅旋转了半转，比 $p=1$ 情况下的转速慢了一半，即

$$n_0 = \frac{60f_1}{2}$$

当旋转磁场具有 p 对极时，磁场的转速为

$$n_0 = \frac{60f_1}{p} \qquad (6\text{-}1)$$

因此，旋转磁场的转速 n_0 决定于电流频率 f_1 和磁场的极对数 p，或者说取决于定子绕组的安排情况。对某一异步电动机讲，f_1 和 p 通常是一定的，所以磁场转速 n_0 是个常数。

在我国，工频$f_1=50\text{Hz}$，极对数p与n_0的关系见表6-1。

表6-1 p与n_0的关系

p	1	2	3	4	5	6
n_0(r/min)	3000	1500	1000	750	600	500

（2）电动机转速及转差率

三相异步电动机的转子随着旋转磁场转动，那么转子的转速是多少？与旋转磁场的转速n_0有何关系呢？

转子的旋转方向与旋转磁场的转向相同，但转子的转速n不能等于旋转磁场的转速n_0，否则磁场与转子之间便无相对运动，转子导条不切割磁力线，就不会有感应电动势、感应电流与电磁转矩，转子也就根本不可能转动了。所以说转子转速与旋转磁场的转速“异步”，因此称这种电动机为“异步”电动机。

异步电动机的转子转速n总是略小于旋转磁场的转速n_0。三相异步电动机所带负载的负载转矩越大，则电动机的“异步”程度也越大。通常用转差率（Slip）s来反映“异步”的程度

$$s=\frac{n_0-n}{n_0} \tag{6-2}$$

转差率是异步电动机的一个基本参量。一般情况下，异步电动机的转差率变化不大，空载转差率低于0.5%，满载转差率在1.8%~8%之间，已知了电动机极数和转差率，就可估计出电动机的转速了。

例6-1 一台额定转速$n=1470\text{r/min}$的三相异步电动机，试求电动机的极数及额定负载时的转差率s。

解：由于电动机的额定转速略小于同步转速，由表6-1可得

$$n_0=1500\text{r/min}$$

$$p=2$$

$$s=\frac{n_0-n}{n_0}=\frac{1500-1470}{1500}=2.0\%$$

3. 转子频率f_2

由于转子转速和旋转磁场的转速不同，所以，在转子中所产生的感应电动势e_2、感应电流i_2的变化频率f_2也与电源频率f_1不一样。转子的频率由转子转速和同步转速之间的相对转速(n_0-n)与磁极对数p来决定。转子频率为

$$f_2=\frac{p(n_0-n)}{60}=\frac{n_0-n}{n_0}\frac{pn_0}{60}=sf_1 \tag{6-3}$$

可见转子频率f_2与转差率有关，也就是与转速有关。

6.2.4 三相异步电动机的电磁转矩

电动机带动负载工作，就要克服外力做功，如抽水机抽水、起重机吊起重物等都要克服外力做功。电动机所做的机械功是由轴传递出去的，轴的转动是由电磁转矩所产生的，因此电磁转矩是三相异步电动机非常重要的物理量。

由三相异步电动机的转动原理可知，异步电动机的电磁转矩 T 由转子电流 I_2 在磁场力作用下形成，通过对电动机转子转动原理的分析，可清楚地知道使电动机旋转的电磁转矩 T 与几个因素有关：一是旋转磁场的每极磁通 Φ；二是转子导条中产生的感应电流；三是转子与定子因装配工艺问题形成的空气隙大小。实验证明，电磁转矩与各因素的关系为

$$T = K_T \Phi I_2 \cos\varphi_2 \tag{6-4}$$

式中，T 为电磁转矩，单位为牛米（N·m）；K_T 为计算转矩的结构常数，与电动机结构有关，可查电动机的参数表得到；I_2 为转子电流有效值；$\cos\varphi_2$ 是转子回路的功率因数；Φ 为旋转磁场每极的磁通量。

下面给出电磁转矩与定子每相电压 U_1 及转差率之间的关系。

设转子每相绕组的阻抗为

$$Z_2 = R_2 + X_2$$

式中，R_2 为转子电阻；X_2 为转子感抗（漏磁感抗）。

和变压器原理一样，定子电动势和定子电压的有效值相等

$$E_1 = 4.44 f_1 N_1 \Phi = U_1, \Phi = \frac{E_1}{4.44 f_1 N_1} \approx \frac{U_1}{4.44 f_1 N_1}$$

转子电动势

$$E_2 = 4.44 f_2 N_2 \Phi = 4.44 s f_1 N_2 \Phi$$

N_1、N_2 为定子和转子每相绕组的匝数，当转子不转时，即 $n=0$，$s=1$ 时，转子电动势 $E_{20} = 4.44 f_1 N_2 \Phi$，转子感抗为 X_{20}。此时 $f_2 = f_1$，可得

$$E_2 = sE_{20}$$

$$X_2 = sX_{20}$$

$$I_2 = \frac{sE_{20}}{\sqrt{R_2^2 + (sX_{20})^2}} = \frac{s(4.44 f_1 N_2 \Phi)}{\sqrt{R_2^2 + (sX_{20})^2}}$$

$$\cos\varphi_2 = \frac{R_2}{\sqrt{R_2^2 + (sX_{20})^2}}$$

可得出

$$T = K \frac{sR_2 U_1^2}{R_2^2 + (sX_{20})^2} \tag{6-5}$$

式（6-5）表明，电磁转矩 T 不仅与电源电压 U_1 的平方成正比，而且与转差率 s、转子等效电路中电阻 R_2、感抗 X_{20} 有关。

练习与思考题

6-2-1 简述三相异步电动机的转动原理。

6-2-2 旋转磁场的转速与磁极对数有何关系？

6-2-3 为什么异步电动机正常工作时转子转速总是小于同步转速？如何根据转差率的大小来判别电动机的运行情况？

6-2-4 三相异步电动机的电磁转矩是如何产生的？它与哪些因素有关？

6-2-5 三相异步电动机的额定转速为 1440r/min，电源频率为 50Hz，求旋转磁场的转速 n_0、转差率 s 及转子频率各为多少？

6.3 三相异步电动机的机械特性

当电源电压 U_1 和频率 f_1 及转子电阻 R_2 一定时，电磁转矩 T 与转差率 s 之间的关系，即 $T=f(s)$，或 n 与 T 对应的关系 $n=f(T)$，称为电动机的机械特性（Mechanical Characteristic），反映的是三相异步电动机的转矩特性，如图 6-11、图 6-12 所示。

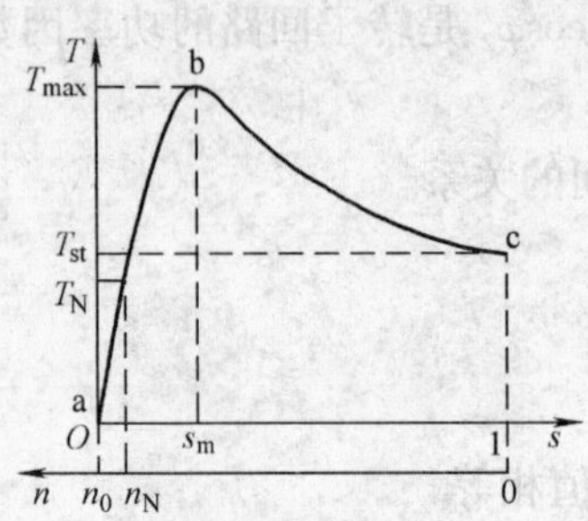

图 6-11 三相异步电动机的 $T=f(s)$ 曲线

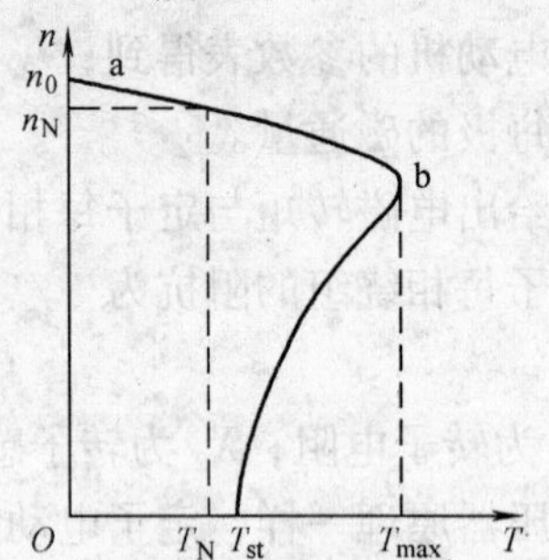

图 6-12 三相异步电动机的 $n=f(T)$ 曲线

6.3.1 特性曲线的两个工作区

研究电动机的机械特性的目的是为了分析电动机的运行特性。当电动机拖动机械负载稳定运行时，它输出的电磁转矩 T 与轴上阻转矩相等，阻转矩包括负载转矩 T_L 和电动机空载损耗转矩 T_0（由风阻和轴承摩擦等形成的转矩），由于 T_0 很小，可忽略不计，即 $T=T_L+T_0\approx T_L$。

下面以图 6-11 为例进行分析，从机械特性曲线看到，s_m 作为临界转差率，将曲线分为对应 s 的两个不同性质区域：稳定工作区 ab 和不稳定工作区 bc。通常三相异步电动机都工作在特性曲线的 ab 段，因为在这一段电动机具有自适应负载能力。例如当负载转矩增大时，在最初瞬间电动机的转矩 $T<T_L$，所以它的转速 n 开始下降。随着 n 的下降，转差率增加，电动机的转矩 T 相应增加，当转矩增加到 $T=T_L$ 时，电动机在新的稳定状态下运行，这时转速较前有降低。可见电动机的电磁转矩可以随负载的变化而自动调整。由于 ab 段比较陡，当负载在空载与额定值之间变化时，电动机的转速变化不大。这种特性称为硬的机械特性，是三相异步电动机获得广泛应用的原因之一。

在 bc 段，当负载转矩增大时，电动机的转矩 $T<T_L$，所以它的转速 n 开始下降。随着 n 的下降，电动机的转矩 T 继续下降，这样下去，会导致电动机停转，使定子电流剧增，电动机将严重发热，甚至烧毁。

6.3.2 三个重要转矩

在机械特性曲线上，下面将讨论三个重要的转矩。

1. 额定转矩 T_N

额定转矩（Rated Torgue）是电动机在额定负载时的转矩。电动机轴上输出的额定机械功率 P_{2N} 与额定转矩之间的关系可用下式求得：

$$T_N = 9550\frac{P_{2N}}{n_N} \tag{6-6}$$

式中，T_N 为额定转矩（N·m）；P_{2N}为额定机械功率（kW）；n_N 为额定转速（r/min）。

如某普通机床的主轴电机（Y132M-4 型）的额定功率为 7.5kW，额定转速为 1440r/min，则额定转矩为

$$T_N = 9550\frac{P_{2N}}{n_N} = 9550 \times \frac{7.5}{1440}\text{N} \cdot \text{m} = 49.7\text{N} \cdot \text{m}$$

2. 最大转矩 T_{max}

最大转矩（Maximum Torque）用来描述电动机带动最大负载的能力。它是电动机运行时的临界转矩，当电动机处于最大转矩下运行时，如果负载转矩增加，电动机转速下降，电动机会进入 cb 段工作，使电动机无法调整到正常工作状态，出现电磁转矩 T 随转速下降而逐渐减小的趋势，直至电动机停止运转，这种情况称电动机出现“堵转”或“闷车”现象。此时，如果没能及时发现并断开电源，那么，电动机的转子电流、定子电流都将立即升高至额定电流的数倍，时间稍长将导致电动机出现严重过热甚至被烧毁。

另外，当电动机短时过载，T_L 大于 T_N 但小于 T_{max}时，电动机能够短时正常工作，因此最大转矩表示了电动机短时允许过载能力。通常最大转矩与额定转矩的比值 λ 称为过载系数，即

$$\lambda = \frac{T_{max}}{T_N} \tag{6-7}$$

一般三相异步电动机的过载系数为 1.8 ~2.2。

3. 起动转矩 T_{st}

电动机在起动时刻对应的电磁转矩称为起动转矩（Starting Torque）。在起动时刻，只要起动转矩 T_{st}大于机械轴上所带负载的负载转矩 T_L，电动机转子便可以起动并带着负载加速运行，直到稳定。但是，一般电动机的起动转矩并不大，因为在起动时刻，$s=1$，转子的感抗 $X_2 = sX_{20}$很大，使得功率因数 $\cos\varphi_2$ 很低，由式（6-5）分析可知，起动时刻电动机具有的电磁转矩是比较小的。起动转矩 T_{st}过小，使得电动机的起动时间会增长，或者在负载过重的情况下，电动机根本无法起动。

一般机床的主电动机是空载起动（起动后再切削），对起动转矩没什么要求，相对于移动床鞍以及起重用的电动机应采用 T_{st}较大一点的。

6.3.3 电源电压和每相转子绕组变化对机械特性的影响

电源电压 U_1 变化对机械特性 $n=f(T)$ 的影响如图 6-13 所示。当电压 U_1 高于额定值时，磁通将增大。若所加电压较额定电压高出较多，这将使励磁电流大大增加，电流大于额定电流，使绕组过热。同时，由于磁通的增大，铁耗也就增大，使定子铁心过热。

电压低于额定值，电磁转矩会显著地降低，引起转速下降，电流增加。电源电压波动范围如果在额定电压 U_N 的 1% ~7% 之间，那么电动机转矩减小，原来稳定运行的电动机出现瞬间的 $T<T_L$ 现象，转速 n 随着下降。由于电动机处于稳定运行范围内，那么，U_1 下降时，电动机能自动调节其运行状态。如果电源电压下降过多，超过额定工作电压的 10% 时，电动机转速下降严重，有可能滑过机械特性曲线对应的极限点 b，而进入 bc 段，使电动机无法调整到正常工作状态，甚至出现“闷车”现象。《电力设计技术规程》规定：10kV 及以下的高压和低压电力用户，其电压允许出现的偏移范围只能是额定工作电压的 ±7% 以下。

R_2 变化对机械特性 $n=f(T)$ 的影响如图 6-14 所示。当转子电阻适当增大时，机械特性曲线会有所变化（这种变化称为机械特性变软），起动转矩会增大，但最大转矩不变。在线绕转子异步电动机的转子电路内，可选择适当的电阻接入，使最大转矩发生在起动瞬间，以改善电动机的起动性能。

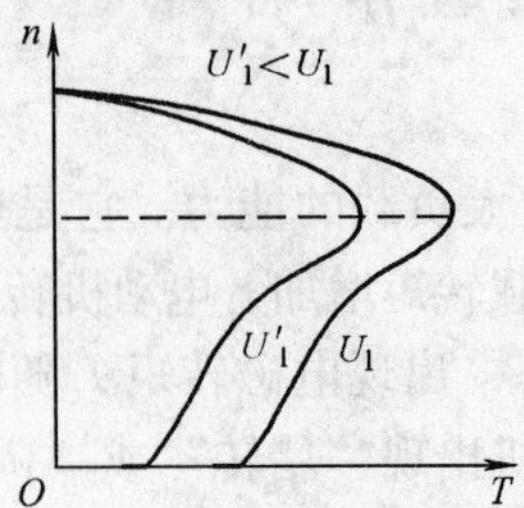

图 6-13 对应于不同电源电压 U_1 的 $n=f(T)$ 曲线（R_2 = 常数）

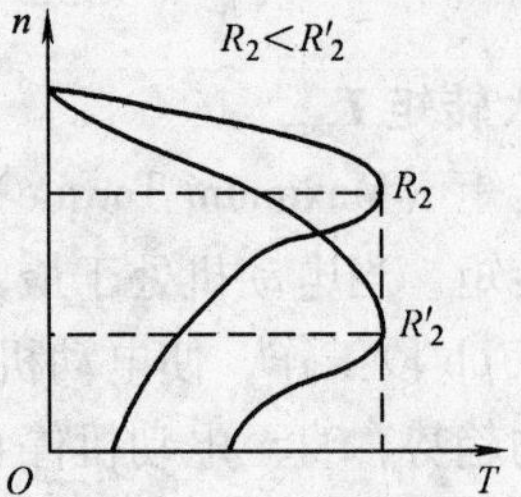

图 6-14 对应于不同转子电阻 R_2 的 $n=f(T)$ 曲线（U_1 = 常数）

例 6-2 有两台额定功率相同的三相异步电动机，一台 $P_{2N}=7.5\text{kW}$，$U_N=380\text{V}$，$n_N=720\text{r/min}$，另一台 $P_{2N}=7.5\text{kW}$，$U_N=380\text{V}$，$n_N=1440\text{r/min}$，试分别求它们的额定转矩，并说明电动机极数、转速与转矩之间的大小关系。

解：第一台电动机的转矩为

$$T_{N1}=9550\frac{P_{2N}}{n_N}=9550\times\frac{7.5}{720}\text{N}\cdot\text{m}=99.48\text{N}\cdot\text{m}$$

第二台电动机的转矩为

$$T_{N2}=9550\frac{P_{2N}}{n_N}=9550\times\frac{7.5}{1440}\text{N}\cdot\text{m}=49.74\text{N}\cdot\text{m}$$

由计算结果可得出，相同功率的异步电动机，磁极对数越多，或转速越低，其额定转矩越大。

练习与思考题

6-3-1 为什么三相异步电动机不允许在接近最大转矩处运行?

6-3-2 三相异步电动机在正常运行时，如果转子突然被卡住而不能转动，试问：这时电动机的转子电流和定子电流各有什么变化? 对电动机有何影响?

6-3-3 三相笼型异步电动机在额定状态附近运行，当（1）负载增大；（2）电源电压升高；（3）电压降低；（4）频率增高时，试分别说明其转速和电流作何变化?

6-3-4 冰箱起动时，电灯会变暗，解释原因。

6.4 三相异步电动机的使用

6.4.1 三相异步电动机的铭牌数据

要想正确安全使用电动机，首先必须全面系统地了解电动机的额定值，看懂铭牌上所有信息及使用说明书上的操作规程。不当的使用不仅浪费资源，甚至有可能损坏电动机。

今以 Y225M—8 型电动机为例，来说明铭牌上各个数据的意义。

三相异步电动机			
型号 Y225M—8	功　　率 22kW	频　　率 50Hz	
电压 380V	电　　流 47.6A	接　　法 Δ	
转速 730r/min	绝缘等级 B	工作方式 连续	
	年　月　编号	××电机厂	

此外，电动机的主要技术参数还有功率因数、效率等，例如，Y225M—8 的功率因数为 0.78、效率为 90%。

1. 型号

为了适应不同用途和不同工作环境的需要，电动机制成不同的系列，每种系列用各种型号来反映产品的系列类型及技术特征。型号用大写英文字母和阿拉伯数字组成。型号中各字符表示一定的含义，例如 Y225M—8 型，Y 代表三相异步电动机；225 表示机座中心高度(mm)；M 为机座长度代号（S—短机座；M—中机座；L—长机座)；8 代表极数。

异步电动机的产品名称、代号及其汉字意义见表 6-2。

表 6-2　异步电动机产品名称代号及其汉字的意义

产品名称	新代号	汉字意义	老代号
异步电动机	YY-L	异	J,JO
绕线转子异步电动机	YR	异绕	JR,JRO
防爆型异步电动机	YB	异爆	JB,JBS
高起动转矩异步电动机	YQ	异起	JQ,JQO

2. 电压

铭牌上所标的电压值是指电动机在额定运行时定子绕组上应加的线电压值。一般规定电动机的电压不应高于或低于额定值的 5%。

三相异步电动机的额定电压有 380V、3000V 及 6000V 等多种。

3. 电流

铭牌上所标的电流值是指电动机额定运行时定子绕组的线电流值。

4. 转速

由于生产机械对转速的要求不同，需要生产不同磁极数的异步电动机，因此有不同的转速等级。最常用的是 4 极的($n_0=1500$r/min)。

5. 功率与效率

铭牌上所标的功率值是指电动机在额定运行时轴上输出的机械功率值，用 P_N 或 P_{2N} 表示。输出功率与输入功率不等，其差值等于电动机本身的损耗功率，包括铜耗、铁耗及机械损耗等。所谓效率 η 就是输出功率与输入功率的比值。

以 Y225M—8 型电动机为例：

输入功率 $P_1 = \sqrt{3}U_1I_1\cos\varphi = \sqrt{3} \times 380 \times 47.6 \times 0.78\text{W} = 24.437\text{kW}$

输出功率 $P_2 = 22\text{kW}$

效率 $\eta = \dfrac{P_2}{P_1} = \dfrac{22}{24.437} \times 100\% = 90\%$

一般笼型异步电动机在额定功率运行时的效率约为72% ~93%。

6. 功率因数

因为电动机是电感性负载，定子相电流比相电压滞后一个 φ 角，$\cos\varphi$ 就是电动机的功率因数。

三相异步电动机的功率因数较低，在额定负载时约为 0.7 ~0.9，而在轻载和空载时更低，空载时只有 0.2 ~0.3。因此，必须正确选择电动机的容量，防止“大马拉小车”，并力求缩短空载的时间。

7. 绝缘等级

电动机的绝缘等级是按绕组所用绝缘材料在使用时具有的极限温度来划分的，所谓极限温度是指电动机绝缘结构中最热点的最高允许温度。电动机的绝缘等级共分五等，分别是 A、E、B、F 和 H。对应的极限温度为 105°C、120°C、130°C、155°C 和 180°C，一般电动机采用 E 等级；Y 系列电动机采用 B 等级。

8. 工作方式

电动机的工作方式分为八类，用字母 S_1 ~ S_8 分别表示。例如，S_1 是连续工作方式；S_2 为短时工作方式，分 10min、30min、60min、90min 四种；S_3 是断续周期性工作方式等。

6.4.2 起动、调速与制动方法

1. 三相异步电动机的起动

异步电动机在接通电源后，从静止状态到稳定运行状态的过渡过程，称为起动过程。此时定子绕组中所具有的电流值称为电动机的起动电流 I_{st}。在起动的瞬间，由于转子尚未开始转动，此时 $n=0$，$s=1$，旋转磁场以最大的相对速度切割转子导体，转子感应电动势和电流最大，致使定子起动电流 I_{st} 也很大。一般中小型笼型电动机的定子起动电流（指线电流）是其额定电流的 5 ~7 倍。尽管起动电流很大，如果电动机不是频繁起动，起动电流对电动机本身影响不大。因为起动电流虽大，但起动时间一般很短（小型电动机只有 1 ~3s），从发热角度考虑没有问题；并且一经起动后，转速很快升高，电流便很快减小了。如果是频繁起动，由于热量的积累，可以使电动机过热，还会产生过大的电磁冲击，影响电动机的寿命。同时，过大的起动电流会引起电网电压的明显降低，而且还影响接在同一电网上的其他用电设备的正常运行，严重时连电动机本身也转不起来。

对于容量和结构不同的异步电动机，考虑到大小与性质不同的负载以及电网的容量，解决起动电流大的问题，要采取不同的起动方式。下面对笼型异步电动机常用的几种起动方式进行讨论。

（1）直接起动

所谓直接起动，又称全压起动，就是利用刀开关或接触器将电动机定子绕组直接接到额定电压的电源上。直接起动的优点是起动设备与操作都比较简单，其缺点就是起动电流大。

对于小容量笼型异步电动机，因电动机起动电流较小，且体积小、惯性小、起动快，一般说来，对电网、对电动机本身都不会造成影响。因此，可以直接起动。

判断一台交流电动机能否采用直接起动，可按下式确定：

$$\frac{I_{st}}{I_N} \leqslant \frac{3}{4} + \frac{S}{4P_N}$$

式中，I_{st}为电动机起动电流（A）；I_N为电动机额定电流（A）；S为电源容量（kV·A）；P_N为电动机额定功率（kW）。

（2）三相异步电动机减压起动

如果电动机直接起动引起的线路电压降较大，就需要采用减压起动方式。减压起动是指电动机定子绕组的起动电压低于额定电压，以限制起动电流，当电动机转速接近额定值时，才使电动机全压运行。对于三相笼型异步电动机减压起动方法较多，常见的减压起动有Y—Δ转换减压起动、自耦变压器减压起动、软起动等。

1）Y—Δ转换减压起动。Y—Δ转换起动就是把正常工作时定子绕组作三角形联结的电动机，在起动时接成星形，待电动机转速上升后，再换接成三角形。Y—Δ转换起动设备简单，工作可靠，但只适用于正常工作时作三角形联结的电动机。为此，Y系列异步电动机额定功率在4～100kW的电动机均设计成三角形联结。因此Y—Δ转换起动得到广泛应用。

当定子绕组为星形联结，即减压起动时

$$I_{lY} = I_{pY} = \frac{U_l/\sqrt{3}}{|Z|}$$

当定子绕组为三角形联结，即直接起动时

$$I_{l\Delta} = \sqrt{3}I_{p\Delta} = \sqrt{3}\,\frac{U_l}{|Z|}$$

以上两式中$I_{lY}$$I_{pY}$、$I_{l\Delta}$、$I_{p\Delta}$分别是星形联结和三角形联结时线电流、相电流的有效值。

比较上列两式，可得 $\frac{I_{lY}}{I_{l\Delta}} = \frac{1}{3}$

即减压起动时的电流为直接起动时的1/3。

2）自耦变压器减压起动。对于容量较大的正常运行时定子绕组接成星形的笼型异步电动机，可采用自耦变压器减压起动。它是指起动时，将自耦变压器接入电动机的定子回路，待电动机的转速上升到一定值时，再切除自耦变压器，使电动机定子绕组获正常工作电压。起动用的自耦变压器专用设备称为起动补偿器，通常2～3个抽头输出不同的电压，例如分别为电源电压的80%、60%和40%，可供用户选用。自耦变压器的优点是起动电压可根据需要选择，但设备较笨重。

3）软起动。软起动是近年来随着电子技术的发展而出现的新技术，起动时通过软起动器（一种晶闸管调压装置）使电压从某一较低值逐渐上升到额定值，起动后再用旁路接触器（一种电磁开关）使电动机投入正常运行。软起动器一般还具有节能和保护功能，可将电动机电压调至与实际负载相适应，使功率因数和效率得到改善；其内部的电子保护器能防止电动机因过载而发热。由于软起动器具有这些功能和优点，所以它虽然出现的时间不长，却已在水泵、鼓风机、压缩机、传送带等设备中得到大量应用，并有取代其他减压起动的趋势。

2. 三相异步电动机的调速

调速（Speed Regulation）就是在一定的负载下，根据生产的需要人为地改变电动机的转速。电动机在工作时经常要求被调速，比如一个水管路，如果要求压力（流量）较精确的改变，那么调整水泵的转速就是一个方法，还有各种切削机床也要求有不同的转速以获得最高的生产率和保证加工质量。

根据转差率的公式可得到

$$n=(1-s)n_0=(1-s)\frac{60f_1}{p}$$

因此，改变转差率、电源频率、极对数等都可达到调速的目的。

对于笼型异步电动机，它的调速方法主要是改变电源频率和改变极对数。

（1）变频调速

我国发电厂提供的都是50Hz的工频交流电，因此，采用这种调速方法需要配备一套频率可调的专用变频电源（变频器）。将变频器与电动机相连，工作时，先设置变频器的控制和运行方式，例如频率控制设定为由变频器控制旋钮控制，接通电源后，调节变频器的频率调节旋钮，便可改变变频器的输出电压和频率，实现变频调速。由于变频调速范围大、平滑性好、适应面广，能做到无级调速，因此它的应用已经日益广泛。

（2）变极调速

由式（6-1）可知，如果极对数 p 减小一半时旋转磁场的转速 n_0 便提高一倍，转子转速 n 差不多也提高一倍。如何改变磁极对数 p 呢？定子绕组产生的磁极对数的改变是通过改变绕组的接线方式得到的。但磁极对数只能成整数倍地变化。例如，$f=50\text{Hz}$ 时

$$p=1\quad n_0=3000\text{r/min}\quad n\approx2900\text{r/min}$$

$$p=2\quad n_0=1500\text{r/min}\quad n\approx1400\text{r/min}$$

可见这种调速方法，调速很粗，无法做到平滑调速，该调速方法称为有极调速。在生产实际中，极对数可以改变的电动机称为多速电动机，有双速、三速、四速等。

因为变极调速经济、简便，因而在金属切削机床中经常应用。此种调速方法的优点是操作方便，机械特性较硬，效率高，适用于恒功率和恒转矩调速；缺点是：多速电动机体积大，费用高，调速有级。

3. 三相异步电动机的制动

因为电动机的转动部分有惯性，所以切断电源后，电动机还会继续转动一段时间后才会停止，但实际工作当中往往要求电动机能够立即停下来（为了提高生产率和保证生产机械工作的准确性）。除了采用机械制动方法之外，有时需要电动机本身实行制动。

电动机制动即要求它的转矩与转子的转动方向相反，此时的转矩称为制动转矩。制动方法主要有以下两种。

（1）能耗制动

这种制动方法是当电动机断电后，立即向定子绕组中通入直流电流，在定子内便产生一个恒定不变的磁场。这时由于转子仍然沿着原方向转动，切割磁力线，由右手定则可知，在转子中产生一个与转子旋转方向相反的电磁转矩，结果使电动机很快停下来。当电动机停转时，由于转子与磁场相对速度为零，转子电路中的感应电动势和电流也就消失，起着制动作用的电磁转矩也随之消失。因为此法是消耗转子的动能来进行制动的，称为能耗制动，示意

图如图 6-15 所示。

（2）反接制动

反接制动是利用电动机反转来进行制动的。在电动机停止时，可将接到电源的三根导线中的任意两根的一端对调位置，示意图如图 6-16 所示，使旋转磁场反向旋转，转子由于惯性，仍按原方向转动，电磁转矩方向与转动方向相反，因而，对转子起着制动作用，一旦电动机速度减小到零，必须立即给电动机断电，否则电动机将反向旋转。为提高准确性，通常用速度继电器等电器控制进行自动制动。

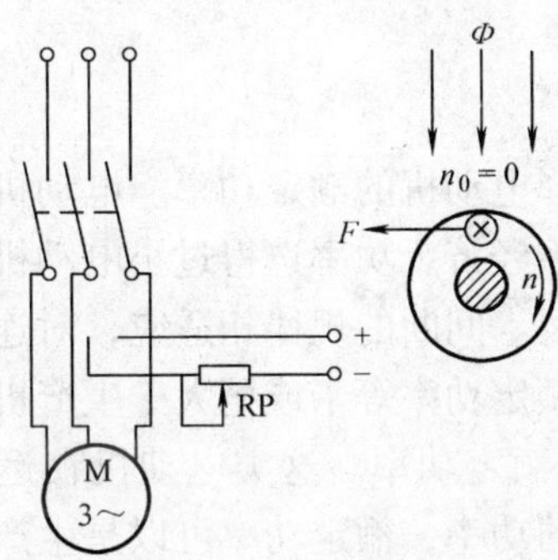

图 6-15　能耗制动

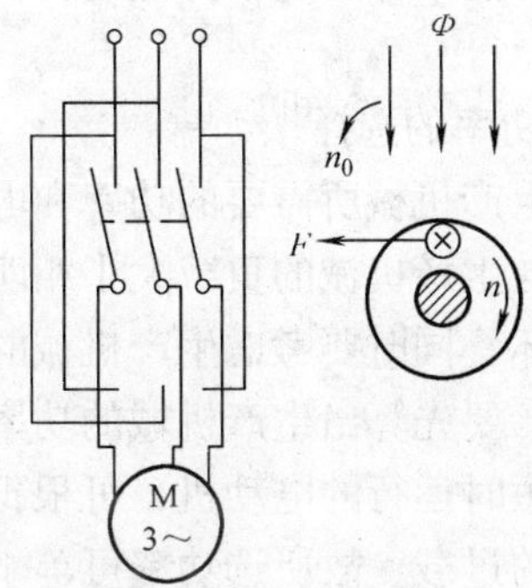

图 6-16　反接制动

例 6-3　有一台笼型三相异步电动机的技术数据为：$P_{2N}=40\text{kW}$，$n_N=1470\text{r/min}$，效率 $\eta=90\%$，$\cos\varphi=0.85$，$T_{st}/T_N=1.2$，$\lambda=2.0$，$I_{st}/I_N=7.0$，$U_N=380\text{V}$，电源频率 $f_1=50\text{Hz}$。电动机呈三角形联结。试求：（1）极对数 p；（2）额定转差率 s_N；（3）额定转矩 T_N；（4）最大转矩 T_{max}；（5）直接起动转矩 T_{st}；（6）额定电流 I_N；（7）直接起动电流 I_{st}。

解：（1）求极对数 p。由 $n_N=1470\text{r/min}$ 判断其同步转速 $n_0=1500\text{r/min}$，故得

$$p=\frac{60f_1}{n_0}=2$$

（2）求额定转差率 s_N

$$s=\frac{n_0-n}{n_0}=\frac{1500-1470}{1500}=0.02$$

（3）求额定转矩 T_N

$$T_N=9550P_{2N}/n_N=259.9\text{N}\cdot\text{m}$$

（4）求最大转矩 T_m

$$T_m=\lambda T_N=519.8\text{N}\cdot\text{m}$$

（5）求直接起动转矩 T_{st}

$$T_{st}=1.2T_N=311.9\text{N}\cdot\text{m}$$

（6）求额定电流 I_N。由于电动机的额定输入功率

$$P_{1N}=P_{2N}/\eta=\sqrt{3}U_NI_N\cos\varphi$$

所以

$$I_N = P_N / \sqrt{3} U_N \cos\varphi = 79.5\text{A}$$

（7）求直接起动电流 I_{st}

$$I_{st} = 7.0 I_N = 7.0 \times 79.5\text{A} = 556.5\text{A}$$

6.4.3 三相异步电动机的选择及运行时的注意事项

1. 三相异步电动机的选择

选择电动机，既要使电动机的性能满足生产机械的要求，又要考虑周围环境的影响，同时还要尽可能节约投资，降低运行费用。正确选择它的功率、种类以及结构型式是至关重要的。

（1）功率的选择

根据生产机械所需要的功率和电动机的工作方式选择电动机的额定功率。电动机的额定功率必须与生产机械的负载大小相匹配，功率选得过大不经济，功率选得过小电动机容易因过载而损坏。同时要考虑生产机械的工作性质，与其持续、间断的规律相适应，对连续运行的电动机，要先算出生产机械的功率，使所选电动机的额定功率等于或稍大于生产机械功率即可，对短时运行的电动机，可根据过载系数 λ 来选择额定功率。这类电动机在运行时允许有短暂的过载，故所选功率可等于或略小于生产机械的功率，额定功率可以是生产机械所要求功率的 $1/\lambda$。

（2）电压的选择

电压根据电动机的类型、功率以及使用地点的电源电压来决定。Y 系列笼型异步电动机的额定电压只有 380V 一个等级。大功率电动机才采用 3000V 和 6000V。

（3）转速的选择

根据生产机械的转速和传动方式来选择电动机的额定转速。对电动机本身来说，额定功率相同的电动机，额定转速越高，体积就越小，造价就越低，效率也越高，转速高的异步电动机的功率因数也高。但是，如果生产机械要求低转速，那么选用较高转速的电动机时，就需要增加一套传动比高、体积较大的减速传动装置。因此，在选择电动机的额定转速时，应综合电动机和生产机械两方面的因素来确定。

（4）种类的选择

选择哪一种电动机，主要应根据生产机械对电动机的机械特性、调速性能和起动性能等方面的要求来选择。对于一般应用场合，应尽可能选用笼型异步电动机，只有在需要精密调速、不能采用笼型异步电动机的场合才选用绕线转子异步电动机。

（5）结构型式的选择

根据工作环境的条件选择不同的结构型式。电动机的外形结构有以下几种：

1）防护式。电动机的机座和端盖下方有通风孔，散热好，能防止水滴和铁屑等杂物从上方落入电动机内，但潮气和灰尘仍可进入。

2）封闭式。电动机的机座和端盖上均无通风孔，完全是封闭的。外部的潮气和灰尘不易进入电动机，多用于灰尘多、潮湿、有腐蚀性气体、易引起火灾等恶劣环境中。

3）密封式。电动机的密封程度高，外部的气体和液体都不能进入电动机内部，可以浸在液体中使用，如潜水泵电动机。

4）防爆式。电动机不但有严密的封闭结构，外壳又有足够的机械强度。一旦少量爆炸性气体侵入电动机内部发生爆炸时，电动机的外壳能承受爆炸时的压力，火花不会窜到外面以致引起外界气体再爆炸。适用于有易燃、易爆气体的场所，如矿井、油库和煤气站等。

2. 电动机运行的注意事项

电动机运行的注意事项包括以下几个方面。

（1）电动机运行前的检查

检查三相电源电压高低是否正常，是否对称。检查起动设备接线是否正常，起动装置是否灵敏。检查外壳接地是否良好。对新安装或久未运行的电动机，在通电使用之前必须测量绕组相间绝缘电阻。冷态下，测量的绝缘电阻应不小于 1MΩ。若绝缘电阻达不到要求，则应进行烘潮处理。

（2）电动机起动时的注意事项

合闸后，若电动机不转，应迅速、果断地拉闸，以免烧毁电动机。电动机起动后，应空转一段时间。注意观察电动机、传动装置、控制设备、生产机械和各种仪表有无异常，电动机是否有不正常噪声、振动、局部过热。若有异常情况，应立即停机，查明原因并进行处理。

电动机连续起动次数不能太多，一般空载连续起动不超过 5 次。电动机经长时间工作至热态，连续起动次数不超过 3 次。由同一台变压器供电的几台电动机，不能同时起动，应由大到小逐台起动。

（3）电动机运行中的监视和维护

对正常运行中的电动机，应日常巡视检查它的电压、电流、温度等情况，使电动机保持在良好的运行状态。一旦出现不正常的现象，能及时地发现并消除，防止意外事故发生。

电源电压不应高于电动机额定电压 10%；不低于电动机额定电压 5%。

当异步电动机的电压一定时，它的运行电流直接反映了其负载的大小。电动机负载过轻，容量得不到充分利用，电动机的效率和功率因数都比较低；电动机过载则会导致发热加剧、温度升高，影响电动机的使用寿命。一般情况下，电动机的运行电流不得超过铭牌上规定的额定值。三相电流不平衡的差值在空载时不超过额定电流的 10%，中载时不超过额定电流的 5%。若超过此值则说明电动机有故障，应停机处理。

所谓温升，是指电动机运行温度与环境温度的差值。电动机运行的任何不正常的状况，都会通过温度的变化表现出来，所以可通过测量电动机不同部位的温度是否高于正常情况时的温度来判断是否有故障。对未装有专门电流表的中小型异步电动机，测量温度是监视电动机运行状况的简便有效的手段。

练习与思考题

6-4-1 三相笼型异步电动机的起动、制动、调速方法都有哪些？

6-4-2 在工作电源的线电压为 380V 时，能否使用一台铭牌数据为额定电压 220V，接法为三角形或星形的三相异步电动机，如果能使用，定子绕组该采用何种接法？

6-4-3 电动机的额定功率是指输出功率还是输入功率？额定电压是指线电压还是相电压？额定电流是指定子绕组的线电流还是相电流？

6-4-4 一对磁极的三相笼型异步电动机，当电源频率由 40Hz 调节到 60Hz 时，对应的同步转速的变化范围是多少？

习 题

6-1 一台 Y160M12 型三相异步电动机，额定功率为 11kW，额定转速为 2930r/min，试求其转差率和额定转矩。

6-2 某三相异步电动机，电源频率为 50Hz，磁极对数为 1，转差率为 0.015，试求三相异步电动机的同步转速、转子转速和转子电流频率。

6-3 某电动机的额定功率为 15kW，额定转速为 970r/min，电源频率为 50Hz，最大转矩为 295.36N·m。试求电动机的过载系数。

6-4 某三相笼型异步电动机在额定状态下稳定运行，保持负载转矩不变，将电源电压降低 7% 后，已知电动机仍能稳定运行。判断下列各量如何变化，为什么？（1）磁场转速 n_0；（2）电动机转速 n；（3）主磁通 Φ_m；（4）转子电流 I_2；（5）转子功率因数 $\cos\varphi_2$；（6）电动机的电磁转矩 T；（7）定子电流 I_1。

6-5 已知电源频率为 50Hz，某三相异步电动机的额定技术数据见表 6-3。

表 6-3 某三相异步电动机的额定技术数据

功率/kW	转速/(r/min)	电压/V	效率(%)	功率因数	接法
2.2	1420	380	81	0.82	Y

求：（1）相电流和线电流的额定值及额定负载时的转矩；（2）额定转差率及额定负载时的转子电流频率。

6-6 一台笼型三相异步电动机的额定数据见表 6-4。供电变压器要求起动电流不大于 150A，负载要求起动转矩为 73.5N·m，试在 Y—Δ 起动和自耦变压器起动两种方法中选择该电动机的合适起动方法以满足变压器和负载的要求。已知自耦变压器有 55%、64%、73% 三挡抽头。

表 6-4 一台笼型三相异步电动机的额定数据

P_N/kW	U_N/V	I_N/A	$\cos\varphi_N$	n_N/(r/min)	接法	I_{st}/I_N	T_{st}/T_N	T_{max}/T_N
28	380	58	0.88	1455	Δ	6	1.1	2.3

6-7 一台 40kW 的三相异步电动机，其额定电压 $U_N = 380V$，额定功率因数 $\cos\varphi_N = 0.88$，效率 $\eta_N = 0.9$，$T_{st}/T_N = 1.8$，$I_{st}/I_N = 7$，$n_N = 1450r/min$，，现接到电压为 380V 的三相电源上。试求：（1）直接起动时的起动电流和起动转矩是多少？（2）采用 Y—Δ 转换起动电流和起动转矩是多少？（3）当负载转矩为额定转矩 T_N 的 80% 和 50% 时，电动机能否起动？

6-8 已知某三相异步电动机额定功率 $P_N = 4kW$，额定转速 $n_N = 1440r/min$，$T_{max}/T_N = 2.2$，$T_{st}/T_N = 1.8$，试求额定转矩 T_N、起动转矩 T_{st}、最大转矩 T_{max}。若电动机满载运行，定子绕组上电压下降 20% 时，电动机能否继续旋转？

第7章 电气控制技术

电气控制技术是随着科学技术和生产工艺的不断进步而得到迅速发展的，是对生产现场中所使用的各种设备进行控制，从而使设备按照规定的加工与制造工艺要求完成相应动作的技术。电气控制技术在现代机床及其他生产机械上应用最广。

电气控制技术主要包括继电接触器控制、可编程序控制器控制技术等。其中，继电接触器控制是一种最基本的控制方式，在通用设备控制系统中起着举足轻重的作用。它是由继电器、接触器、按钮等一些有触点的控制电器组成的电气电路。它的优点是电路简单、操作容易、价格低廉、维修方便，而且能满足生产机械的一般要求；缺点是体积较大、触点多、易出故障。但随着控制电器向小型化、模块化、功能化及高可靠性方向的不断发展，继电接触器控制系统在今后的电气控制技术中仍然占有相当重要的地位。可编程序控制器（PLC）是以微处理器为核心，综合计算机技术、自动控制技术和通信技术发展起来的一种新型工业自动控制装置，具有功能强、可靠性高、编程方便、体积小、重量轻等优点，在工业控制方面的应用也极为广泛。

在现代工农业生产中，绝大多数生产机械都是由电动机来拖动的。为了满足生产过程和加工工艺的要求，使生产机械的各部件能保证按要求进行顺序动作，在生产过程中必须对电动机进行有效的控制。对电动机的控制主要体现在控制它的起动、停止、正反转以及转速、行程、运行时间和工作顺序等几个方面。本章将主要以三相异步电动机为控制对象，介绍一些常用低压电器，讨论几种笼型异步电动机的常用控制电路，最后简单介绍一些有关可编程序控制器的知识。

7.1 常用低压电器

7.1.1 常用低压电器概述

继电接触器控制电路是由各种各样的电气元器件组成的，所以，首先要掌握一些常用电器的结构、工作原理、性能和作用。

电气控制系统所使用的电器很多，其种类和功能也各不相同。按照工作电压的不同可分为高压电器和低压电器；按照操作方式的不同，可分为手动电器和自动电器，如刀开关、组合开关、按钮等是需要由工作人员手动操作的，属手动电器，而熔断器、接触器、热继电器和行程开关等则是依照指令、信号或某个物理量的变化而自动动作的，称为自动电器；按照电器对电路所起作用的不同可分为控制电器和保护电器，如各种开关、按钮、接触器、中间继电器、行程开关等属于控制电器，热继电器、熔断器等属于保护电器；按工作原理可分为电磁式电器和非电量控制电器，电磁式电器是依据电磁感应原理来工作的电器，如接触器、各类电磁式继电器等，非电量控制电器是靠外力或某种非电物理量的变化而动作的电器，如行程开关、速度继电器等。

本节主要介绍一些常用的低压电器。

按我国现行标准规定，低压电器通常是指工作在交流 1200V 和直流 1500V 以下，用来切换、控制、调节和保护用电设备的电器。

常用低压电器型号的意义说明如下：

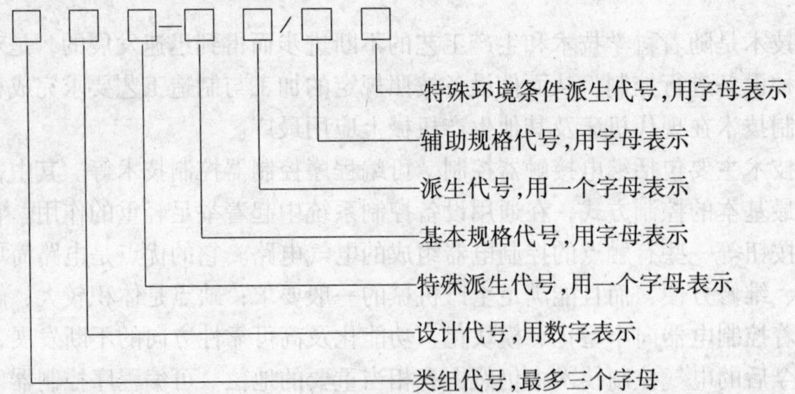

低压电器一般都有两个基本部分，即感受部分和执行部分。感受部分接收外界输入的信号，并通过转换、放大与判断做出有规律的反应，使执行部分动作，输出相应的指令，实现控制的目的。自控电器中，感受部分大多由电磁机构组成；手控电器中，感受部分通常为电器的操作手柄。执行部分根据指令，执行接通、切断电路等任务，包括触点系统及灭弧系统。

1. 电磁机构

电磁机构的主要作用是将电磁能量转换成机械能量，带动触点动作，从而接通或分断电路。电磁机构由吸引线圈、铁心和衔铁三个基本部分组成。电磁机构的形式很多，其工作原理基本一致，图 7-1 为单 E 形电磁机构示意图。当线圈通入电流之后，铁心和衔铁的端面上出现了不同极性的磁极，彼此相吸，使衔铁向铁心运动，由连动机构带动触点动作。

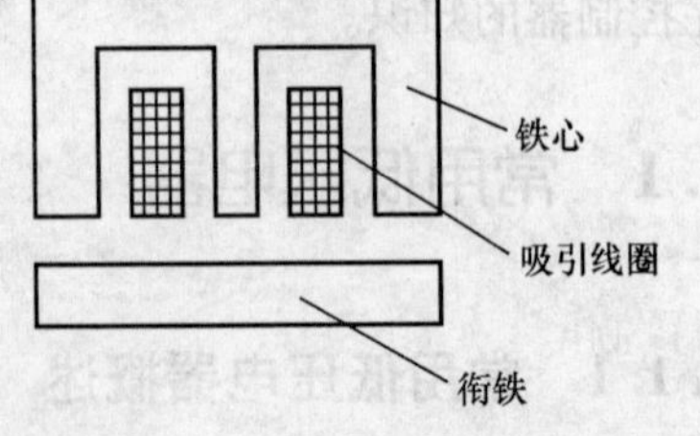

图 7-1　单 E 形电磁机构示意图

2. 触点系统

触点系统是电器的执行部分，起接通和分断电路的作用。触点又称为触头，触点按其原始状态可分为常开触点和常闭触点。所谓“常开”、“常闭”触点，是以电器在非激励状态下，即原始状态时（对接触器、继电器而言，是指线圈没有通电），触点所处的状态来命名的。原始状态时断开，受外力后闭合的触点叫常开触点；原始状态闭合，受外力后断开的触点叫常闭触点。常闭触点又称为动断触点，常开触点又称为动合触点。此外还应注意到，电器在外力作用下动作时，动断触点先断开，动合触点后闭合；外力消失后，动合触点先分断，动断触点后复位。

触点还可分为主触点和辅助触点。主触点用于接通或断开主电路，允许通过较大的电流；辅助触点用于接通或断开控制电路，只能通过较小的电流。

触点的接触形式分为点接触式、面接触式、线接触式等，其结构型式分为桥式触点和指形触点。图 7-2 为桥式触点系统受外力后，常开（动合）触点闭合情况的示意图，当系统受外力激励后，桥式动触点下移，使常开静触点闭合，可接通电路。

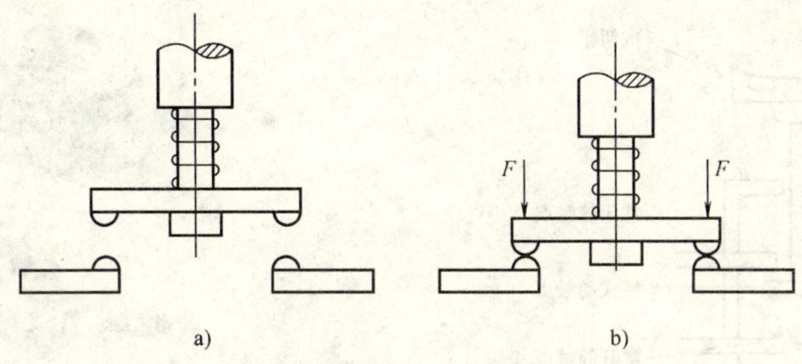

图 7-2　常开触点闭合示意图
a）原始状态　b）闭合状态

3. 灭弧系统

电弧的形成过程是这样的：在高热和强电场（当触点间刚出现断口时，由于两触点间的距离很小，故产生很大的电场强度）的作用下，金属内的自由电子从阴极表面逸出，奔向阳极；同时，这些自由电子在电场中高速运动时要撞击中性气体分子，使之激励或游离，产生正离子和电子，而后者在强电场作用下继续向阳极移动并撞击其他中性分子。这样，在触点间隙中产生了大量的带电粒子，从而使气体导电形成了炽热的电子流（电弧）。电弧的存在对电器和电路都会造成不良的后果。如果在触点打开时产生电弧，就会使要断开的电路实际上并没有及时断开而影响控制的准确性；电弧产生的高温会使触点氧化和烧灼，严重的时候，电弧向四周喷溅也会损坏电器和其他设备，甚至造成短路。灭弧装置包括磁吹式灭弧装置、灭弧栅式灭弧装置、灭弧罩等。

7.1.2　几种常用低压电器

1. 按钮

按钮是一种最简单的手动电器。它的作用通常为发出操作信号、接通和断开电流较小的控制电路，以控制电流较大的电动机运行。

按钮的种类很多：按结构型式分，有嵌压式、紧急式、钥匙式、旋钮式、带信号灯式等；按保护形式分，有开启式、保护式、防水式、防腐式等；按触点数量分，有单联按钮和复合按钮，单联按钮还分为常开（动合）按钮和常闭（动断）按钮；按颜色分，有红、黑、绿、白、蓝等，一般红色表示停止按钮，绿色表示起动按钮。

图 7-3 所示为含有一对常开、常闭触点的复合按钮结构，图 7-4 是几种按钮的外形。

在图 7-3 中，按钮未按下时，桥式触点与上面的常闭触点接触，常闭触点接通；当按下按钮时，桥式触点随着推杆一起向下移动，常闭触点分断，桥式触点继续向下移动，直到和下面一对静触点接触，于是常开触点接通。

松开按钮后，复位弹簧使推杆和触点复位，常开触点恢复为分断状态，常闭触点恢复为接通状态。

控制按钮文字符号为 SB，其常开按钮、常闭按钮与复合按钮的图形符号如图 7-5 所示。

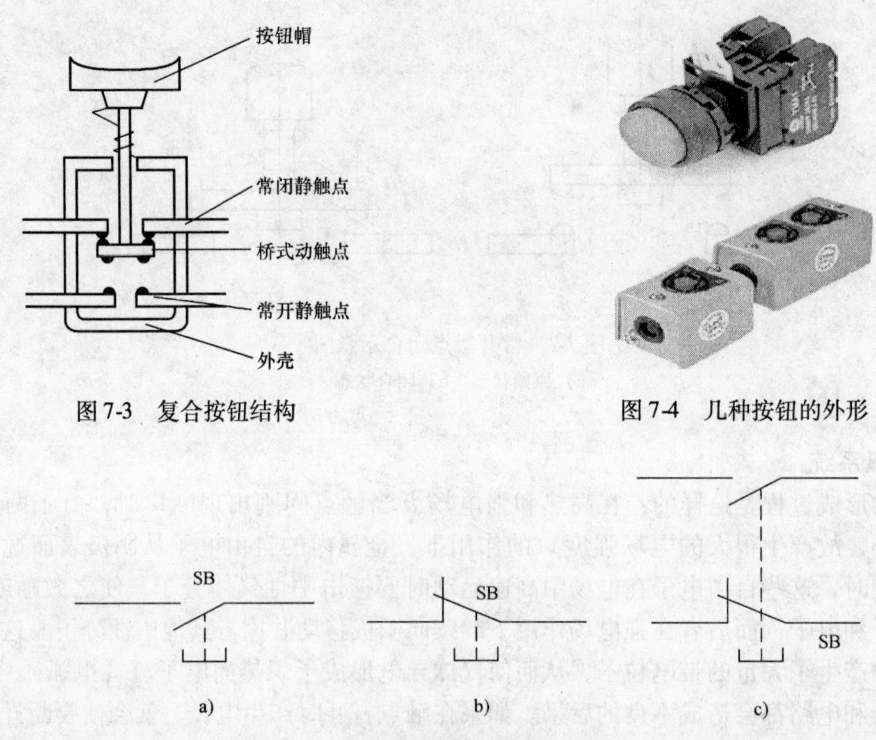

图 7-3 复合按钮结构

图 7-4 几种按钮的外形

图 7-5 按钮的图形符号

a) 常开（动合）按钮 b) 常闭（动断）按钮 c) 复合按钮

2. 刀开关

刀开关是手动操作电器中结构最简单的一种，一般用于不频繁地接通、分断容量不是很大的低压供电电路或直接起动小容量的三相异步电动机，也可以作为电源隔离开关。刀开关有刀形转换开关、胶盖开关、铁壳开关、熔断器式刀开关等，同时按级数又可分为单极(单刀)、双极（双刀)、三极（三刀）开关。图 7-6 所示为胶盖开关的外形。刀开关的文字符号为 QS，单极、双极、三极刀开关图形符号如图 7-7 所示。

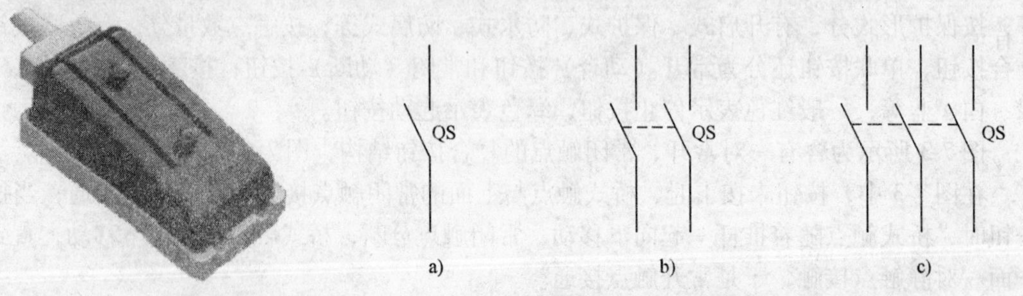

图 7-6 胶盖开关外形

图 7-7 刀开关图形符号

a) 单极刀开关 b) 双极刀开关 c) 三极刀开关

开关安装时，手柄要向上，不得倒装或平装。如果倒装，拉闸后手柄可能会因自重下落而引起误合闸，造成人身及设备安全事故。接线时较为安全的做法是：将电源线接在刀开关的上端，负载线接在其下端。

常用的三极刀开关长期允许通过的电流有 100A、200A、400A、600A 等几种。

3. 组合开关

组合开关又称转换开关，由数层动、静触片组装在绝缘盒内而成。动触片装在有附加手柄的绝缘方轴上，方轴随手柄而旋转，于是动触片也随方轴转动并变更其与静触片的分、合位置。所以，组合开关实际上是一个多触点、多位置式的可以控制多个回路的电器。组合开关的额定持续电流有 10A、25A、60A、100A 几种。图 7-8 是一种组合开关的外形。图 7-9 是组合开关图形符号。

图 7-8　组合开关外形

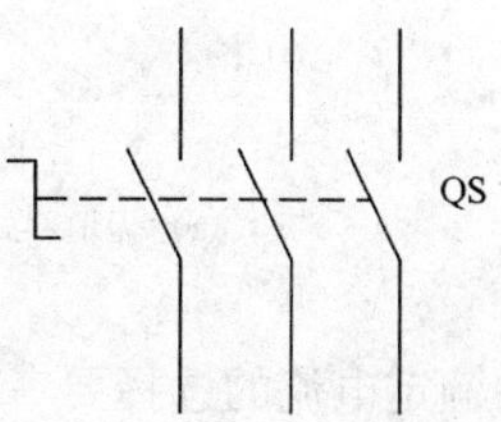

图 7-9　组合开关图形符号

4. 熔断器

熔断器俗称保险丝，是一种最常用、简单有效的严重过载和短路保护电器。使用时，熔断器串联在被保护电路的首端，当电路工作正常时，熔体温度低于熔化温度，熔体不熔断。当电路发生短路或过电流等故障时，电流大于熔体允许的正常发热电流，当温度超过其熔点时，熔体（熔丝或熔片）会自动熔断，从而自动切断电路，起到保护电路及电气设备的目的。熔体熔断后，应首先查明熔体熔断的原因，排除故障，然后再更换新的熔体，使电路重新工作。

熔断器主要由熔体和放置熔体的绝缘管或绝缘底座组成。熔体是熔断器的核心，由铅、铅锡合金、锌、铜及银等材料制成丝状或片状，熔点约为 200 ~ 300℃。熔体的额定电流规格有 4A、10A、25A、60A、100A、200A、300A、500A 和 600A 等 20 余种规格。

常用的熔断器有瓷插式（RC）、螺旋式（RL）、封闭管式等几种类型，封闭管式熔断器有填料密封管式（RM）、无填料管式（RT）、快速（RS）熔断器等三种。常用的快速熔断器有 RS0 和 RLS0 系列，它的熔体是由纯银材料制成。快速熔断器具有分断能力强、分断时间短及动作稳定等特点，熔体通过 3.5 倍额定电流时，动作时间不超过 0.06s。快速熔断器的熔体不能用普通熔体代替。

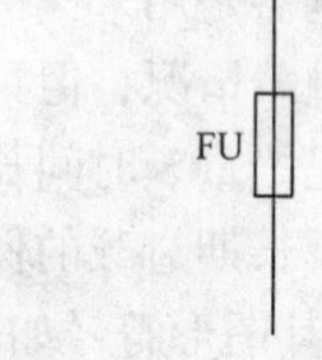

图 7-10　熔断器图形符号

熔断器文字符号为 FU，其图形符号如图 7-10 所示。几种常见的熔断器的外形如图 7-11 所示。

选用熔断器，主要是根据实际电路的工作电流数值确定熔体的额定电流规格，再按其使用场所情况来选择类型：

1）额定电压的选择：额定电压是指保证熔断器长期正常工作的电压。熔断器的额定电压与保护电路相符，不能小于电网的额定电压。

2）额定电流是指保证熔断器能长期工作，各部件温升不超过允许值时所允许通过的最大电流。

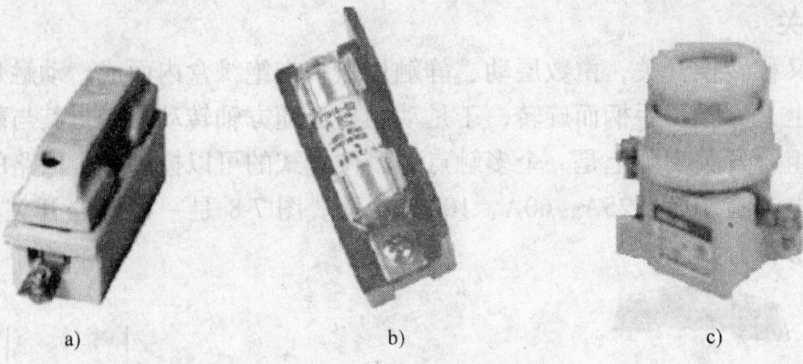

图 7-11 几种常见的熔断器的外形
a）无填料式熔断器 b）插入式熔断器 c）螺旋式熔断器

熔体的额定电流的选择要考虑保护对象的特点：

1）对于平稳、无冲击电流的负载（比如照明电路或电热电路），一般取熔体的额定电流等于或稍大于负载的额定电流，此时熔断器可以作为过载保护和短路保护。

2）对于有冲击电流的电路，比如电动机工作的电路，由于电动机的起动电流比额定电流要高出好几倍，所以这样的电路选择熔体时应用经验公式估算，熔断器一般只能用于短路保护而不用于过载保护。

对单台电动机，有

$$I_N = (1.5 \sim 2.5)I_M$$

式中，I_N 是熔体额定电流（A）；I_M 是电动机额定电流（A）。

多台电动机共用一熔断器时

$$I_N = (1.5 \sim 2.5)I_{Mmax} + \Sigma I_M$$

式中，I_{Mmax} 是容量最大一台电动机的额定电流（A）；ΣI_M 是其余电动机额定电流之和。

5. 热继电器

继电器是根据某一种输入量来切换执行机构的电器，起着传递信号的作用。继电器广泛应用于电动机的控制与保护电路中。

热继电器是用来保护电动机免受长期过载危害的自动保护电器。电动机在实际运行中，常会遇到过载情况，但只要过载不严重、时间短、绕组不超过允许的温升，是允许的。但如果过载情况严重、时间长，则会加速电动机绝缘部分的老化，甚至烧毁电动机，因此必须对电动机进行长期过载的保护。图 7-12 所示为 JR15—10 型热继电器的外观。热继电器文字符号为 FR，其图形符号如图 7-13 所示。

热继电器有多种型式，其中常用的有：①双金属片式，它是利用双金属片受热弯曲去推动杠杆使触点动作；②热敏电阻式，它是利用电阻值随温度变化而变化的特性制成的热继电器；③易熔合金式，它是利用过载电流发热使易熔合金达到某一温度值时合金熔化，进而使继电器动作。

目前应用较广泛的是双金属片式热继电器，图 7-14 所示为双金属片式热继电器的原理图。

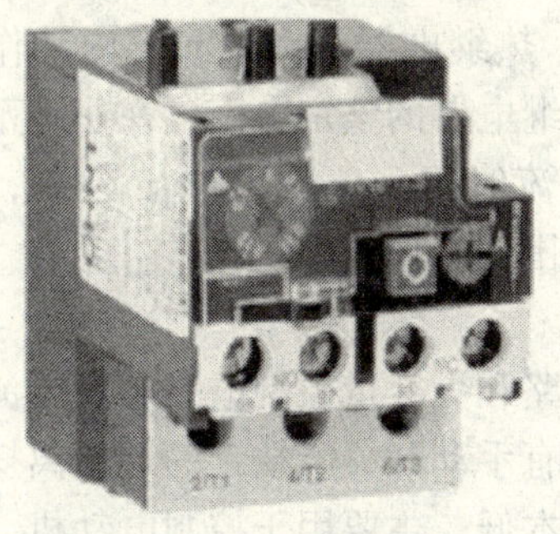

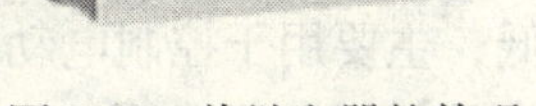
图 7-12　热继电器的外观

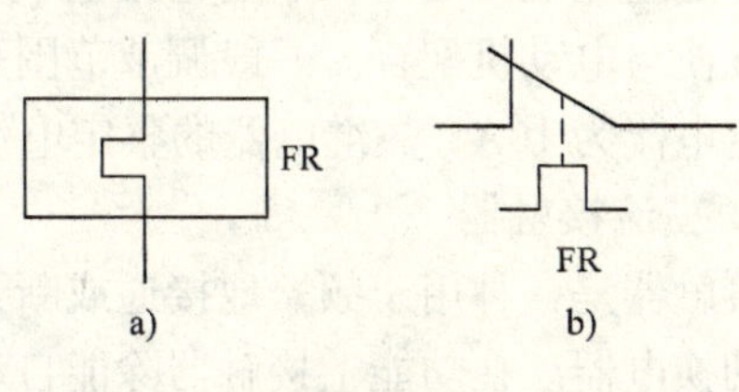

图 7-13　热继电器图形符号
a）发热元件　b）常闭触点

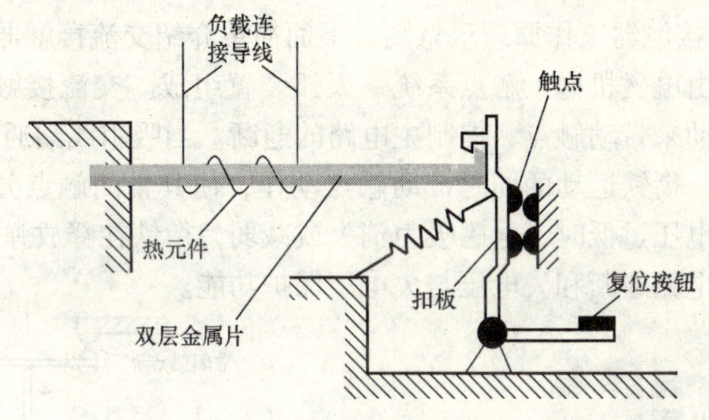

图 7-14　双金属片式热继电器的原理

图 7-14 中，双金属片式热继电器主要由发热元件、双层金属片、触点及动作机构等部分组成。双层金属片是热继电器的感测元件，由两种不同热膨胀系数的金属片压焊而成，下层金属的膨胀系数大，上层金属的膨胀系数小。热元件缠绕在金属片上，是阻值不高的电阻丝或电阻片，与电动机定子绕组相串联。正常工作时，热元件中流过的是电动机的额定电流，热元件温度不高，不会使双金属片产生变形，所以热继电器不发生动作；当电动机发生过载时，热元件中经过的电流超过其额定整定电流，发热元件产生较多的热量，促使双金属片膨胀。如果过载只是暂时的，金属片膨胀不足以使扣板发生动作，过载就消失了，那么，热继电器不会动作，保证电动机可以承受短时的过载；如果过载时间超出一定值时，不同膨胀系数的双金属片将发生严重变形而向上弯曲，促使常闭触点分开，热继电器动作完成。热元件接在电动机主电路，常闭触点接在控制电路，这样当电动机发生过载时，即可通过热继电器的动作而断开控制电路实现对电动机的过载保护。

由于热惯性，热继电器不能作短路保护。因为发生短路事故时，要求立即切断电路，而热继电器是不能立即动作的。但是这个热惯性也是合乎人们要求的，在电动机起动或短时过载时，热继电器不会动作，这可避免电动机的不必要的停车。

热继电器有两个或三个加热元件，使用时分别串接在电动机的两根或三根电源线上，可直接反映三相电流的大小。

注意，热继电器发生动作以后，一般不能自动复位，需要按下复位按钮后才能复原，使之重新工作。

常用的热继电器有 JR0、JR15 及 JR16 等系列。热继电器的主要技术指标是整定电流。

整定电流是指热元件中通过的电流超过此值的 20% 时，热继电器应在 20min 内动作的电流值。整定电流应与电动机额定电流基本一致。大部分热继电器的整定电流可在一定范围内调整，以便与电动机配合。一般调节范围是热元件额定电流值的 66% ~100%。例如，热元件的额定电流为 16A，热继电器的整定电流在 10 ~16A 范围内可调。

6. 交流接触器

接触器是一种用于频繁地接通或断开交、直流主电路和大容量控制电路等大电流电路的自动切换电器。在功能上接触器除能自动切换外，还具有手动开关所缺乏的远距离操作功能和失电压及欠电压保护功能。接触器结构简单、制造成本低，主要用于控制电动机、电热设备及电焊机等，是电力拖动自动控制电路中使用最广泛的一种低压电器元件。按接触器所控制的电流种类可分为交流接触器和直流接触器两种。图 7-15 所示为 CJ20 型交流接触器的实物图。图 7-16 为交流接触器工作原理示意图。下面简单介绍交流接触器的工作原理。

交流接触器主要由电磁机构、触点系统、灭弧装置组成。交流接触器是利用电磁原理，通过控制动衔铁的运动来带动触点，控制主电路的通断。当吸引线圈通电时，衔铁在电磁吸力作用下被吸向铁心，衔铁运动的同时带动触点动作，使其常闭触点分开、常开触点闭合。当线圈断电或线圈的电压过低时，电磁吸力消失或减弱，衔铁在释放弹簧的作用下释放，使触点复位，实现控制电路通断和失电压与欠电压保护功能。

图 7-15 交流接触器

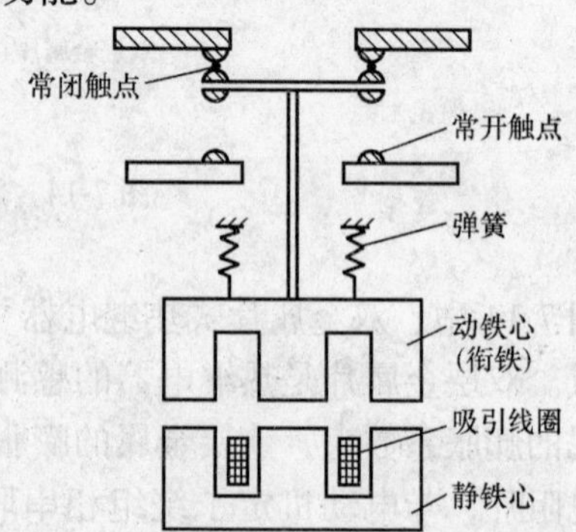

图 7-16 交流接触器工作原理示意图

根据用途不同，接触器的触点分主触点和辅助触点两种，主触点用于接通、断开电流较大的负荷电路即主电路。辅助触点常接于电动机的控制电路。交流接触器的主触点多为常开触点，辅助触点则有常开触点及常闭触点两种。例如，CJ10—20 型交流接触器有三个主触点，四个辅助触点（两个常开触点、两个常闭触点）。

交流接触器的文字符号为 KM，其图形符号如图 7-17 所示。

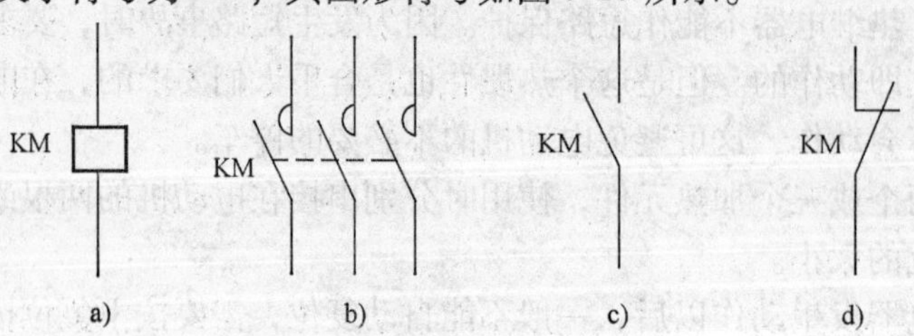

图 7-17 交流接触器的图形符号

a）线圈 b）主触点 c）常开辅助触点 d）常闭辅助触点

交流接触器是控制笼型异步电动机的最主要电器之一，下面简单介绍其控制原理。图 7-18 所示为交流接触器控制三相笼型异步电动机示意图。

当线圈没有通电时，交流接触器处于不得电的状态（常态）。它的常闭触点闭合，常开触点断开。当电磁线圈得电时，电磁机构产生电磁力吸动衔铁，衔铁向左运动，常闭触点断开，常开触点闭合，电动机电源接通。如果此时给电磁线圈断电，电磁铁电磁力消失，衔铁在弹簧的作用下向右运动回到常态的位置，常开触点断开、常闭触点复位，电动机电源断开。

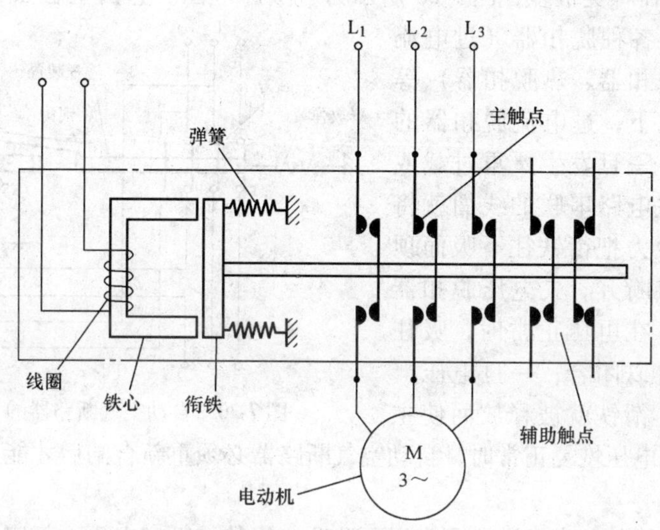

图 7-18　交流接触器控制三相笼型异步电动机示意图

常用的交流接触器有 CJ10、CJ12、CJ20 和 3TB 等系列。在选择交流接触器时，要注意其技术指标：额定工作电压、额定工作电流、触点数目等。额定工作电压是指主触点之间的正常工作电压，交流接触器额定电压有 220V、380V、660V 等。额定工作电流是指主触点正常工作电流，交流接触器额定电流有 10A、40A、100A、250A、400A 等 10 余种。

需要注意：接触器的线圈电压与主触点工作电压有时不同。线圈额定工作电压：指接触器电磁线圈正常工作电压值。交流线圈额定工作电压有 24V、36V、48V、110V、127V、220V、380V 等。

7. 中间继电器

中间继电器是用来传输和转换信号的一种低压继电器，主要作用是解决触点容量及数量的问题，以实现一点控多点、小功率控大功率的功能。中间继电器也分成直流与交流两种，其结构也由电磁机构和触点系统组成，电磁机构与接触器相似，其触点因为通过的电流较小，所以不需加装灭弧装置。中间继电器的文字符号为 KA，其图形符号如图 7-19 所示。

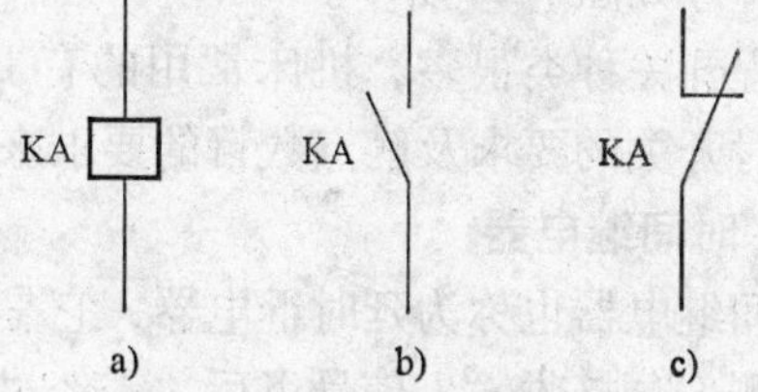

图 7-19　中间继电器图形符号

a）线圈　b）常开触点　c）常闭触点

8. 自动空气断路器

自动空气断路器又称自动空气开关或断路器，是用于当电路发生过载、短路和欠电压等不正常情况时以自动断开电路，从而保护电气设备的保护电器。

刀开关与熔断器组合虽然能够切断短路电流，但不能多次重复操作，不适合远距离控制，而且熔断后需更换熔体，使用也不方便。随着低压配电网技术的发展，产生了具有自由脱扣机构并可以实现多种保护的自动空气断路器。

自动空气断路器种类很多，图 7-20 所示为一般原理图。它由主触点、弹簧、锁钩、连杆装置、可选择的各种脱扣器（过电流脱扣器、欠电压脱扣器、热脱扣器）等组成。在正常情况下，过电流脱扣器的衔铁是释放着的；一旦发生严重过载或短路故障时，与主电路串联的线圈就将产生较强的电磁吸力把衔铁往下吸而顶开锁钩，使主触点断开。欠电压脱扣器的工作恰恰相反，在电压正常时，吸住衔铁，主触点才得以闭合；一旦电压严重下降或断电时，衔铁就被释放而使主触点断开。当电源电压恢复正常时，自动空气断路器必须重新合闸后才能工作，实现了失电压、欠电压保护。

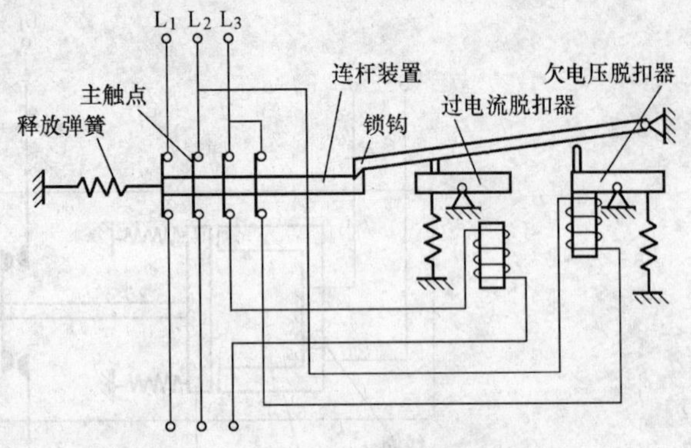

图 7-20 自动空气断路器的一般原理图

自动空气断路器的基本参数主要有以下几项：级数、额定电压、额定电流等。常用的自动空气断路器有 H、DZ、DW 等系列。

9. 行程开关

行程开关也称位置开关、限位开关，是一种根据运动部件的行程位置而切换电路的电器，可以用来限制机械运动行程。它可将机械位移信号转换成电信号，常用来做过程控制、改变运动方向、定位、限位及安全保护之用，广泛应用于各类机床、起重机械等设备上。

行程开关按其结构可分为直动式、微动式、滚动式三种。工作原理：当生产机械的运动部件到达某一位置时，运动部件上的挡块碰压行程开关的操作头，使行程开关的触点改变状态，对控制电路发出接通、断开等指令，以达到设定的控制要求。

图 7-21 所示为直动式行程开关结构示意图，其结构与按钮相似，但其动作要由机械撞击引起，当顶杆被外力压下时，常闭触点断开，常开触点吸合。行程开关的文字符号为 SQ，其图形符号如图 7-22 所示。

行程开关种类很多，机床常用的有 LX2、LX19、LJXK1 等型号。行程开关主要依据机械位置对开关的要求及触点数目的要求来确定其型号。

10. 时间继电器

时间继电器也称为延时继电器，它是在电气控制系统中起着时间控制作用的继电器，当它的感测部分接收输入信号以后，需经过一定时间的延时，它的执行部分才会动作，并输出信号以操纵控制电路。按其动作原理可分为电磁阻尼式、空气阻尼式、电动机式、电子式等。几种常用的时间继电器外形如图 7-23 所示。

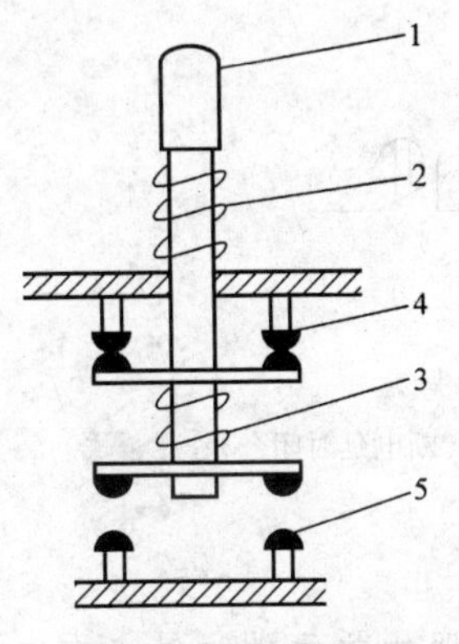

图 7-21　直动式行程开关结构示意图
1—顶杆　2—弹簧　3—触点弹簧
4—常闭触点　5—常开触点

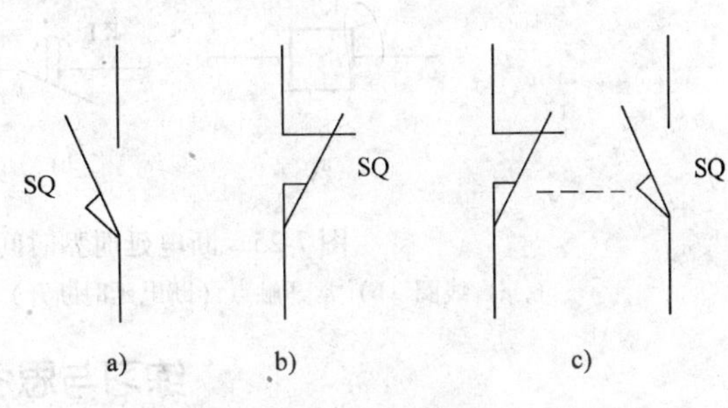

图 7-22　行程开关图形符号
a）常开触点　b）常闭触点　c）复合触点

a)

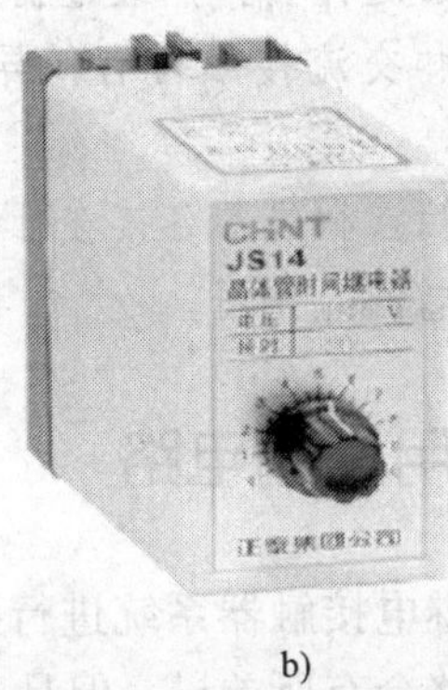

b)

c)

图 7-23　几种常用的时间继电器
a）空气阻尼式　b）晶体管式　c）数字式

时间继电器还可按延时方式来分类，有通电延时型和断电延时型两种：通电延时型时间继电器在其感测部分接收信号后，开始延时，一旦延时完毕，触点动作以操纵控制电路，当输入信号消失时，继电器就立即恢复到动作前的状态（复位）；断电延时型时间继电器在其感测部分接收输入信号后，触点立即动作，但当输入信号消失后，继电器必须经过一定的延时，才能恢复到原来（即动作前）的状态。

通电延时型时间继电器通常含有两个延时触点：一个延时断开的常闭触点，一个延时闭合的常开触点。

断电延时型时间继电器也有两个延时触点：一个延时闭合的常闭触点，一个延时断开的常开触点。

时间继电器的文字符号为 KT，其图形符号如图 7-24、图 7-25 所示。

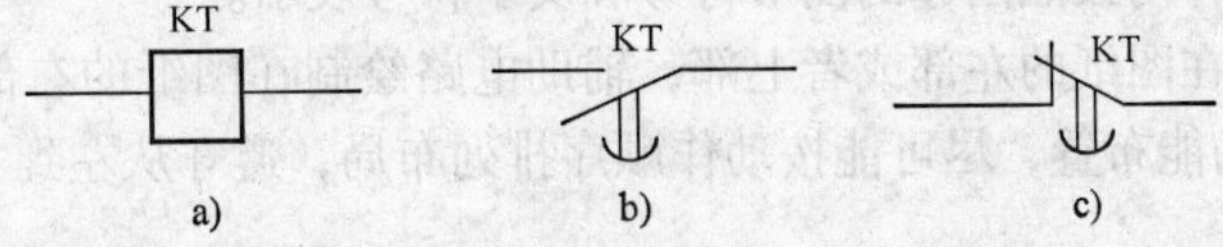

图 7-24　通电延时型时间继电器图形符号
a）线圈　b）常开触点（通电延时闭合）　c）常闭触点（通电延时断开）

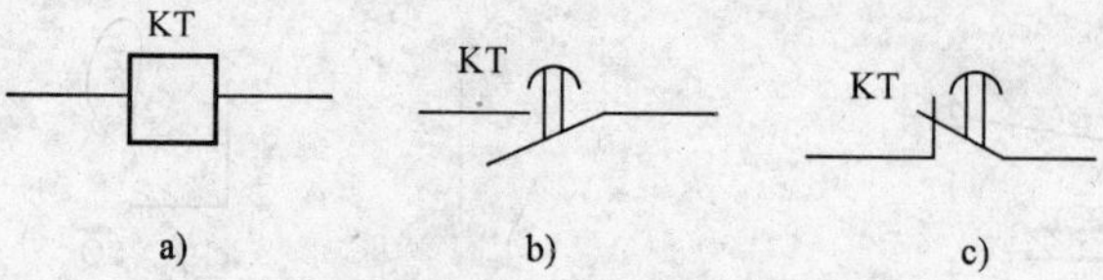

KT

KT

KT

a)　　b)　　c)

图 7-25 断电延时型时间继电器图形符号

a）线圈 b）常开触点（断电延时断开） c）常闭触点（断电延时闭合）

练习与思考题

7-1-1 什么是热继电器的整定电流，如何调节？热继电器的热元件和触点在电路中如何连接？

7-1-2 熔断器和热继电器的作用是什么？热继电器会不会因电动机起动电流大而动作？

7-1-3 什么是中间继电器，它和交流接触器有何异同？在什么条件下可以用中间继电器代替交流接触器起动电动机？

7-1-4 接触器的主触点、辅助触点和线圈各接在什么电路中，如何连接？

7-1-5 简述行程开关和时间继电器的作用。

7.2 笼型异步电动机的常用控制电路

在各种生产机械上，广泛使用继电接触器系统进行控制，控制对象多为电机、电磁铁、电热器等，控制内容不同，控制电路会有所差异，但是，几乎所有的控制电路都是由一些基本单元按照一定的控制环节和逻辑规律组合而成的。只要掌握了基本单元电路的逻辑关系和特点，并结合实际机械的具体任务和要求，就能掌握控制电路的分析和设计方法。

本节主要介绍对三相异步电动机的起动、正反转、行程、顺序等控制。掌握这些基本的控制原则和控制环节，是学习电气控制的基础。

7.2.1 电气原理图

电气控制系统是由电气控制元件按一定的要求连接组成，为了清晰地表达生产机械电气控制系统的工作原理，便于电气控制系统的安装、调整、使用和维修，将电气控制系统中的各个电器元件用一定的图形符号和文字符号表达出来，再将其连接情况用一定的图形反映出来，这种图形就是电气控制系统图。常用的电气控制系统图有电气原理图、电器元件布置图与电气安装接线图。

绘制电气原理图的规则如下：

1）所有电器元件均按照国标的图形符号和文字符号表示。

2）主电路绘制在图纸的左部或者上部，辅助电路绘制在图纸的右部或者下部。电路或者电器元件按照其功能布置，尽可能按动作顺序排列布局，遵守从左到右、从上到下的顺序排列。

3）同一个电器元件的不同部分，如接触器的线圈和触点，可以绘制在不同位置，但必须使用同一文字符号表示，电器元件中与导电无关的机械结构在原理图上不再表示。对于多个同类电器元件，采用文字符号加序号表示，如 KM_1、KM_2 等。

4）所有电器元件的可动部分（如接触器触点）均按照没有通电或者无外力的状态下画出。

5）尽量减少线条和避免线条交叉；电器元件的图形符号可以旋转 45°、90°或 180°绘制。

图 7-26 所示为三相异步电动机的直接起动电路，可以看出，接触器 KM 的线圈和主触点分别画在两个不同的电路中。接触器的主触点用来通、断电动机的电源，这个电路的电流较大，称为主电路；由接触器的线圈、辅助触点和按钮组合的电路用于控制接触器线圈通、断电，以便完成电动机的起动和停机，这部分电路电流一般都比较小，称为控制电路。

7.2.2　电动机的直接起动

所谓直接起动，又称全压起动，就是利用刀开关或接触器将电动机定子绕组直接接到额定电压的电源上。功率小于 7.5kW 的电动机，由于电流较小，触点的闭合和断开所产生的火花都很小，在很多连续工作的情况下，可采用刀开关或者组合开关与熔断器直接起动和停止。而对于远距离控制或者功率较大的电动机，可采用刀开关和接触器、控制按钮等组成控制电路，其中刀开关仅仅用于接通和断开电源，而电动机电流的通断控制主要由接触器实现。

由接触器控制的直接起动电路包括点动控制和长动控制两种。

1. 点动控制

电动机的点动，是指电动机只能作短时动作，不连续旋转，点动控制电路常用于短时工作制的电气设备或精确定位的设备中，如门窗的起动控制或吊钩移动控制、设备的调试、机械设备的快速移动、机床快速调整控制电路等。电动机点动控制电路原理如图 7-26 所示。工作过程如下：先合上电源开关 QS。按下按钮 SB，接触器 KM 线圈通电吸合，其常开主触点闭合，电动机 M 起动旋转。松开按钮 SB，接触器 KM 线圈断电释放，其主触点断开，电动机停止转动。

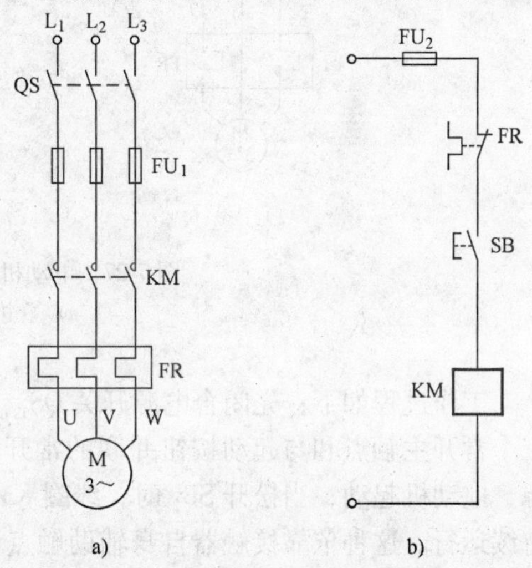

图 7-26　电动机的直接起动电路（点动）
a）主电路　b）控制电路

通常控制电路接在 FU_1 后的两根相线之间或一根相线和中性线之间，这主要取决于接触器线圈的额定电压。

熔断器 FU_1、FU_2 为电路的短路及严重过载保护，而热继电器则提供电动机的长期过载的保护。电路中的刀开关或者组合开关 QS 仅仅用来接通和断开电源，不做控制使用。当电动机短路时，熔断器的熔丝会在很短的时间内熔断，从而实现了对电动机的短路保护功能。当电动机过载时间较长时，过大的电流使得热继电器动作，热继电器常闭触点断开，切断接触器 KM 的线圈电路，使得电动机停止工作，实现了过载保护功能。

在第6章，分析过电动机的最大转矩 T_{max}，知道电动机不能长期处于过载状态运行。但是，如果只是短时的过载还是允许的。也就是说，当电动机过载时间不长，温度没有超过允许值时，还是可以继续运行的，具有短时的过载能力。一旦出现电动机温度超过允许值时，就应该立即切断电源，这样才能既使电动机受到保护，又能发挥短时过载能力。在前面提到的电器中，断路器含有过电流脱扣器，可以进行电路的过载保护，但是这种过载保护一般是指在电源端，因为断路器通常安装于靠近电源端的位置，过电流脱扣器的电流与电源端的电流相匹配，而与电动机的过载特性不一定相匹配，所以一般不能作电动机的过载保护电器。对于熔断器，只能对电路作短路保护，因为当电路出现短路现象时，短路电流相当大，熔体是应该立即熔断的，而且电动机电路的熔体额定电流数值比电动机的额定电流数值大很多，因此熔断器也不适合作电动机的过载保护电器。

2. 长动（连续）控制

长动控制是指按下起动按钮后，电动机通电起动运转，松开按钮后，电动机仍继续运行，只有按下停止按钮，电动机才停转。长动与点动主要区别在于松开起动按钮后，电动机能否继续保持得电运转的状态。图7-27所示为电动机的长动起动电路。

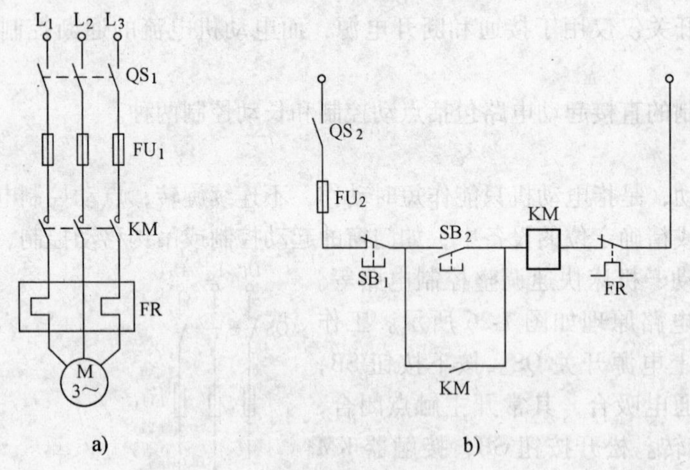

图7-27 电动机的直接起动电路（长动）

a）主电路 b）控制电路

工作过程如下：先闭合电源开关 QS_1、QS_2。按下起动按钮 SB_2，接触器KM线圈通电，三个常开主触点和与起动按钮并联的常开辅助触点都闭合，从而使主电路接通电动机的电源，电动机起动；当松开 SB_2 时，线圈KM通过其自身常开辅助触点继续保持通电，电动机持续运行。这种依靠接触器自身辅助触点保持线圈通电吸合的电路，称为“自锁”或“自保持”电路，其辅助常开触点称为自锁触点。

当电动机需要停止时，按下和KM线圈串联的停止按钮 SB_1，接触器KM线圈断电，常开主触点与辅助触点（自锁触点）均断开，电动机停止运转。

接触器KM在电路中具有失电压、欠电压保护作用。当电源电压出现严重欠电压或失电压时，接触器KM线圈电磁吸力急剧下降或消失，导致衔铁释放，接触器常开主触点与自锁触点均断开，电动机停止运转；当电源电压恢复正常时，电动机也不会自行起动运转，从而防止了事故的发生。

7.2.3 Y—Δ 减压起动

较大容量的笼型异步电动机因起动电流较大，一般都采用减压起动。图 7-28 所示为 Y—Δ 减压起动电路，电路的工作过程如下：起动电动机时，先合上刀开关 QS，按下起动按钮 SB_2，接触器 KM_1、KM_3 与时间继电器 KT 的线圈同时得电，接触器 KM_1、KM_3 的主触点将电动机定子绕组接成星形，电动机减压起动。经一段时间延时后，到达 KT 的延时值，KM_3 线圈失电，KM_2 线圈得电，电动机主电路换接成三角形，电动机投入正常运转。

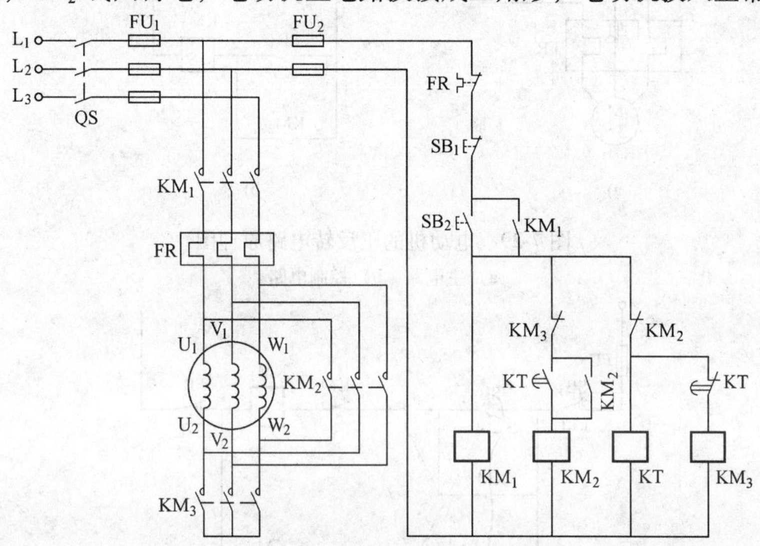

图 7-28 Y—Δ 减压起动电路

7.2.4 正反转控制

生产实践中，很多设备需要电动机能够正反转，以满足工业生产要求，比如机床工作台的前进和后退、主轴的正转和反转、混凝土搅拌机的正反转、起重机的升降等。这些两个相反方向的运动均可通过电动机的正转和反转来实现。从电机学知识可知，只要改变电动机定子绕组的三相电源相序，即可改变电动机的转向。

图 7-29 和图 7-30 为实现电动机的正反转电路原理图和具有互锁控制的电动机正反转控制电路。图 7-29 中，SB_1、SB_2、SB_3 分别是停止按钮、正转起动按钮、反转起动按钮，KM_1、KM_2 分别是正转接触器和反转接触器。按下正转起动按钮 SB_2 时，正转接触器 KM_1 得电并自锁，电动机正转；按下反转起动按钮 SB_3，则反转接触器 KM_2 得电，电动机反转。若同时按下 SB_1 和 SB_2，则 KM_1、KM_2 均得电，其主触点闭合造成电源两相短路，因此，任何时候只能允许一个接触器通电工作。为实现这一要求，通常在控制电路中，将正反转接触器的常闭触点分别串接在对方的接触器线圈电路中，如图 7-30 所示。这样，任一接触器线圈通电后，即使按下相反方向按钮，另一接触器也无法得电，这种锁定关系称为互锁（联锁），即两者存在相互制约的关系，不可能同时得电。利用接触器（或继电器）常闭触点的互锁又被称为电气互锁。该电路还用按钮的常闭触点实现了互锁。

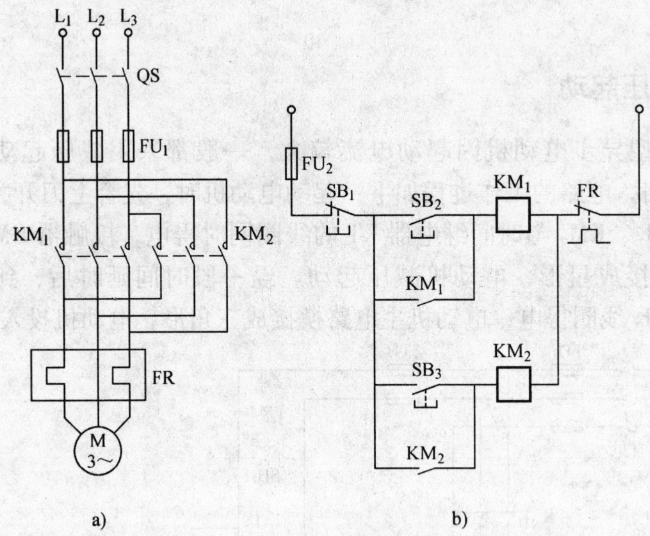

图 7-29 电动机的正反转电路原理图

a）主电路 b）控制电路

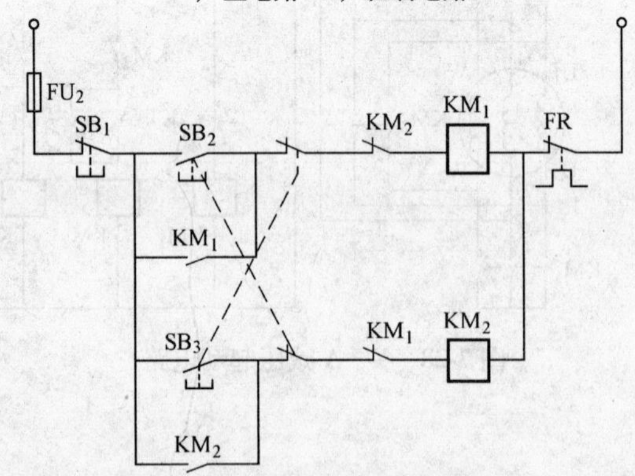

图 7-30 具有互锁控制的电动机正反转控制电路

7.2.5 行程控制

根据生产机械运动部件的位置或行程进行控制称为行程控制。行程控制可以分为限位控制和往复运动控制，这两种控制使用的电器元件都是行程开关。

所谓限位控制就是当生产机械运动部件到位后，通过行程开关将机械位移变为电信号，通过控制电路使运动部件停止运行。

生产机械的某个运动部件，如运料车、机床的工作台等，需要在一定的行程范围内自动往复循环运动，这就要求拖动运动部件的电动机必须能自动地实现正反转控制。

图 7-31 所示为运料车运动示意图。B 地和 A 地分别为运料车的起点和终点，小车起动后，前进到 A 地。然后作以下往复运动：到 A 地后停 2min 装料，然后自动走向 B；到 B 地后停 2min 卸料，然后自动走向 A。

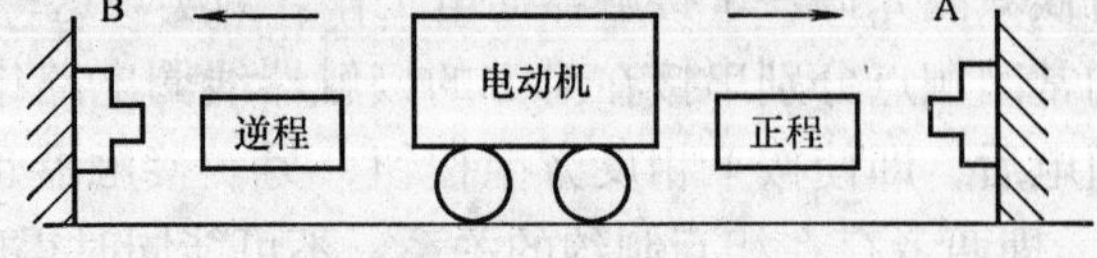

图 7-31 运料车运动示意图

图7-32所示为运料车电动机控制电路，SQ_a、SQ_b为A、B两端的限位开关，KT_a、KT_b为两个时间继电器，设运料车由B向A运行为正向运行。控制运料车的正行与逆行实际上是控制电动机的正反转。

当按下正行按钮SB_F时，电动机正转接触器KM_F得电，小车正向运行，当小车运行至A端撞限位开关SQ_a时，SQ_a常闭触点断开，常开触点闭合，KM_F失电，KT_a得电，电动机停转，延时2min后，KM_R得电，小车反向运行至B端，撞SQ_b，电动机停转，延时2min后，小车又正向运行。如此，往反运行。

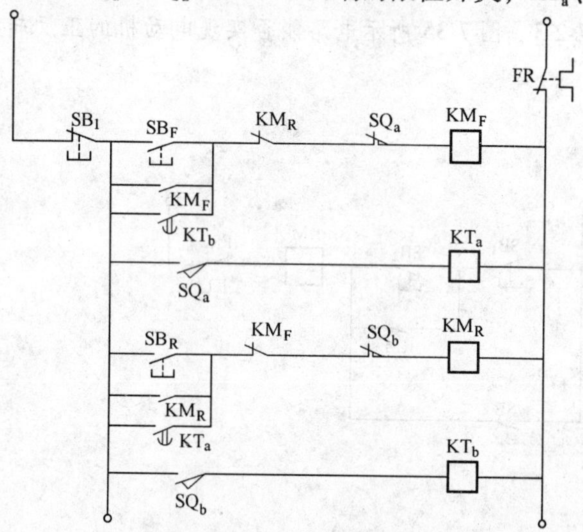

图7-32　运料车电动机控制电路

7.2.6　顺序控制

某些设备工作时，会要求部件按一定的顺序运行。如图7-33a所示的带式运输机，两台电动机的起动有先后次序的要求，只有电动机M_1起动后才允许M_2起动。

电动机的控制电路如图7-33b所示。在这个电路中，KM_1的常开触点串联在KM_2的线圈电路中，只有KM_1通电，电动机M_1起动后，KM_2才能通电，电动机M_2才能起动。

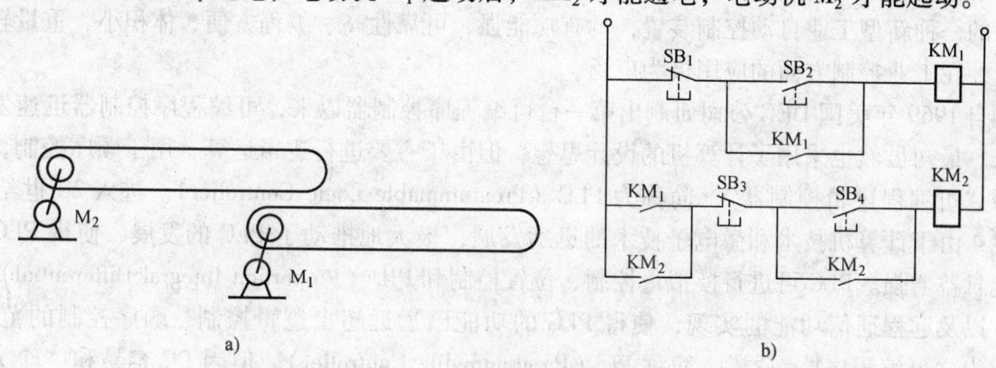

图7-33　电动机先后顺序控制

a）带式运输机示意图　b）控制电路

练习与思考题

7-2-1　在生产中，很多场合需要对电动机进行点动和长动的结合控制，控制电路既能控制电动机进行连续运转，也能通过点动按钮断续工作。例如，起重机起吊重物，在距离目的地很远时，使用长动（连续）运行，当重物接近目的地时，使用点动来准确地放置重物。图7-34所示控制电路能否实现既能点动、又能连续运行？

7-2-2 什么是自锁与互锁？

7-2-3 图 7-35 所示电路能否实现电动机的正反转控制？

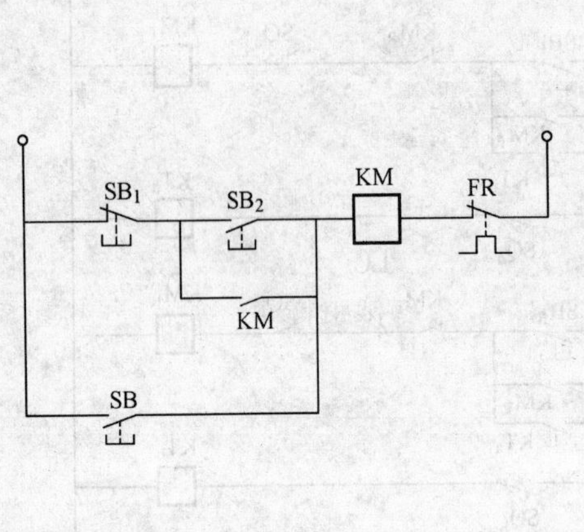

图 7-34 练习与思考题 7-2-1 图

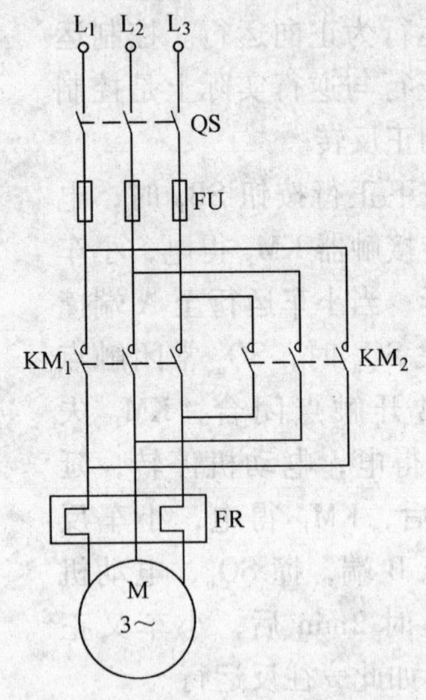

图 7-35 练习与思考题 7-2-3 图

7.3 可编程序控制器

可编程序控制器是以微处理器为核心，综合计算机技术、自动控制技术和通信技术发展起来的一种新型工业自动控制装置，具有功能强、可靠性高、编程方便、体积小、重量轻等优点，在工业控制方面的应用极为广泛。

自 1969 年美国 DEC 公司研制出第一台可编程序控制器以来，可编程序控制器迅速发展起来。最初虽然也采用了计算机的设计思想，但由于主要进行逻辑运算，用于顺序控制，故称为“可编程逻辑控制器”，简称为 PLC（Programmable Logic Controller）。进入 20 世纪 80 年代，由于计算机技术和微电子技术的迅猛发展，极大地推动了 PLC 的发展，使得 PLC 的功能日益增强。PLC 可进行模拟量控制、位置控制和 PID（Proportion Integral Differential）控制，以及远程通信功能的实现，使得 PLC 的功能已远远超出逻辑控制、顺序控制的范围，故称为“可编程序控制器”，简称 PC（Programmable Controller）。但因 PC 容易和“个人计算机”（Personal Computer）混淆，故人们仍习惯地用 PLC 作为可编程序控制器的缩写。

目前 PLC 已广泛应用于冶金、矿业、机械、轻工等领域，为工业自动化提供了有力的工具，加速了机电一体化的进程。了解 PLC 的工作原理，具备设计、调试和维护 PLC 控制系统的能力，已经成为现代工业对电气技术人员和工科学生的基本要求。

7.3.1 可编程序控制器的特点

对于 PLC 的定义，国际电工委员会（IEC）在 1987 年 2 月颁布的可编程序控制器标准的第三稿中写道：“可编程序控制器是一种数字运算操作的电子系统，是专为在工业环境下应用设计的。它采用可编程序的存储器，用来在内部存储执行逻辑运算、顺序控制、定时、计数和算术运算等操作的指令，并采用数字式、模拟式的输入和输出，控制各种类型的机械或生产过程。可编程序控制器及其有关设备，都应按易于与工业控制系统联成一个整体、易于扩充其功能的原则设计。”

1. 可编程序控制器的用途

目前，PLC 在国内外已广泛应用于钢铁、石油、化工、电力、建材、机械制造、汽车、轻纺、交通运输、环保等行业。随着 PLC 性价比的不断提高，其应用范围正在不断扩大，目前 PLC 的用途大致可以归纳为以下几个方面：

1）用于开关逻辑控制和顺序控制。利用 PLC 的“软”继电器取代传统的继电器，完成开关逻辑控制和顺序控制，这是 PLC 的最基本的应用范围。PLC 具有“与”、“或”、“非”等逻辑指令，可以实现触点的串、并联，代替继电器进行组合逻辑控制、定时控制和顺序逻辑控制，可用于单机控制、多机群控、自动化生产线的控制等。

2）过程控制。过程控制是指对压力、流量等模拟量的闭环控制。作为工业控制计算机，PLC 能编制各种各样的控制算法程序，完成闭环控制。其中，PID 调节是一般闭环控制系统中较常用的调节方法。大中型 PLC 都有 PID 模块，目前许多小型 PLC 也具有 PID 功能。

3）数据处理及 A/D 和 D/A 的转换。PLC 不仅能进行数据传送、比较、移位、数制转换和算术运算及逻辑运算，还具有 A/D、D/A 转换的功能，以实现对模拟量的控制。

4）通信联网。近年来越来越多的 PLC 具有较强的通信联网功能。PLC 通信包括 PLC 间的通信及 PLC 与上位计算机和其他智能设备间的通信。用于完成数据的处理和信息的交换，实现对整个生产过程的信息控制和管理。通过联网，组成多级控制系统，目前大部分的 PLC 都具有通信接口，通信非常方便。目前 PLC 之间的通信网络是各厂家专用的，而 PLC 与计算机之间的通信一般采用工业标准总线，并向标准通信协议靠拢。

2. 可编程序控制器的主要特点

1）可靠性高，抗干扰能力强。PLC 在设计、制作、元器件的选取上，采用了高度集成化和冗余量大等一系列措施，提高了系统的可靠性，在抗干扰性上，采取了软、硬件多重抗干扰措施，使其能安全地工作在恶劣的工业环境中。

2）采用模块化结构，功能完善，组合灵活，扩展方便。为了适应各种工业控制需要，除了单元式的小型 PLC 以外，绝大多数 PLC 均采用模块化结构。PLC 的各个部件，包括 CPU、电源、I/O 等均采用模块化设计，由机架及电缆将各模块连接起来，系统的规模和功能可根据用户的需要自行组合。

3）编程简单易学。PLC 的编程大多采用类似于继电器控制电路形式的梯形图编程，形象直观，对使用者来说，不需要具备计算机的专门知识，因此很容易被一般工程技术人员所理解和掌握。现在许多 PLC 还提供功能很强的其他编程手段，以满足各种不同的需要。

4）体积小、重量轻、速度快，安装简单，维修方便。PLC 不需要专门的机房，可以在各种工业环境下直接运行。使用时只需将现场的各种设备与 PLC 相应的 I/O 端相连接，即可投入运行。各种模块上均有运行和故障指示装置，便于用户了解运行情况和查找故障。由于采用模块化结构，因此一旦某模块发生故障，用户可以通过更换模块的方法，使系统迅速恢复运行。

7.3.2 可编程序控制器的组成及工作方式

虽然 PLC 的种类繁多，但其基本结构和工作原理基本相同。广义上说和工控机一样，PLC 也是一种计算机系统，只不过它更加适应工业环境，具有更强的抗干扰能力。

1. PLC 的组成

PLC 主要由 CPU、存储器、基本输入/输出接口（I/O 接口）电路、I/O 扩展接口、外部设备接口、编程装置、电源等组成。PLC 系统组成框图如图 7-36 所示。编程装置将用户程序送入 PLC，在 PLC 运行状态下，输入单元接收到输入设备输入信号，PLC 执行程序，并根据程序运行后的结果，由输出单元驱动输出设备。

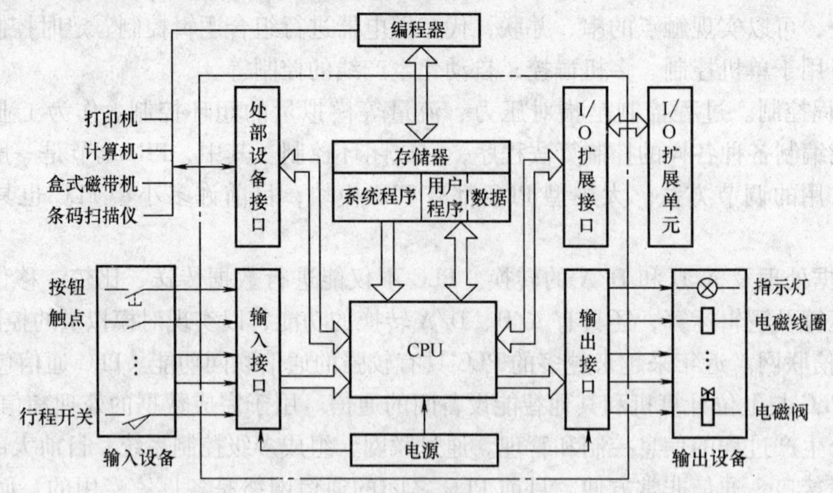

图 7-36 PLC 系统组成框图

PLC 各部分的作用如下：

（1）CPU

CPU（Central Processing Unit，中央处理单元）是 PLC 的核心部分，相当于人的大脑。CPU 通过地址总线、数据总线、控制总线与存储单元、输入/输出接口等电路连接，监控输入/输出接口状态，做出逻辑判断和进行数据处理。

（2）内部存储器

PLC 的内部存储器有两类：一类是系统程序存储器，主要存放系统管理和监控程序及对用户程序作编译处理的程序，系统程序已由厂家固定，用户不能更改；另一类是用户程序及数据存储器，主要存放用户编制的应用程序及各种暂存数据和中间结果。

（3）输入/输出（I/O）接口

输入/输出接口是 PLC 与被控设备相连接的部分。输入接口用来接收生产过程中的各种信号，输入信号有两类：一类是从按钮、选择开关、数字拨码开关、限位开关、接近开关、光电开关等传来的开关量输入信号；另一类是由电位器、热电偶、测速发电机、各种变送器提供的连续变化的模拟量输入信号。输出接口用来输出 CPU 运算后得出的控制信息，控制接触器、电磁阀、电磁铁、调节阀、调速装置等执行器。PLC 的另一类外部负载是指示灯、数字显示装置和报警装置等。根据输入、输出电路的结构形式不同，I/O 接口又可分为开关量I/O和模拟量I/O两大类，其中模拟量I/O要经过A/D、D/A转换电路的处理，转换成计算机系统所能识别的数字信号。

（4）I/O扩展接口

I/O扩展接口用于将扩充外部输入/输出端子数的扩展单元与基本单元（即主机）连接在一起。

（5）编程器

编程器是PLC最重要的外围设备，用来生成用户程序，并对用户程序进行编辑、检查和修改。使用编程软件可以在屏幕上直接生成和编辑梯形图、指令表、功能块图和顺序功能图程序，并可以实现不同编程语言的相互转换。

（6）外部设备接口

此接口可将编程器、计算机、打印机、条码扫描仪等外部设备与主机相连，以完成相应操作。

2. PLC的工作方式

PLC采用循环扫描的工作方式。图7-37表示了一个完整的扫描过程。

PLC运行时，CPU根据用户程序存储器中的程序，按指令序号做周期性扫描，如果没有跳转指令，则从第一条开始逐条执行，直到程序结束，然后重新返回第一条指令，开始下一轮新的扫描。

PLC的扫描过程分为采样输入、程序执行和输出刷新三个阶段。

采样输入阶段：将各输入端的通断状态或输入数据送到输入状态寄存器中。

程序执行阶段：PLC中的微处理器逐条执行指令，按要求对输入的状态和原运算结果进行处理（包括逻辑、算术运算），并把结果送相应的状态寄存器。

输出刷新阶段：输出状态寄存器的通断状态通过一定方式（继电器、晶体管或晶闸管）输出，以驱动被控设备。

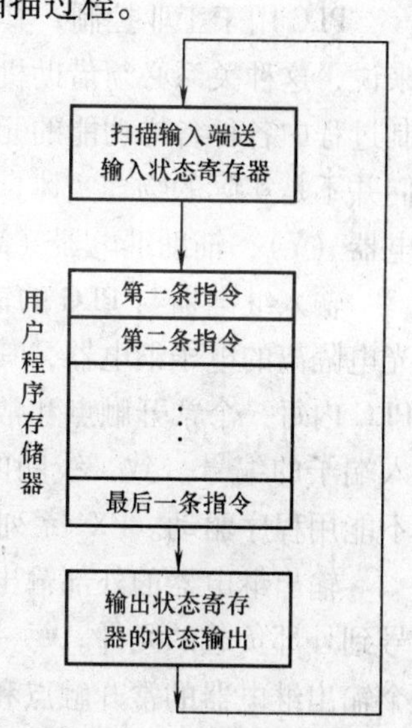

图7-37　PLC的工作方式

以上执行的三个阶段称为一个扫描周期。PLC在完成一个扫描周期后，又重复这个过程。如此周而复始。值得注意的是，由于PLC是采用扫描工作方式，一个扫描周期内，只对输入状态采样一次，对输出状态刷新一次，因此如果PLC正在程序执行阶段，其输入量发生变化，则对应的输入状态寄存器的内容不会变化，输出信息也不会随之改变，必须到执行下一个扫描周期的采样输入阶段，PLC才会采入新的输入数据。这样，虽然降低了系统的响应速度，但大大提高了系统的抗干扰能力。

PLC的循环扫描周期是一个较为重要的指标。一般来说，采样输入和输出控制阶段只需几毫秒时间，故PLC的扫描周期主要取决于程序的执行时间，通常为几十毫秒。

7.3.3　可编程序控制器的编程语言及应用举例

PLC的控制功能是通过执行程序实现的，程序的编程语言多种多样，不同的PLC厂家，不同的PLC型号，采用的表达方式也不尽相同。PLC最突出的优点之一是用软件编程逻辑代替传统的硬布线逻辑实现控制作用，而且 PLC 的编程语言面向被控对象、面向操作者，易于为熟悉继电器接触器控制电路的电气技术人员理解和掌握。

1994 年 5 月 IEC（国际电工委员会）公布的 PLC 的国际标准（IEC61131-3）中有五种编程语言，即顺序功能图（Sequential Function Chart）、梯形图（Ladder Diagram）、功能块图（Function Block Diagram）、指令表（Instruction List）和结构文本（Structure Text）。其中，顺序功能图（SFC）、梯形图（LD）和功能块图（FBD）是图形编程语言，指令表（IL）和结构文本（ST）是文字语言。在这五种语言中以梯形图、指令表语言最为常用。

当前 PLC 的生产厂家有数百家，各厂家的产品分为许多型号、系列。世界上产销量较大的有日本三菱公司的 F 系列，OMRON 公司的 C 系列，松下电工 FP1 系列，美国通用电气公司的 GE 系列，德国西门子公司的 S5、S7 等产品。其中，三菱公司的 FX_2 系列 PLC 由基本单元、扩展单元（或扩展模块）、特殊模块及特殊适配器等组成，总 I/O 点数可达 256 个，下面仅介绍 FX_2 系列 PLC 的基本编程元件及基本指令的使用方法。

1. FX_2 系列 PLC 的编程元件

PLC 用于工业控制，其实质是用程序表达控制过程中的逻辑或控制关系。但是对于程序来说，这种关系必须借助机内元件来实现，这就要求在 PLC 内部设置具有能方便地代表控制过程中各种各样功能的元件，这就是编程元件。这些编程元件与继电器的根本区别就是它们并不是实际的物理实体，而是软器件。常用的编程元件主要有输入继电器（X）、输出继电器（Y）、辅助继电器（M）、状态寄存器（S）、定时器（T）、计数器（C）等。

输入继电器与 PLC 的输入端子相连，是 PLC 接收外部开关信号的接口。输入继电器是光电隔离的电子继电器，其线圈、常开触点、常闭触点与传统硬继电器表示方法一致，但在 PLC 内每一个常开触点和常闭触点的使用次数不限，可以自由使用。输入继电器的编号与输入端子的编号一致，线圈的吸合与释放只取决于 PLC 输入端子所连接的外部设备的状态，不能用程序驱动。FX_2 系列 PLC 的输入继电器最多可达 128 点（X0 ~ X127）。

输出继电器的外部输出接点连接到 PLC 的输出端子上，输出继电器是 PLC 用来传送信号到外部负载的元件。每一个输出继电器有一个外部输出的常开触点，但在梯形图中，每一个输出继电器的常开触点和常闭触点都可以多次使用。FX_2 系列 PLC 的输出继电器最多可达 128 点（Y0 ~ Y127）。

PLC 内部有大量的辅助继电器，辅助继电器是靠软件实现其功能，它们不能接收外部的输入信号，也不能直接驱动外部负载，只是一种内部的状态标志，相当于继电接触器控制系统中的中间继电器。但它的常开、常闭触点在 PLC 编程中可以无限制地使用。常见的辅助继电器有通用型辅助继电器（地址编号为 M0 ~ M499）、失电保持型辅助继电器（地址编号为 M500 ~ M1023）、特殊辅助继电器（地址编号为 M8000 ~ M8255）。

状态寄存器是顺序编程中重要的元件，共有四种类型：初始状态寄存器、回零寄存器、通用寄存器、保持寄存器。各状态元件的常开、常闭触点可自由使用，次数不限。

定时器可进行时间设定，当计时时间到达设定时间时，其触点动作。FX_2 系列 PLC 内部定时器因工作方式和所用时钟频率不同分为 100ms 定时器、10ms 定时器、1ms 积算定时器、100ms 积算定时器。

FX_2 系列 PLC 内部计数器可分为 16 位增计数器、32 位双向计数器、高速计数器等。

2. FX_2 系列 PLC 编程举例

下面以梯形图语言、指令表语言为例来介绍 FX_2 系列 PLC 的编程。

（1）梯形图

梯形图是在传统的继电接触器控制电路图的基础上演变而来的，是 PLC 的主要编程语言，由触点、线圈和方框表示的功能块等组成。它是借助于类似电器的常开触点、常闭触点、线圈以及串联与并联术语和符号，根据控制要求连接而成的表示 PLC 输入/输出之间逻辑关系的图形。

梯形图中的触点代表逻辑的输入条件，如外部的开关、按钮和内条件；线圈代表逻辑的输出结果，用来控制外部的负载和内部的输出条件；功能块用来表示定时器、计时器和数学运算等功能指令。

梯形图中通常用┤├、┤/├图形符号分别表示 PLC 编程元件的常开和常闭触点；用─○─表示它们的“线圈”。梯形图中编程元件的种类用图形符号及标注的字母或数字加以区别。

（2）指令表

PLC 的指令又叫语句，若干条指令组成的程序叫指令表程序或叫助记符语言。每条语句表示给 CPU 一条指令，规定 CPU 如何操作。PLC 助记符语言类似于计算机的汇编语言，但比汇编语言通俗易懂。FX_2 系列 PLC 的基本指令见表 7-1。

表 7-1　FX_2 系列 PLC 的基本指令

指令种类	指令语句（助记符）
触点指令	LD、LDI、AND、ANI、OR、ORI
连续指令	ORB、ANB
输出指令	OUT、ANB、RLS、SFT
特殊指令	END

下面以笼型异步电动机直接起动控制和正反转控制来介绍 PLC 的梯形图、指令表编程。

图 7-38a 所示为笼型异步电动机直接起动的继电接触器控制电路。图 7-38b 所示为笼型异步电动机直接起动的 PLC 电路，停止按钮和起动按钮是它的输入设备，X1 和 X2 分别表示 PLC 输入继电器的常闭触点和常开触点，和停止按钮、起动按钮相对应，例如按下起动按钮 SB_2 时，输入继电器接通，其常开触点 X2 就闭合。Y1 表示输出继电器的线圈和常开触点，与接触器 KM 相对应。外部电路图，输出边的交流电源是外接的。“COM”是输入/输出边各自的公共端子。

图 7-38c 为对应的梯形图，应用梯形图编程时应注意：

1）梯形图按从左到右、自上而下的顺序排列。每一逻辑行（或称梯级）起始于左母线，然后是触点的串、并连接，最后通过线圈与右母线相连。

2）梯形图中每个梯级流过的不是物理电流，而是“概念电流”，从左流向右，其两端没有电源。这个“概念电流”只是用来形象地描述用户程序执行中满足线圈接通的条件。

3）输入继电器用于接收外部输入信号，它不能由 PLC 内部其他继电器的触点来驱动。因此梯形图中只出现输入继电器的触点，而不出现其线圈。输出继电器用于将程序执行结果输出给外部输出设备。当梯形图中的输出继电器线圈接通时，就有信号输出，但不是直接驱动输出设备，而要在输出刷新阶段通过输出接口的继电器、晶体管或晶闸管才能实现。

图 7-38d 是笼型异步电动机直接起动控制的指令表程序，它由操作码和操作数两部分组成。

操作码：用助记符表示，它表示 CPU 要完成的某种操作功能。操作数：包括为执行某种操作所必需的信息。

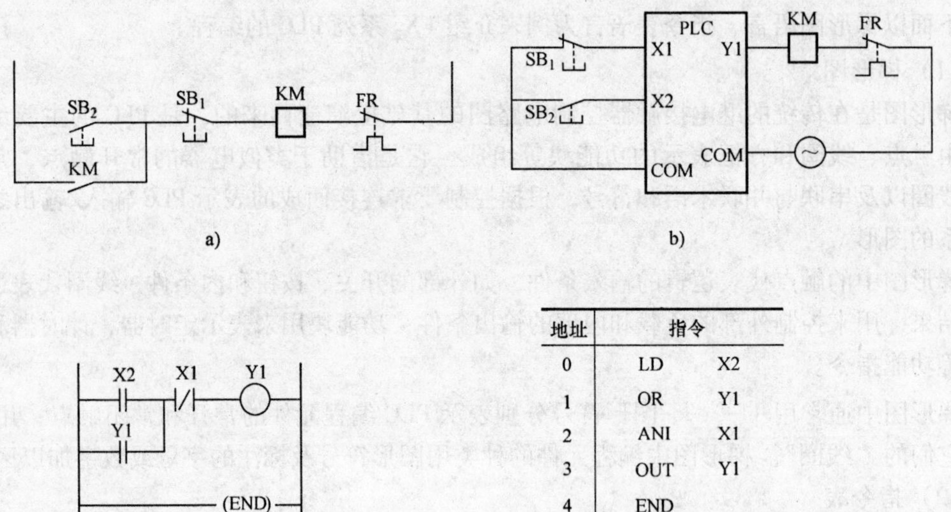

地址	指令	
0	LD	X2
1	OR	Y1
2	ANI	X1
3	OUT	Y1
4	END	

图 7-38 笼型异步电动机直接起动控制

a）笼型异步电动机直接起动的继电接触器控制电路

b）PLC 外部电路 c）梯形图 d）指令表程序

最常用的助记符有：

LD 起始指令（也称取指令）：从左母线（即输入公共线）开始取用常开触点作为该逻辑行运算的开始。

OR 触点并联指令（也称或指令）：用于常开触点的并联，例如图 7-38 中并联 Y1。

AND 触点串联指令：用于常闭触点的串联。

ANI 触点串联反指令（也称与非指令）：用于单个常闭触点的串联，例如图 7-38 中串联 X1。

OUT 输出指令：用于将运算结果驱动指定线圈，例如图 7-38 中驱动输出继电器线圈 Y1。

END 程序结束指令。

图 7-39a 所示为笼型异步电动机正反转控制电路的 PLC 外部电路图。按下 SB_F，电动机正转；按下 SB_R，则反转。在正转时如要求反转，必须先按下 SB_1。

停止按钮 SB_1、正转起动按钮 SB_F、反转起动按钮 SB_R 这三个外部按钮需接在 PLC 的三个输入端子上，可分别分配为 X0、X1、X2 来接收输入信号；正转接触器线圈 KM_F 和反转接触器线圈 KM_R 需接在两个输出端子上，可分别分配为 Y1 和 Y2。

至于自锁和互锁触点，它们是内部的“软”触点，不占用 I/O 点。此外，外部还可接入“硬”互锁触点 KM_R 和 KM_F，以确保正转和反转接触器不会同时接通，避免电源短路。梯形图和指令表程序如图 7-39b、c 所示。

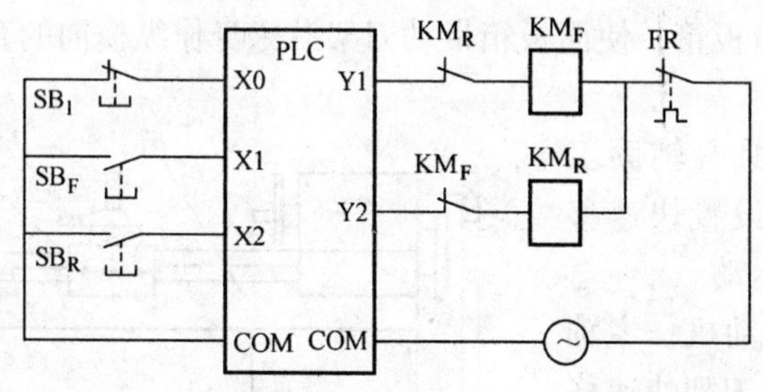

a)

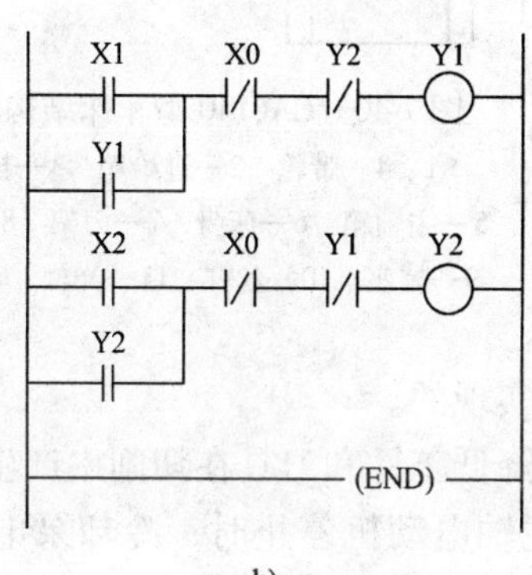

b)

地址	指	令
0	LD	X1
1	OR	Y1
2	ANI	X0
3	ANI	Y2
4	OUT	Y1
5	LD	X2
6	OR	Y2
7	ANI	X0
8	ANI	Y1
9	OUT	Y2
10	END	

c)

图 7-39　电动机正反转控制

a）PLC 外部电路　b）梯形图　c）指令表程序

练习与思考题

7-3-1　PLC 的含义是什么？可编程序控制器有哪些特点？

7-3-2　PLC 主要由哪几部分组成？各部分起什么作用？

7-3-3　简述 PLC 的扫描工作过程，扫描周期长短与哪些因素有关？

7-3-4　PLC 有哪些编程语言？

7-3-5　比较 PLC 系统与继电接触器控制系统的异同点。

7.4　工程应用举例

在我国，CA6140 型车床的用量非常大。下面介绍 CA6140 型车床的电气控制电路，车床结构示意图如图 7-40 所示。

1. CA6140 型车床需要控制的运动

（1）主运动

工件的旋转运动是车床的主运动，主运动由主轴电动机拖动，是由主轴电动机通过带轮传动到主轴箱再旋转的。

（2）进给运动

刀架的直线运动是车床的进给运动，进给运动仍由主轴电动机拖动。主轴电动机经主轴变速箱，再由光杠或丝杠带动溜板箱，使溜板箱带动刀架沿床身作纵横向的直线进给运动。

（3）快速进给运动

即刀架快速直线运动，为减少辅助工作时间，提高工作效率，单独设置快速移动电动机带动刀架作快速进给运动。

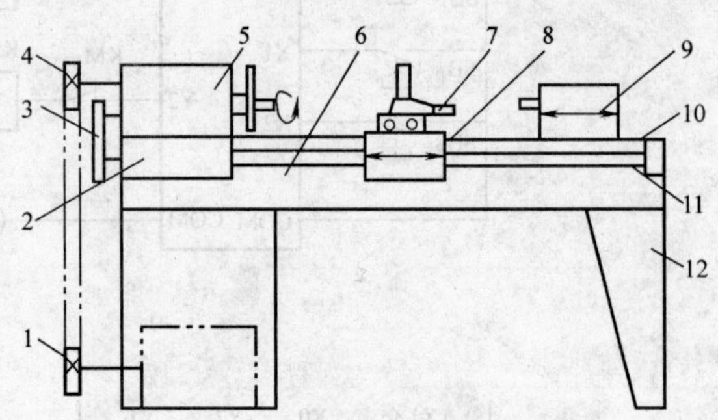

图 7-40　CA6140 型车床结构示意图

1、4—带轮　2—进给箱　3—挂轮架
5—主轴箱　6—床身　7—刀架　8—溜板箱
9—尾座　10—丝杠　11—光杠　12—床腿

CA6140 型车床共有三台电动机：主轴电动机 M_1、冷却泵电动机 M_2、刀架快速移动电动机 M_3。

主轴电动机带动车床主运动和进给运动，CA6140 车床主轴电动机采用直接起动方法。车削加工时一般不要求反转，但加工螺纹时，为避免乱扣，加工完毕要求反转退刀。该车床的正反转控制不是通过改变电源相序的电气方法来实现的，而是用操作手柄通过摩擦离合器来改变主轴旋转方向而实现的。

冷却泵电动机为车削工件时输送冷却液，以降低工件和刀具在切削中产生的高温。冷却泵电动机应在主轴电动机起动后才可以接通，主轴电动机停止时，冷却泵电动机应立即停止。

刀架快速移动电动机采用点动控制。

2. 电气原理图

CA6140 型车床的电气原理图如图 7-41 所示，电器元件见表 7-2。

电源保护	电源开关	主轴电动机	短路保护	冷却泵电动机	刀架快速移动电动机	控制电源变压器及保护	主轴电动机控制	刀架快速移动	冷却泵控制	信号灯	照明灯

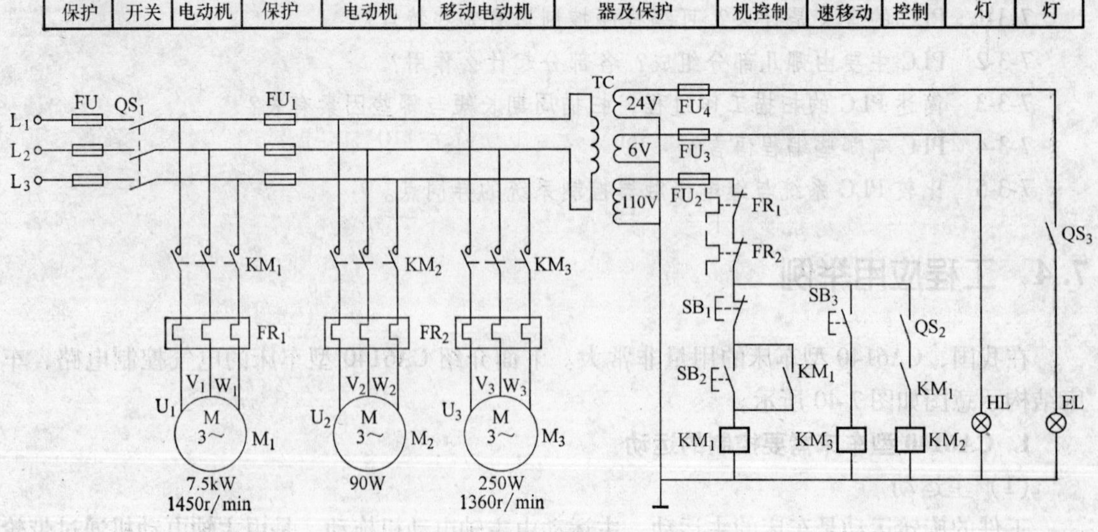

图 7-41　CA6140 型车床的电气原理图

表 7-2　CA6140 普通车床的电器元件

符号	名称及用途	符号	名称及用途
M_1	主轴电动机	FU_3	指示灯短路保护熔断器
M_2	冷却泵电动机	FU_4	照明灯短路保护熔断器
M_3	刀架快速移动电动机	SB_1	主轴电动机停止按钮
QS_1	电源引入开关	SB_2	主轴电动机起动按钮
FU_1	冷却泵和刀架快速移动电动机短路保护熔断器	SB_3	刀架快速移动电动机起动按钮
KM_1	主轴电动机起停交流接触器	QS_2	冷却泵电动机起停开关
KM_2	冷却泵电动机起停交流接触器	QS_3	照明灯开关
KM_3	刀架快速移动电动机起停交流接触器	TC	控制电源变压器
FR_1	主轴电动机过载保护热继电器	HL	电源指示信号灯
FR_2	冷却泵电动机过载保护热继电器	EL	安全照明灯
FU_2	控制电路短路保护熔断器		

在电气原理图中，常常将电路图分成若干个图区。电路图顶部表示用途区，按电路功能分区。

(1) 主电路

机床采用三相 380V 的交流电源供电，由电源开关 QS_1 引入。总熔断器 FU 主要起隔离作用。

主轴电动机 M_1 由接触器 KM_1 控制，用热继电器 FR_1 实现其过载保护。冷却泵电动机 M_2 由接触器 KM_2 控制，用热继电器 FR_2 实现其过载保护，由熔断器 FU_1 实现其短路保护。刀架快速移动电动机 M_3 由接触器 KM_3 控制，由于是短期工作，所以没有设过载保护，短路保护由熔断器 FU_1 来实现。

(2) 控制电路

控制电路采用控制变压器 TC 将 380V 交流电压降为 110V 电压供电，并采用熔断器 FU_2 实现短路保护。

三个电动机的控制原理如下：

先合上电源开关 QS_1。按下起动按钮 SB_2，接触器 KM_1 线圈通电吸合，KM_1 主触点闭合，主轴电动机起动运转。同时 KM_1 两个辅助常开触点闭合，实现自锁并为接通冷却泵电动机的控制电路做好准备。按下停止按钮 SB_1，接触器 KM_1 失电释放，主轴电动机 M_1 断电停转并失去自锁。

在主轴电动机起动后，合上 QS_2，KM_2 线圈通电，KM_2 常开触点闭合，冷却泵电动机起动。当按下 SB_1 主轴电动机停止时，KM_1 辅助常开触点断开，切断 KM_2 线圈电路，KM_2 主触点断开，冷却泵电动机停止运转。

按下按钮 SB_3，KM_3 线圈通电，KM_3 常开触点闭合，刀架快速移动电动机 M_3 运转，即可实现刀架的快速移动。

(3) 照明、指示电路

车床照明灯 EL 由开关 QS_3 控制其通断。当机床电源开关 QS_1 合上后，指示灯 HL 亮，表明机床开始工作。

习 题

7-1 在图 7-27 所示电动机的直接起动电路中，将开关 QS_1 合上后按下起动按钮 SB_2，发现有下列现象，试分析其原因。(1) 接触器 KM 动作，但电动机不转动；(2) 电动机转动，但一松手电动机就不转了；(3) 接触器动作，但吸合不上。

7-2 电动机正反转控制电路中，采用了接触器互锁，在运行中发现有以下现象，试分析和处理故障：(1) 合上电源开关，电动机立即正向起动，当按下停止按钮时，电动机停转，但一松开停止按钮，电动机又正向起动；(2) 合上电源开关，正向起动与停止控制均正常，但在反转控制时，只能实现起动控制，不能实现停止控制，只有拉断电源开关，才能使电动机停转。

7-3 试在图 7-27b 中增加红、绿指示灯（指示灯的额定电压和接触器线圈的额定电压相等）。要求：电动机运转时绿灯亮；电动机停转时红灯亮。

7-4 某电气控制电路如图 7-42 所示，KM_1、KM_2、KM_3 分别控制三台笼型异步电动机，试分析三台电动机的起动顺序。

7-5 某机床由两台三相异步电动机 M_1、M_2 拖动。设计出控制电路，要求：(1) M_1 起动后 M_2 才能起动；(2) M_2 停车后 M_1 才能停车；(3) M_2 能实现正反转。

7-6 某工厂有三台 50kW 三相笼型异步电动机，要求按顺序每隔 1min 起动，同时要求起动为 Y—Δ 起动，试设计其控制电路。

7-7 某控制系统中有三台电动机 M_1、M_2、M_3，其中 M_1 起动运转 20s 后，M_2 起动；M_2 运转 10s 后 M_1 停止，同时 M_3 起动；M_3 运行 10s 后，M_2、M_3 全部停止，试设计其控制电路。

7-8 图 7-43 所示电路是电动机 M_1 和 M_2 的联锁控制电路，试说明 M_1 和 M_2 之间的联锁关系，回答以下问题：(1) 电动机 M_1 可否单独运行？(2) M_1 过载后，M_2 能否继续运行？

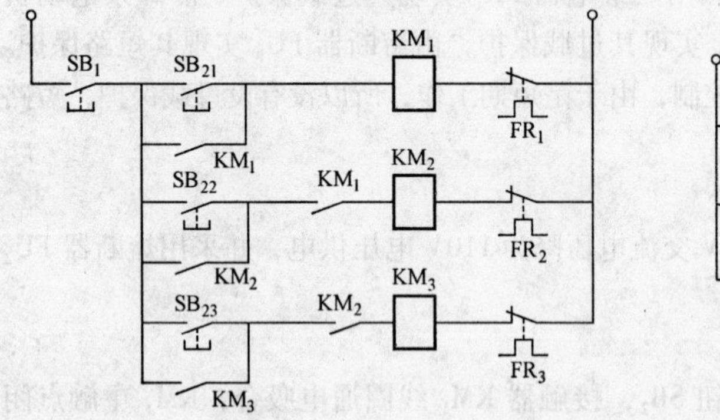

图 7-42 习题 7-4 图

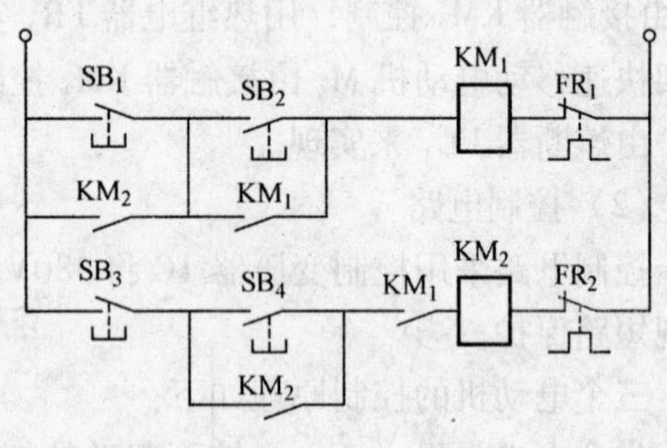

图 7-43 习题 7-8 图

7-9 在图 7-32 所示运料车运行控制中，应如何改动电路以实现任意位置停车？

7-10 画出下面指令表程序对应的梯形图。

```
LD    X0
OR    X1
ANI   X2
OR    M0
LD    X3
AND   X4
```

OR　　　M3

ORI　　　M1

OUT　　　Y2

7-11　写出图 7-44 所示梯形图所对应的指令表。

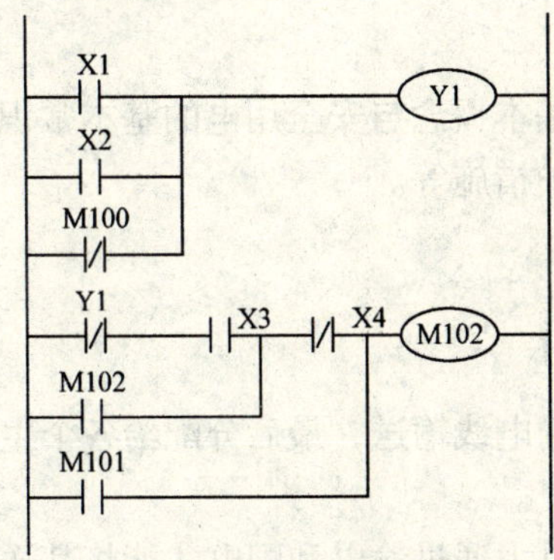

图 7-44　习题 7-11 图

第8章　工厂供电与安全用电

本章主要介绍工厂供电的基本概念与安全用电的基本常识，例如发电输电概述、工业企业配电、安全用电、急救与防护措施等。

8.1　发电输电概述

电能由发电厂产生，通过输电线输送，最后分配给各个生产单位及其他用户，这就构成了发电、输电和配电的完整系统。

各种类型的发电厂发出的电力通过输电和配电才能将其送给电力用户使用。发电厂按照所利用的能源种类可以分为水力、火力、风力、核能、太阳能、沼气等。现在世界各国建造得最多的，主要是水力发电厂和火力发电厂，近些年来核电站也发展很快。

发电机的形式很多，但其工作原理都基于电磁感应定律和电磁力定律。因此，其构造的一般原则是：用适当的导磁和导电材料构成互相进行电磁感应的磁路和电路，以产生电磁功率，达到能量转换的目的。

发电机分为直流发电机和交流发电机。各种发电厂中的发电机几乎都是三相同步发电机，通常由定子、转子、端盖及轴承等部件构成。定子由定子铁心、线包绕组、机座以及固定这些部分的其他结构件组成。转子由转子铁心（或磁极、磁轭）绕组、护环、中心环、集电环、风扇及转轴等部件组成。由轴承及端盖将发电机的定子、转子连接组装起来，使转子能在定子中旋转，作切割磁力线的运动，从而产生感应电动势，通过接线端子引出，接在回路中，便产生了电流。

同步发电机和其他类型的旋转电机一样，由固定的定子和可旋转的转子两大部分组成。一般分为转场式同步发电机和转枢式同步发电机。

我国对发电机规定的电压等级主要有115V、230V、400V、1.05kV、3.15kV、6.3kV、10.5kV、13.8kV、15.75kV和18kV等。

大中型发电厂大多建在水力资源和煤炭资源丰富的地区附近，距离用电地区往往是几十公里、几百公里以至上千公里。所以，为了减少电能在传输中的损耗，发电厂生产的电能要用高压输电线路输送到用电地区，然后再降压分配给各用户。电能从发电厂传输到用户，要通过导线系统。这种系统叫电力网。

现在常常将同一地区的各种发电厂联合起来而组成一个强大的电力系统，这样可以提高各发电厂的设备利用率，合理调配各发电厂的负载，以提高供电的可靠性和经济性。

为了提高输电效率并减少输电线路上的损失，通常都采用升压变压器将电压升高后再进行远距离输电。输电电压视输电容量和距离远近而定，从发电厂到用电地区距离越远，输电容量越高，要求输电电压越高。我国国家标准中规定输电线的额定电压为35kV、110kV、220kV、330kV、500kV等。

图8-1所示为一个发电、输电和配电线路的例子。

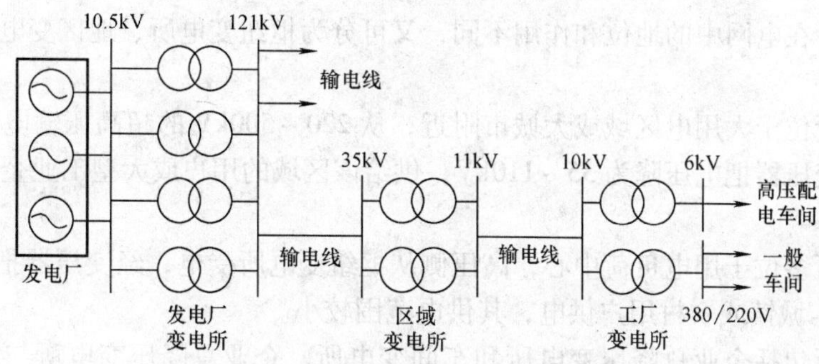

图 8-1　发电、输电和配电线路举例

8.2　工业企业配电

工业企业是电力用户，它接受从电力系统送来的电能。工业企业供配电就是指工业企业把接受的电能进行降压，然后再进行供应和分配。工业企业供电是企业内部的供电系统。

工业企业供电工作要很好地为工业企业生产服务，切实保证工业企业生产和生活用电的需要，并做好节能工作，这就需要有合理的工业企业供电系统。合理的供电系统需达到安全、可靠、优质、经济等要求。

工业企业供电系统由高压及低压两种配电线路、变电所（包括配电所）和用电设备组成。一般大、中型工业企业均设有总降压变电所，把 35～110kV 电压降为 6～10kV 电压，向车间变电所或高压电动机和其他高压用电设备供电。总降压变电所通常设有一两台降压变压器。

为了提高供电的可靠性和经济性，目前普遍将许多发电厂用电力网连接起来。这些由发电厂、变电所、电力线路和电能用户组成的统一整体，称为电力系统。由于电能的生产、输送、分配和使用几乎是同时完成，所以电力系统是一个紧密联系的整体。

1. 发电厂

发电厂又称发电站，它是电力系统的中心环节。发电厂是将其他形式的能源（如热能、水能等）转换为电能的工厂。目前，我国的发电厂主要是火力发电厂和水力发电厂，火力发电厂一般是以煤炭为燃料的凝汽式发电厂。

为了充分利用动力资源，减少燃料运输，降低发电成本，区域性发电厂多建在一次能源丰富的地区附近，如具有大量水力资源或煤矿蕴藏的地方。但这些有动力资源的地方，往往远离用电中心，必须通过高压输电线路远距离输送，向大片区域供电。地方性发电厂一般为中小型发电厂，多建设在用户附近，直接供本地区用电。自备专用发电厂建在大型企业作为自备电源，这种发电厂虽然经济性较差，但对重要的大型企业和电力系统起到了后备保安作用。

2. 变电所

变电所又称变电站，是联系发电厂和电能用户的中间枢纽。变电所的功能是接受电能、变换电压和分配电能。按变电所的性质和任务不同，可分为升压变电所、降压变电所和配电所，除与发电机相连的变电所为升压变电所外，其余均为降压变电所，配电所仅用来接受电能和分配电能；用于将交流电流转换为直流电流或将直流电流转换为交流电流的场所称为换流站。按变电所在电网中的地位和作用不同，又可分为枢纽变电所、地区变电所和企业变电所。

枢纽变电所位于大用电区域或大城市附近，从220～500kV的超高压输电网或发电厂直接受电，通过变压器把电压降为35～110kV，供给该区域的用户或大型工业企业用电，其供电范围较大。

地区变电所多位于用电负荷中心，高压侧从枢纽变电所受电，经变压器把电压降到6～10kV，对市区、城镇或农村用户供电，其供电范围较小。

企业变电所包括企业总降压变电所和车间变电所。企业总降压变电所与地区变电所相似，它是对企业内部输送电能的中心枢纽；车间变电所接受企业总降压变电所提供的电能，通过车间变压器把电压降为380/220V，对车间各用电设备直接进行供电。

3. 高压直流输电（HVDC）

高压直流输电是将三相交流电通过换流站整流变成直流电，然后通过直流输电线路送往另一个换流站逆变成三相交流电的输电方式。它基本上由两个换流站和直流输电线组成，两个换流站与两端的交流系统相连接。

直流输电线造价低于交流输电线路，但换流站造价却比交流变电站高得多。随着高电压大容量电力电子器件及控制保护技术的发展，换流设备造价逐渐降低，直流输电近年来发展较快。

直流输电技术的主要优点是：不增加系统的短路容量；便于实现两大电力系统的非同期联网运行和不同频率的电力系统的联网；利用直流系统的功率调制能提高电力系统的阻尼，抑制低频振荡，提高并列运行的交流输电线的输电能力。它的主要缺点是：直流输电线路难于引出分支线路，绝大部分只用于端对端送电。

8.3 安全用电

8.3.1 触电及触电的危险

人为什么会触电？由于人的身体能传导电流，大地也能传导电流，因此如果人的身体碰到带电的物体，电流就会通过人体传入大地，引起触电。但是，如果人的身体不与大地相连（如穿了绝缘胶鞋或站在干燥的木凳上），电流就不成回路，人就不会触电。

人触电伤害程度的轻重，与通过人体的电流大小、电压高低、电阻大小、时间长短、电流途径，以及人的年龄、性别、体质状况等有直接关系。交流电对人体危害程度远大于直流电，因为交流电主要是麻痹破坏神经系统，是触电者难以自主摆脱的。

当通过人体的电流为1mA时，人会有麻感、针刺感、压迫感；为10mA时，人会疼痛、呼吸困难、血压异常；为20mA时，人的肌肉收缩，人就很难摆脱电压，形成了危险的触电事故，长久通电会引起死亡；为50mA以上时，即使通电时间很短，也会使人窒息、心跳停止，造成生命危险。

通常情况下，电压越高越危险。我国规定36V及以下为安全电压。超过36V，就有触电死亡的危险。不高于36V的电压对人是安全的。

照明用电的相线与中性线之间的电压是220V，绝不能同时接触相线与中性线。中性线是接地的，所以相线与大地之间的电压也是 220V，一定不能在与大地连通的情况下接触相线。

一般人体的电阻约为 10 ~ 100kΩ，但如果在出汗或手脚潮湿时，人体电阻可能降到 400Ω 左右，此时触电就很危险。

8.3.2　触电类型

1. 家庭电路中的触电

家庭触电的主要原因是人接触了相线与中性线或相线与大地。

（1）人误与相线接触的原因

1）相线的绝缘皮破坏，其裸露处直接接触了人体，或接触了其他导体，间接接触了人体，使人体触电。

2）湿手触开关或浴室触电。

3）电器外壳未按要求接地，其内部相线外皮破坏，接触了外壳。

4）中性线与前面接地部分断开以后，与电器连接的原中性线部分通过电器与相线连通转化成了相线。

（2）避免家庭电路中触电的注意事项

1）开关一定要接在相线上，这样可避免接通开关时使中性线与接地点断开。

2）室内电线不要与其他金属导体接触，不在电线上晾衣物、挂物品。电线有老化与破损时，要及时修复。电器该接地的地方一定要按要求接地。

3）不用湿手扳开关，换灯泡，插、拔电源插头。不站在潮湿的桌椅上接触相线。

4）不要带电操作，在不得不带电操作时，要注意与地绝缘，先用测电笔检测接触处是否与相线连通，并尽可能单手操作。

2. 高压触电

高压带电体不但不能接触，而且不能靠近。高压触电有两种：

1）电弧触电。人与高压带电体距离近到一定值时，高压带电体与人体之间会发生放电现象，导致触电。

2）跨步电压触电。高压电线落在地面上时，在距高压线不同距离的点之间存在电压，人的两脚间存在足够大的电压时，就会发生跨步电压触电。跨步电压的大小与跨步的距离、接地电流的大小、鞋和地面特征、两脚的方位及距接地点的远近等很多因素有关。

高压触电的危险比 220V 电压的触电更危险，所以看到“高压危险”的标志时，一定不能靠近它。室外天线必须远离高压线，不能在高压线附近放风筝、捉蜻蜓、爬电杆等。

8.3.3　工厂安全用电原则

要想保证工厂用电的安全，线路和设备要合格是保障安全用电的根本性的措施。线路、设备安装时，应由持证的合格电工按照供电部门的安装标准施工。修理也要找合格的电工。

1）手提砂轮机、手电钻等电动工具都必须安装使用漏电保护断路器实行单机保护。漏电保护断路器要经常检查，如有失灵立即更换。熔丝熔断或漏电保护断路器跳闸后要查明原因，排除故障才可恢复送电。熔断器和断路器的大小一定要与用电容量相匹配，否则容易造成触电或电气火灾。

2）正确安装电气设备，加装保护接零、保护接地装置。凡裸露的带电部分，尤其是高压设备，均应设立明显标志，并加防护罩或防护遮拦。还可以采用联锁装置，在出现危险情况时能自动切断电源。

3）用电设备的金属外壳必须与保护线可靠连接，单相用电要用三芯电缆连接，三相用电的用四芯电缆连接。保护中性线必须重复接地。

4）电缆或电线的驳口或破损处要用电工胶布包好，不能用医用胶布代替。不要用电线直接插入插座内用电。不要用湿手触摸灯头、开关、插头插座和用电器具。开关、插座或用电器具损坏或外壳破损时应及时修理或更换，未经修复不能使用。

5）电器通电后发现冒烟、发出烧焦气味或着火时，应立即切断电源，切不可用水或泡沫灭火器灭火。电炉、电烙铁等发热电器不得直接搁在木板上或靠近易燃物品，对无自动控制的电热器具用后要随手关电源，以免引起火灾。

6）在危险场合（如潮湿或狭窄工作场地等）严禁带电操作，必须带电操作时，应使用安全工具，穿绝缘靴及采取其他必要的安全措施。

8.4 急救与防护措施

8.4.1 发生触电事故后的急救措施

一旦发生触电事故，要分秒必争，立即采取紧急措施，并强调就地急救，千万不能延误时间。人体触电后，有的虽然心跳、呼吸停止了，但可能属于濒死或临床死亡，如果抢救正确及时，一般还是可能救活的。触电者的生命能否获救，其关键在于能否迅速脱离电源和进行正确的紧急救护。

1. 脱离电源

首先应使触电者迅速脱离电源，如不能立即断开电源，救护人员可以用绝缘物体作为工具（如木棍、竹杆、塑料器材等）使触电者与电源分开。千万不能用金属或潮湿物体作为救护工具。脱离电源的方法和措施一般有以下几种：

（1）低压触电脱离电源

1）当低压触电附近有电源开关或插头，应立即将开关拉开或插头拔脱，以切断电源。如电源开关离触电地点较远，可用绝缘工具将电线切断，但必须切断电源侧电线。

2）当带电低压导线落在触电者身上时，可用绝缘物体将导线移开，使触电脱离电源。

3）若触电者的衣服是干燥的，急救者可用随身干燥衣服、干围巾等将自己的手严格包裹，然后用包裹的手拉触电者干燥衣服，或用急救者的干燥衣物结在一起，拖拉触电者，使触电者脱离电源。

（2）高压触电脱离电源

当发生高压触电，应迅速切断电源开关。如无法切断电源开关，应使用适合该电压等级的绝缘工具，使触电者脱离电源。急救者在抢救时，应对该电压等级保持一定的安全距离，以保证急救者的人身安全。

当有人在架空线路上触电时，应迅速拉开关，或用电话告知当地供电部门停电。如不能立即切断电源，可采用抛掷短路线的方法使电源侧开关跳闸。在抛掷短路线时，应防止电弧灼伤或断线危及人身安全。杆上触电者脱离电源后，用绳索将触电者送至地面。

2. 现场急救处理

当触电者脱离电源后，急救者应根据触电者的不同生理反应进行现场急救处理。

1）当伤员脱离电源后，应立即检查伤员全身情况，特别是呼吸和心跳，发现呼吸、心跳停止时，应立即就地抢救。如果触电者呼吸停止，心脏不跳动，没有其他致命的外伤，则应认为是假死，等急救措施必须立即进行人工呼吸和心脏按摩，即使在送往医院就诊途中也不得中断人工呼吸和心脏按摩等急救措施。

2）处理电击伤时，应注意有无其他损伤。如触电后弹离电源或自高空跌下，常并发颅脑外伤、血气胸、内脏破裂、四肢和骨盆骨折等；如有外伤、灼伤均需同时处理。

3）现场抢救中，不要随意移动伤员，若确需移动时，抢救中断时间不应超过 30s；移动伤员或将其送医院，除应使伤员平躺在担架上并在背部垫以平硬阔木板外，应继续抢救，心跳呼吸停止者要继续人工呼吸和胸外心脏按压，在医院医务人员未接替前救治不能中止。

8.4.2　预防触电的措施

虽然，触电事故都是在一瞬间发生的，但并不是不可预防的。搞好安全用电，要从思想上重视，坚持按规章制度办事，以预防为主，这是很重要的。

1）加强安全教育，普及安全用电常识，严格遵守安全用电管理制度及电气设备安全操作规程。非电工人员不得操作高压开关，也不要进入配电室乱动电气设备。

2）定期检查维修电器设备，遵守用电规定，不乱拉接电线，不在通电的电线上晒衣物，不接触断落的电线；雷雨天不要站在高墙上、树木下、电杆旁或天线附近。发现电线断落时不要靠近，不要碰拾落地线。高压线落地时要离开接地点至少 20m，如已在 20m 之内，要并足或单足跳离 20m 以外，防止跨步电压触电。

3）发生电气设备故障时，不要自行拆卸，要找持有电工操作证的电工修理。公共用电设备或高压线路出现故障时，要打报警电话请电力部门处理。

4）根据线路安全载流量配置设备和导线，不任意增加负荷，防止过电流发热而引起短路、漏电。更换线路熔断器的熔丝时不要随意加大规格，更不要用其他金属丝代替。

5）修理电器设备和移动电器设备时，要完全断电，在醒目位置悬挂“禁止合闸，有人工作”的安全标示牌。未经验电的设备和线路一律认为有电。带电容的设备要先放电，可移动的设备要防止拉断电线。

6）发生电器火灾时，应立即切断电源，用黄砂、二氧化碳灭火器灭火，切不可用水或泡沫灭火器灭火。

8.5　节约用电

随着我国经济的发展，各方面的用电需要日益增长。为了满足这种需要，除了增加发电量以外，还必须注意节约用电，使电力系统经济运行，节省对发电设备和用电设备的投资。

节约用电的具体措施如下：

1）发挥用电设备的效能。通常电动机和变压器在接近额定负载时运行效率最高，轻载时效率降低，为此，必须正确选择用电设备的功率，从而提高用电的效能。

2）提高线路和用电设备的功率因数。提高功率因数的目的在于发挥发电设备的潜能和减少输电线路的损失。对于企业的功率因数，一般要求达到0.9以上。关于提高功率因数的具体方法，请参阅本书第4章。

3）改造线路，降低线路损失。要降低线路损失，除了提高功率因数以外，还必须合理选择导线的截面积、适当缩短电流负载的连线、保持连接点的紧密连接、安排三相负载接近对称（请参阅本书第4章）等。

4）技术革新。大力发展技术革新，鼓励推广经过国家节能认证的节约用电产品，鼓励建立能源服务公司，促进高耗电工艺、技术和设备的淘汰和改造，传播节约用电信息。

5）加强用电管理。工业企业采用错时用电的管理方法，可以有效节约用电。

习 题

8-1 为什么远距离输电要采用高电压?

8-2 什么叫工业企业供配电?

8-3 工厂安全用电的原则是什么?

8-4 预防触电的措施有哪些?

8-5 下列做法不符合安全用电的是（ ）。

A. 遇到有人触电先切断电源　　B. 将洗衣机的金属外壳接地

C. 及时更换破损的导线　　D. 用湿手插拔用电器插头

8-6 发现有人触电后，应采取的正确措施是（ ）。

A. 赶快把触电人拉离电源　　B. 赶快去叫医护人员来处理

C. 赶快切断电源或用干燥的木棒将电线挑开　　D. 赶快用剪刀剪断电源线

8-7 如图8-2所示，某家用电器用的是三脚插头，其铭牌上标有“10A 250V”字样，其中的“10A”表示什么意思？仔细观察三只插脚，又有新的发现：标有“E”字的插脚比其他两脚稍长一些。它比其他两脚稍长一些有什么好处?

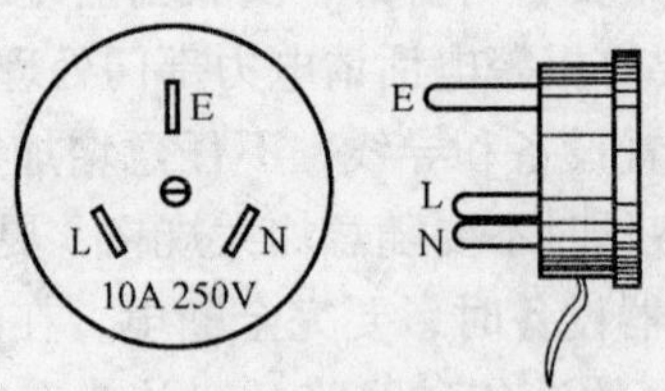

图8-2 习题8-7图

附 录

附录 A Multisim10 简介

A.1 电路仿真软件的简介

Multisim 是一个完整的设计工具系统，提供了一个庞大的元件数据库，并提供原理图输入接口、全部的数模 SPICE（Simulation Program with Integrated Circuit Emphasis）仿真功能、VHDL/Verilog 设计接口与仿真功能、FPGA/CPLD 综合、RF 射频设计能力和后处理功能，还可以进行从原理图到 PCB 布线工具包（如 Electronics Workbench 的 Ultiboard）的无缝数据传输。它提供的单一易用的图形输入接口可以满足使用者的设计需求。Multisim 提供全部先进的设计功能，满足使用者从参数到产品的设计要求。因为程序将原理图输入、仿真和可编程逻辑器件紧密集成，所以使用者可以放心地进行设计工作，不必顾及不同供应商的应用程序之间传递数据时出现的问题。

Multisim10 是美国 NI 公司最近推出的 Multisim 新版本，是该公司电子电路仿真软件的最新版本。目前 NI 公司的 EWB 包含有电子电路仿真设计的模块 Multisim 、PCB 设计软件、布线引擎 Ultiroute 及通信电路分析及设计模块 CommSIM 四个部分，四个部分相互独立，可以分别使用。并且这四个部分又有增强专业版、专业版、个人版、教育版、学生版和演示版等多个版本，各版本的功能和价格有着明显的差异。

Multisim10 用软件的方法虚拟电子与电工元器件以及电子与电工仪器和仪表，通过软件将元器件和仪器集合为一体。它是一个原理电路设计、电路功能测试的虚拟仿真软件。Multisim10 的元器件库提供数千种电路元器件供实验选用。同时也可以新建或扩展已有的元器件库，而且建库所需的元器件参数可以从生产厂商的产品使用手册中查到，因此可很方便地在工程设计中使用。Multisim10 的虚拟测试仪器、仪表种类齐全，有一般实验用的通用仪器，如万用表、函数信号发生器、双踪示波器、直流电源等，还有一般实验室少有或者没有的仪器，如波特图仪、数字信号发生器、逻辑分析仪、逻辑转换器、失真仪、安捷伦多用表、安捷伦示波器、泰克示波器等。Multisim10 具有较为详细的电路分析功能，可以完成电路的瞬态分析、稳态分析等各种电路分析方法，以帮助设计人员分析电路性能。它还可以设计、测试和演示各种电子电路，包括电工电路、模拟电路、数字电路、射频电路及部分微分接口电路等。该软件还具有强大的 Help 功能，其 Help 系统不仅包括软件本身的操作指南，更重要的是包含有元器件的功能说明。Help 中这种元器件功能说明有利于使用 Multisim10 进行 CAI 教学。

利用 Multisim10 可以实现计算机仿真设计与虚拟实验，与传统的电子电路设计与实验方法相比，具有如下特点：设计与实验可以同步进行，可以边设计边实验，修改调试方便；设计和实验用的元器件及测试仪器仪表齐全，可以完成各种类型的电路设计与实验；可以方便地对电路参数进行测试和分析；可以直接打印输出实验数据、测试参数、曲线和电路原理图；实验中不消耗实际的元器件，实验所需元器件的种类和数量不受限制，实验成本低，实验速度快，效率高；设计和实验成功的电路可以直接在产品中使用。

Multisim10 易学易用，便于学生、工程技术人员学习和综合性的设计、实验，有利于培养综合分析能力、开发能力和创新能力。Multisim 同时也适用于从事电子相关行业的人员。

A. 2 Multisim10 的基本界面、菜单及常用元件库和仪器库

A. 2. 1 主界面

安装 Multisim10 后运行程序，出现 Multisim10 主界面，如图 A-1 所示。

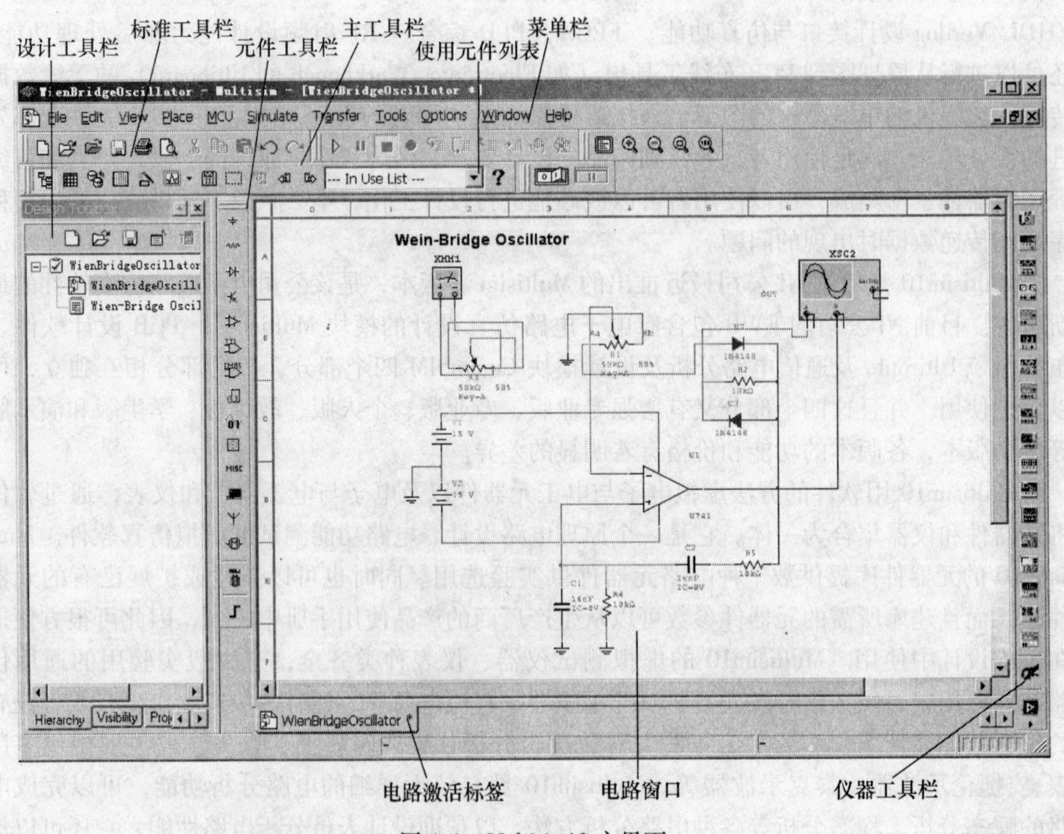

图 A-1 Multisim10 主界面

A. 2. 2 菜单栏

Multisim10 的界面与所有的 Windows 应用程序一样，可以在主菜单中找到各个功能的命令。文件操作（File）菜单如图 A-2 所示；编辑操作（Edit）菜单如图 A-3 所示；视图

（View）菜单如图 A-4 所示；工具栏（Toolbas）菜单命令列表如图 A-5 所示；仿真（Simulate）菜单如图 A-6 所示。

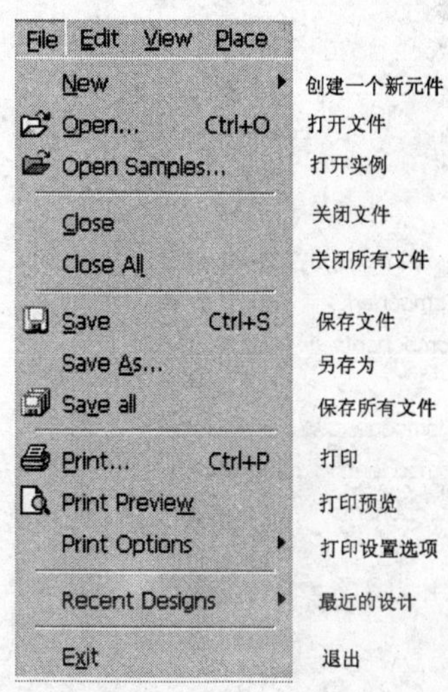

图 A-2 文件操作菜单

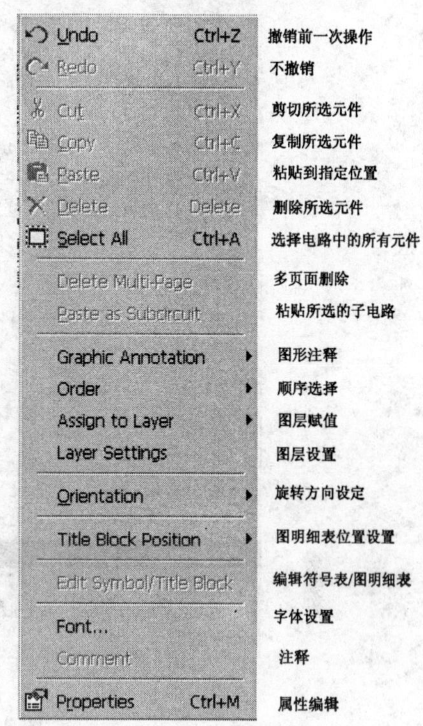

图 A-3 编辑操作菜单

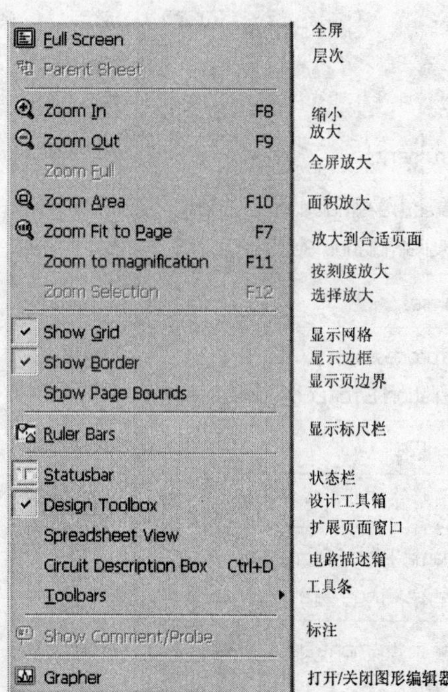

图 A-4 视图菜单

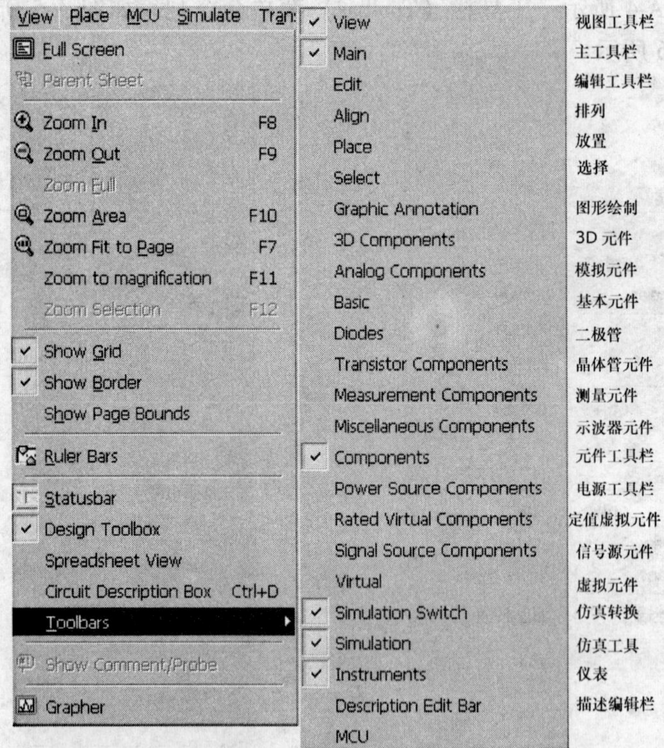

图 A-5 工具栏菜单

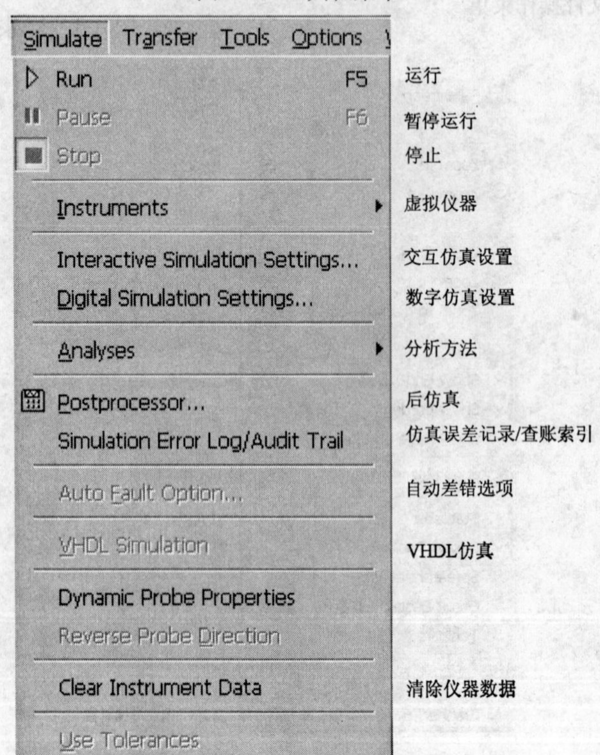

图 A-6 仿真菜单

A.2.3 设计工具栏

与所有 Window 一样，Multisim 10 包含一些常用的基本功能按钮。设计工具栏（Design Bar）是 Multisim 最重要的部分，介绍如下。

设计工具栏是 Multisim 的核心部分。利用该工具栏可方便地进行电路的建立、仿真、分析并最终输出设计数据。虽然菜单中各个命令也可以执行设计功能，但使用设计工具栏进行电路设计更加方便快捷。

层次显示按钮（Show or Hide the Design Toolbox），用于显示或者隐藏层次项目栏。

层次电子数据表按钮(Show or Hide Spreadsheet Bar)，用于开关当前电路的电子数据表。

数据库按钮（Database Manager），可开启数据库管理对话框，对元件进行编辑。

元件编辑器按钮（Creat Component），用于调整或增加、创建元件。

图形编辑器/分析按钮（Grapher/Analysis），在出现的下拉菜单中可选择将要进行的分析方法。

后分析按钮（Postprocessor），用于进行仿真结果的进一步操作。

打开 Ultiboard Log File（Back Annotate from Ultiboard）。

打开 Ultiboard 7 PCB（Forward Annotate）。

--- In Use List --- 当前所使用的所有元件列表。

仿真开关，是运行仿真的一个快捷键。用鼠标单击它，即运行或停止仿真。

帮助（F1）。其功能等同于 Help 菜单中的帮助，可通过输入帮助主题查找信息。

A.2.4 元件栏

A.2.4.1 元件的使用

元件工具栏是默认可见的，如果不可见，请单击设计工具栏中“Component”按钮。如图 A-7 所示，单击每个元件组都会显示出一个界面，该界面所展示的信息大体相似。

图 A-7 元件菜单栏

这里以 Basic 组为例说明该界面的内容，如图 A-8 所示。从界面显示的元件系列列表中可以看到有两个绿色的图标，该图标表示该元件系列为虚拟元件系列。选择和放置元件时，只需单击 Components 中相应的元件组，然后从对话框中选择一个元件，当确定找到了所要的元件后，单击对话框中的“OK”按钮即可。如果要取消放置元件，则单击“Close”按钮。如果对放置的元件进行角度旋转，可以单击右键进行相应操作。

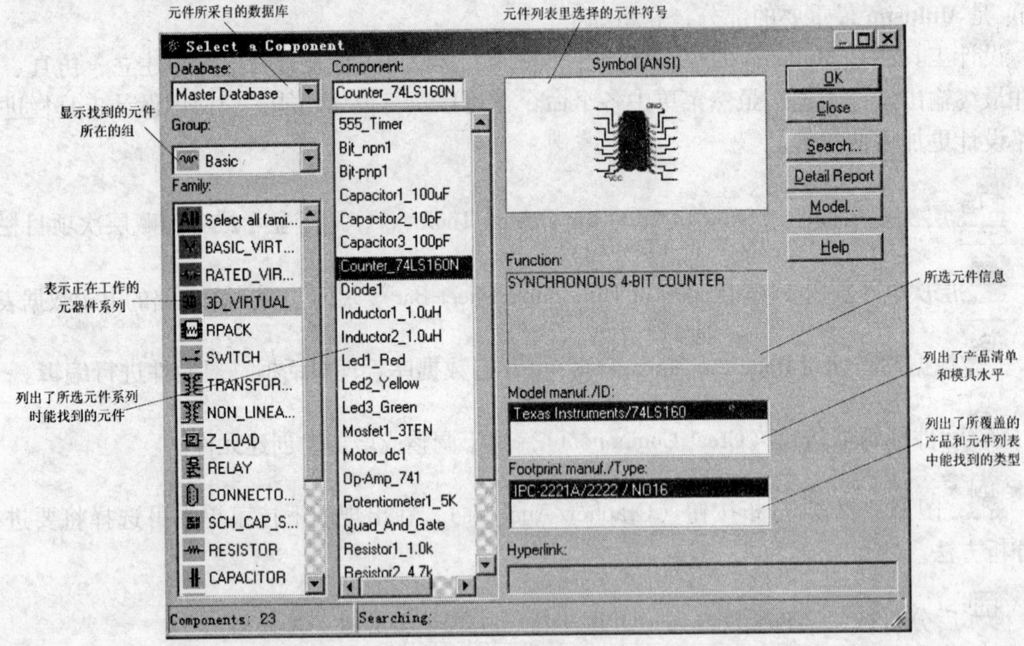

图 A-8 基本元件组界面

A.2.4.2 组件简介

（1）电源按钮（Source）。单击按钮后的界面如图 A-9 所示。

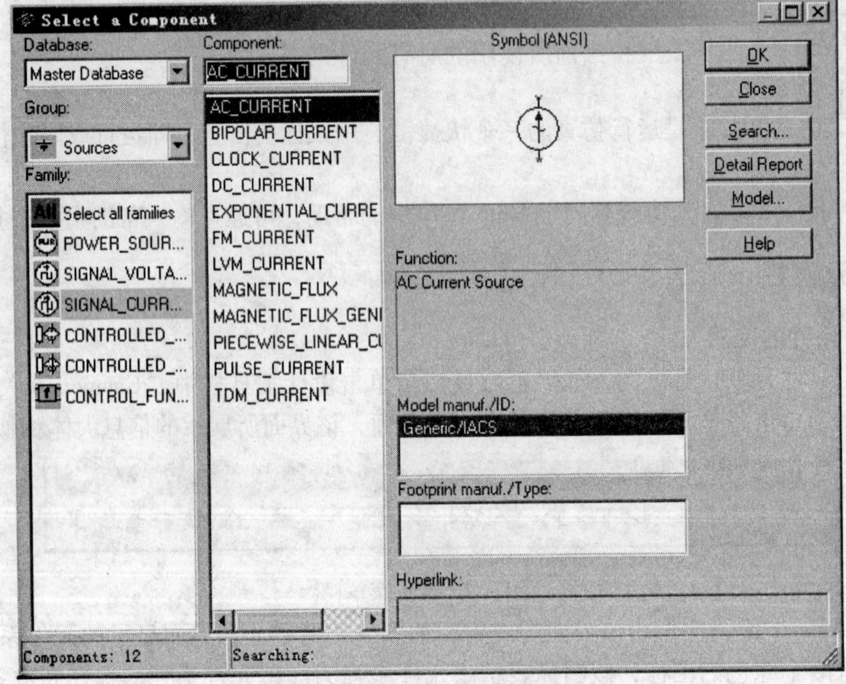

图 A-9 电源元件库界面

（2）基本元件按钮。单击按钮后的界面如图 A-10 所示。

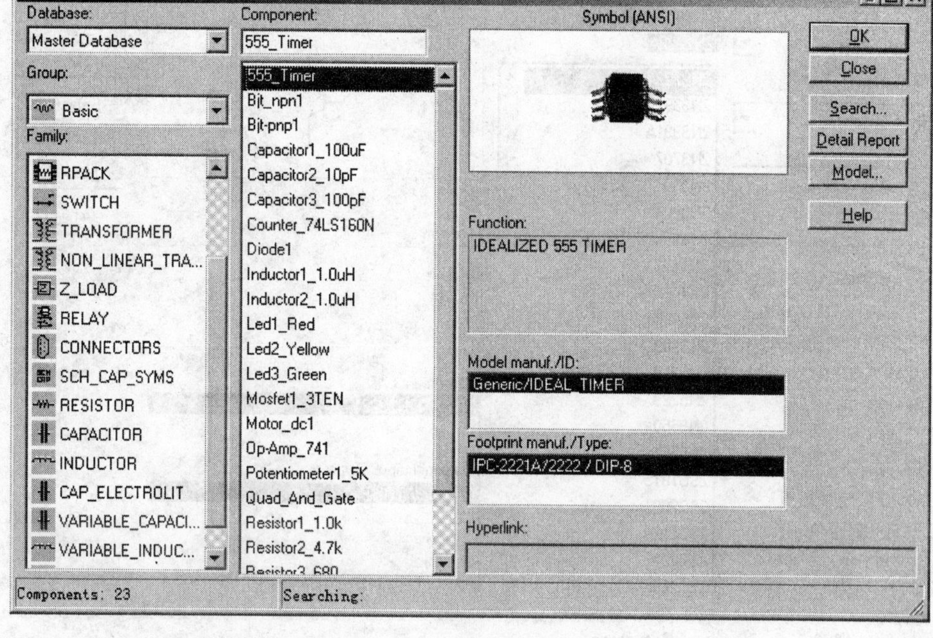

图 A-10　基本元件库界面

（3）二极管按钮（Diode）。单击按钮后的界面如图 A-11 所示。

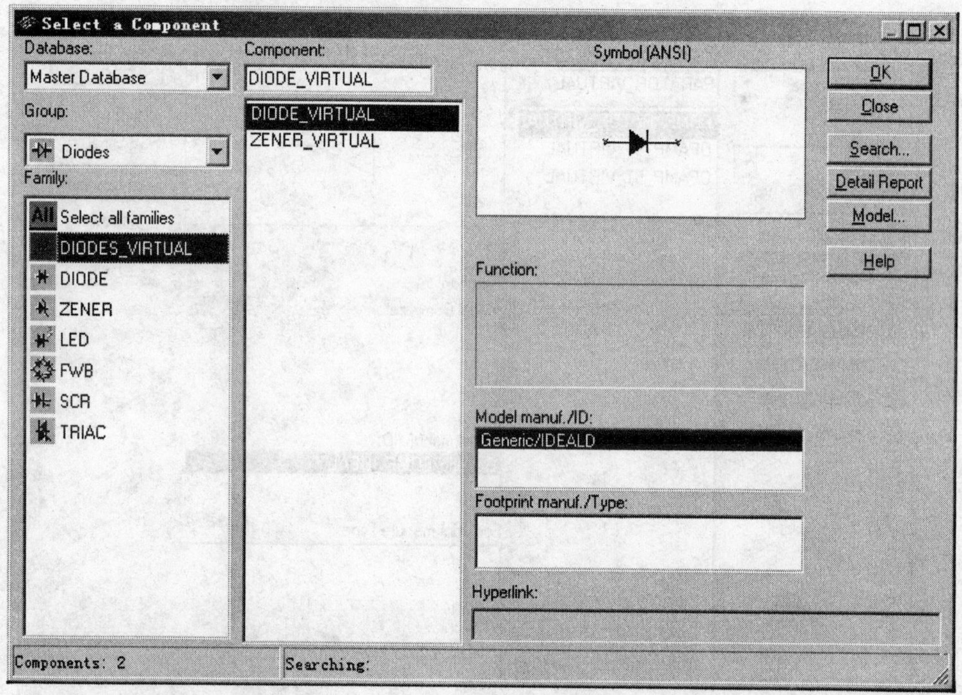

图 A-11　二极管元件库界面

（4）晶体管按钮（Transistor）。单击按钮后的界面如图 A-12 所示。

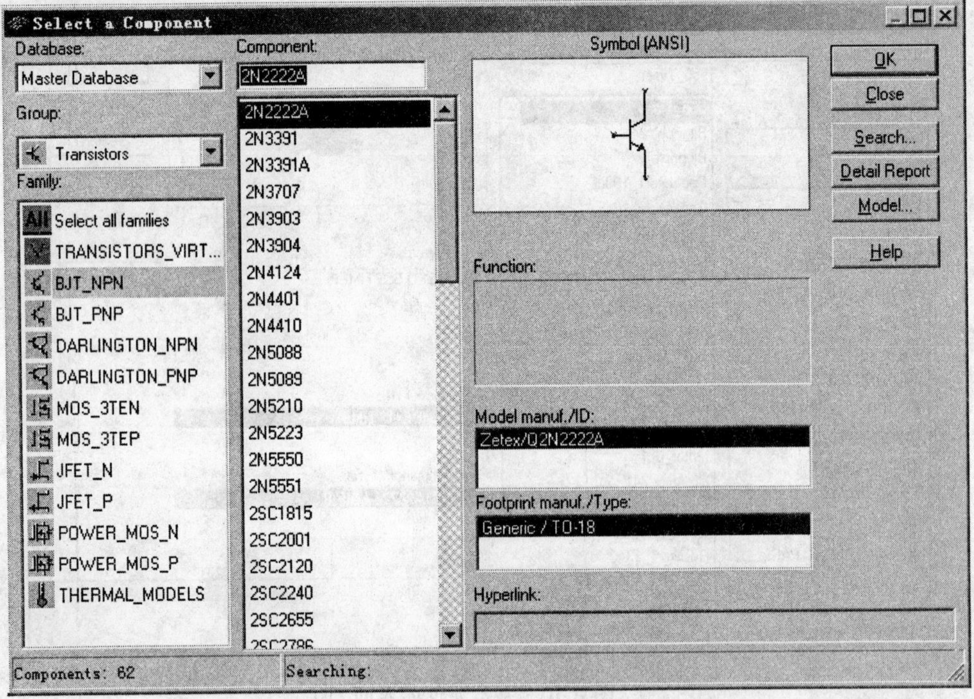

图 A-12 晶体管元件库界面

（5）模拟元件按钮（Analog）。单击按钮后出现的界面如图 A-13 所示。

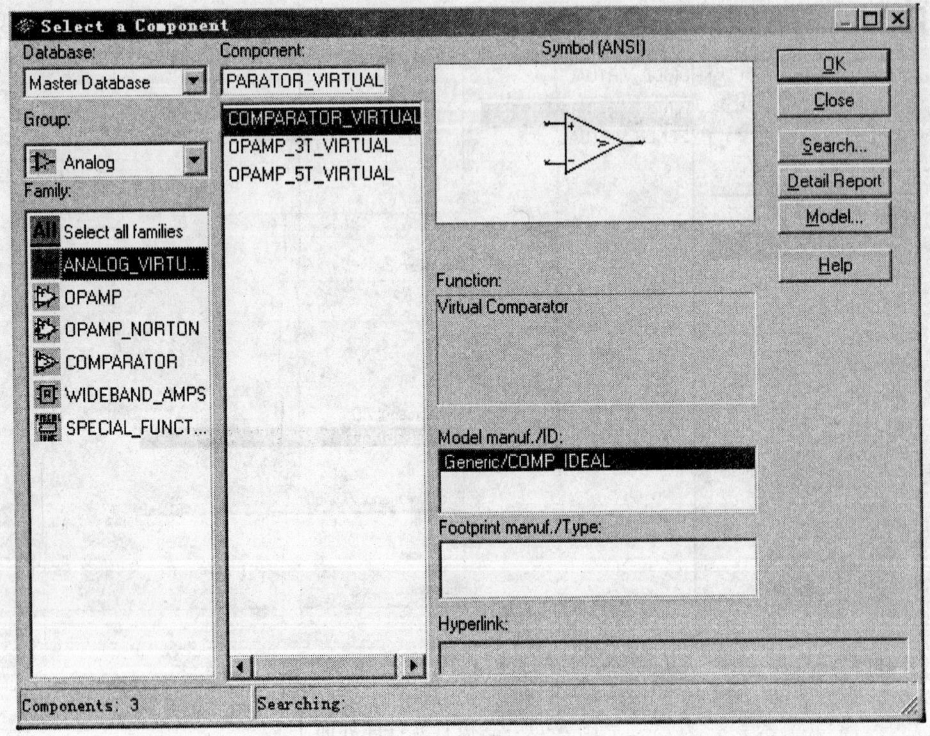

图 A-13 模拟元件库界面

A.2.5 仪表栏

如图 A-14 所示，仪表工具栏是进行虚拟电子实验和电子设计仿真最快捷而又形象的特殊窗口，也是 Multisim 最具特色的地方。

图 A-14 仪表工具栏

（1）万用表（Multimeter）

图 A-15a 所示为万用表附图标。和传统的万用表一样，它可用来测量电路两节点之间的 AC 电压、DC 电压、电流或电阻。该万用表能够自动调整测量范围，所以使用很方便。它内部的电阻和电流预设至接近理想值，能够瞬时改变。使用时只需单击 Instruments 工具条，并将它的图标放置在工作区即可。双击图标便可以打开万用表操作面板，如图 A-15b 所示。

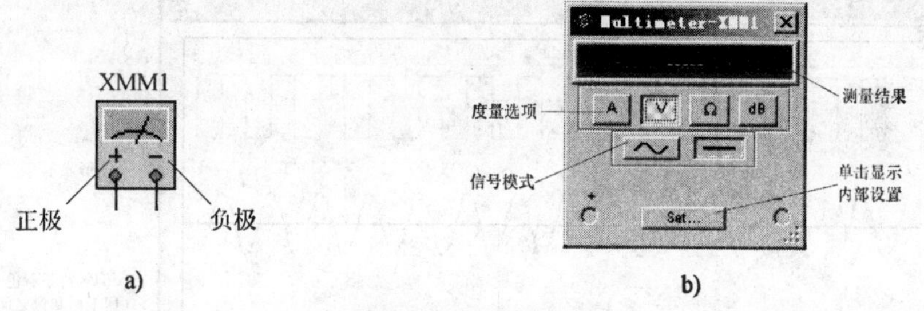

图 A-15 万用表
a）图标 b）操作面板

（2）函数发生器（Function Generator）

函数发生器是一种能够提供正弦、三角和方波波形的电压源。函数发生器波形的频率、幅度等均可以方便控制，并且调节范围较宽。函数发生器图标如图 A-16a 所示。函数发生器有三个端子与电路连接，公共端为信号提供了一个参考水平。双击图标后，打开其操作面板，如图 A-16b 所示。利用操作面板设置输出信号的波形各种相关参量。

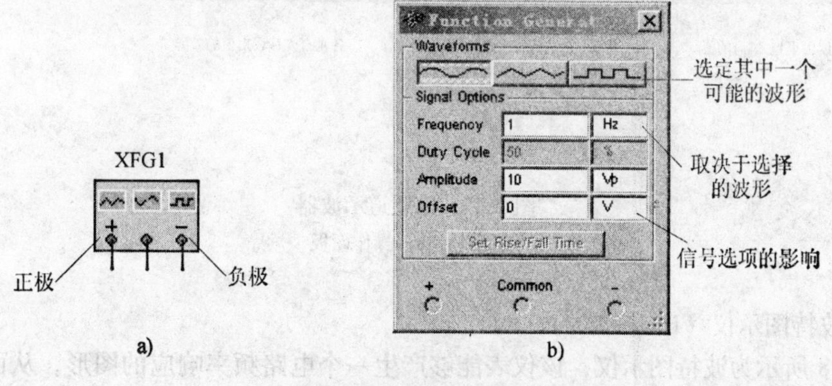

图 A-16 函数发生器
a）图标 b）操作面板

（3）双通道示波器（Oscilloscope）

双通道示波器的图标如图 A-17a 所示。双击双通道示波器的图标，打开其操作面板，如图 A-17b 所示。

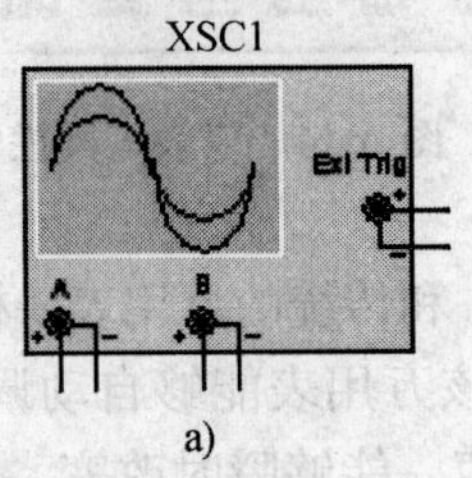

a)

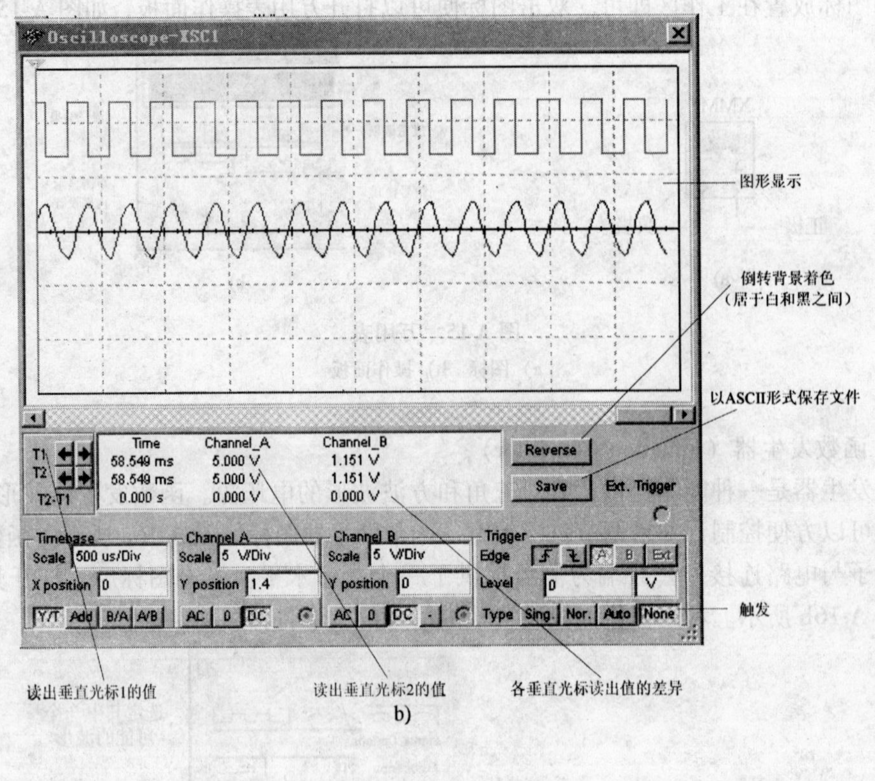

b)

图 A-17 双通道示波器

a）图标 b）操作面板

（4）波特图示仪（Bode Plotter）

图 A-18 所示为波特图示仪，该仪表能够产生一个电路频率响应的图形，从而分析电路的频率特性。波特图示仪的图标及操作面板分别如图 A-18a、b 所示。

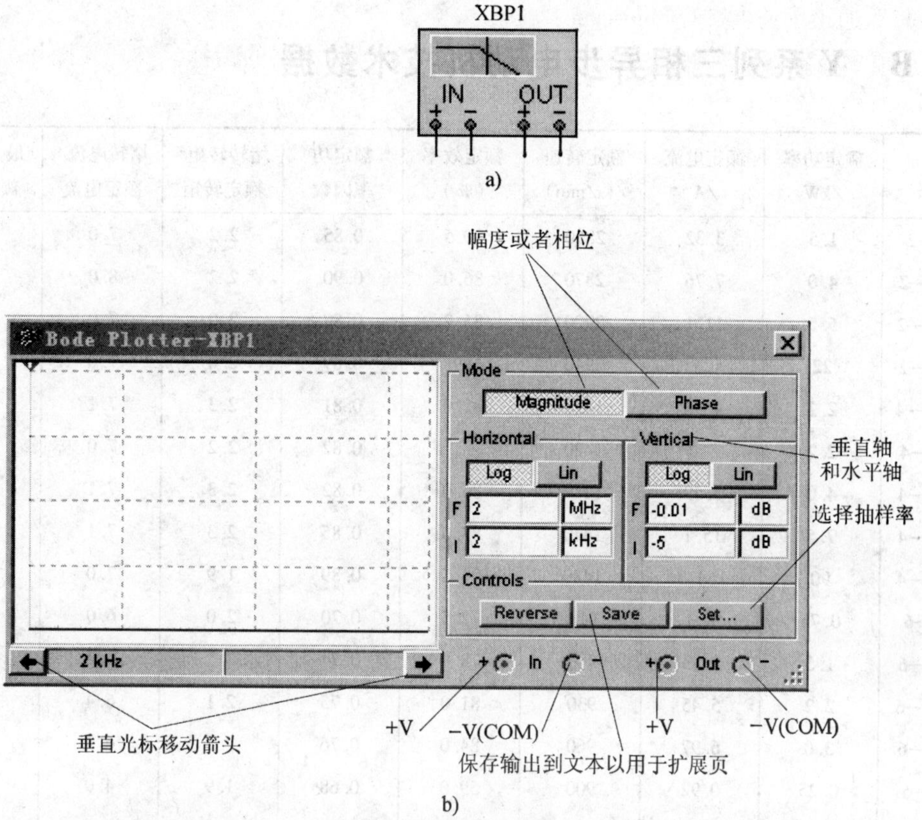

XBP1

IN OUT

a)

幅度或者相位

Bode Plotter-XBP1

Mode

Magnitude Phase

Horizontal

Log Lin

F 2 MHz

I 2 kHz

Vertical

Log Lin

F -0.01 dB

I -5 dB

垂直轴和水平轴

选择抽样率

Controls

Reverse Save Set...

2 kHz

In Out

垂直光标移动箭头

+V −V(COM) +V −V(COM)

保存输出到文本以用于扩展页

b)

图 A-18 波特图仪

a）图标 b）操作面板

（5）逻辑转换仪（Logic Converter）

逻辑转换仪能够执行一个电路表达式或数字信号的多种变换形式，是数字电路分析的一种有用工具。它能够促使电路生成真值表或者电路图形符号的布尔表达式，也可从电路的真值表或布尔表达式生成电路。逻辑转换仪图标和操作面板如图 A-19 所示。

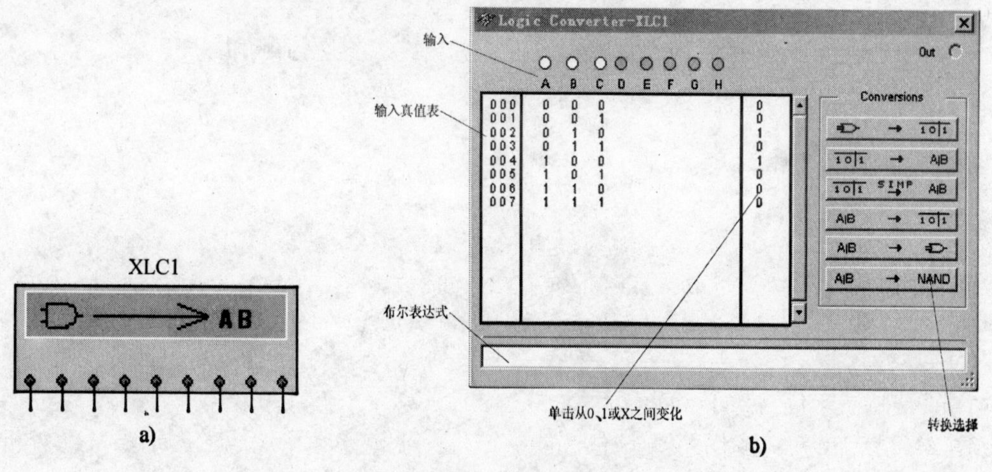

图 A-19 逻辑转换仪

a）图标 b）操作面板

附录B Y系列三相异步电动机技术数据

型号	额定功率/kW	额定电流/A	额定转速/(r/min)	额定效率(%)	额定功率因数	堵转转矩/额定转矩	堵转电流/额定电流	最大转矩/额定转矩
Y90S—2	1.5	3.32	2850	80.5	0.85	2.2	7.0	2.3
Y112M—2	4.0	7.76	2870	86.0	0.90	2.2	8.0	2.3
Y132S1—2	5.5	11.1	2900	85.2	0.88	2.0	7.0	2.2
Y180M—2	22	42.2	2940	89	0.89	2.0	7.0	2.2
Y100L1—4	2.2	4.96	1420	82.0	0.81	2.3	7.1	2.3
Y110L—4	2.2	5.0	1420	81	0.82	2.2	7.0	2.2
Y112M—4	4.0	8.59	1440	86.0	0.82	2.3	7.1	2.3
Y132M—4	7.5	15.1	1440	88.0	0.85	2.3	7.1	2.3
Y280M—4	90	164.3	1480	93.5	0.89	1.9	7.0	2.2
Y90S—6	0.75	2.3	910	72.5	0.70	2.0	6.0	2.2
Y100L—6	1.5	3.83	940	78.0	0.74	2.1	6.4	2.1
Y112M—6	2.2	5.45	930	81.0	0.75	2.1	6.4	2.1
Y132S—6	3.0	6.97	960	84.0	0.76	2.1	6.4	2.1
Y712—6	0.25	0.92	900	59.0	0.68	1.9	4.0	2.0
Y132S—8	2.2	5.8	710	81	0.71	2.0	5.5	2.0
Y160L—8	7.5	17.7	720	86	0.75	2.0	5.5	2.0
Y225M—8	22	47.6	730	90	0.78	1.8	6.0	2.0
Y802—8	0.25	1.14	700	54.0	0.61	1.8	3.3	1.9

中英文名词对照

A

按钮　push button

B

变压器　transformer
变比　ratio of transformation
并联　parallel connection
并联谐振　parallel resonance
步进电动机　stepping electric motor

C

参考电位　reference potential
参考方向　reference direction
磁场　magnetic field
磁场强度　magnetizing force
磁导率　permeability
磁动势　magneto motive force
磁感应强度　flux density
磁路　magnetic circuit
磁通　flux
磁滞回线　hysteresis loop
磁滞损耗　hysteresis loss
常闭触点　normally closed contact
常开触点　normally open contact
初相位　initial phase
串联　series connection
串联谐振　series resonance

D

戴维宁定理　Thevenin's theorem
导纳　admittance
低通滤波电路　low pass filter circuit
电导　conductance
电动机　electric motor
电感元件　inductor
电流　current
电流控制电流源　current controlled current source
电流控制电压源　voltage controlled current source
电流源　current source
电流互感器　current transformer
电路　circuit
电路等效变换　equivalent transformation
电路模型　circuit model
电容元件　capacitor
电容耦合电路　capacitance coupled circuit
电压　voltage
电压控制电流源　voltage controlled current source
电压控制电压源　voltage controlled voltage source
电压源　voltage source
电压互感器　voltage transformer
电源　source
电位　electric potential
电阻元件　resistor
叠加定理　superposition theorem
定子　stator
动态电路　dynamic circuit
短路　short circuit

E

额定电流　rated current
额定电压　rated voltage
额定功率　rated power
额定值　rated value

额定转矩 rated torque
二端口网络 two-terminal network

F

发电机 electric generator
伏安关系 voltage current relation
负载 load
复位电路 reset circuit
幅值 amplitude
傅里叶级数 Fourier series
幅频特性 amplitude-frequency characteristic

G

高通滤波电路 high pass filter circuit
功率 power
共模抑制比 common-mode rejection ratio
功率因数 power factor
功率因数角 power angle
视在功率 apparent power

H

耗能元件 dissipative element
换路 switching
换路定则 switching rules
回路 loop

J

积分电路 integrating circuit
基尔霍夫电流定律 Kirchhoff's current law
基尔霍夫电压定律 Kirchhoff's voltage law
基尔霍夫定律 Kirchhoff's law
激励 excitation
机械特性 mechanical characteristic
交流电流 alternating current
交流电动机 alternating-current machine
角频率 angular frequency
接触器 contactor
节点 node
节点电位 node potential
节点电压法 node voltage method

K

开关 switch
开路 open circuit
开路电压 open-circuit voltage
可编程序控制器 programmable controller

L

理想电流源 ideal-current source
理想电压源 ideal-voltage source
零输入响应 zero input response
零状态响应 zero state response
漏磁通 leakage flux
滤波电路 filter circuit

N

诺顿定理 Norton's theorem

O

欧姆定律 Ohm's law

P

频率 frequency
品质因数 quality factor
频率特性 frequency characteristic
平均功率 average power

Q

起动电流 starting current
起动转矩 starting torque

R

热继电器 thermal relay
热敏电阻 thermistor
熔断器 fuse

S

三要素法 three-factor method

三相异步电动机 three-phase asynchronous motor
三相电路 three-phase circuit
三相四线制 three phase four-wire system
三相功率 three-phase power
时间常数 time constant
笼型转子 squirrel-cage rotor
瞬时功率 instantaneous power
受控源 controlled source

T

调速 speed regulation
铁耗 core loss
铜耗 copper loss

W

网孔 mesh
温度传感器 temperature sensor

X

三角形联结 triangular connection
响应 response
线电压 line voltage
线电流 line current
相电压 phase voltage
相位 phase
相位角 phase angle
相位差 phase difference
相量 phasor
相量图 phasor diagram
相线 phase line
相电流 phase current
消火花电路 quenching circuit
星形联结 star connection
谐振频率 resonance frequency
行程开关 travel switch
旋转磁场 rotating magnetic field

Y

一阶电路 first order circuit
移相电路 phase shift circuit
有效值 effective value
有功功率 active power

Z

暂态 transient state
正弦量 sinusoidal quantity
周期 period
自耦变压器 autotransformer
直流电流 direct current
直流电动机 derect-current machine
支路 branch
支路电流法 branch current analysis
智能传感器 intelligent sensor
中间继电器 intermediate relay
主磁通 main flux
转差率 slip
转矩 torque
转换元件 transduction element
转子 rotor
最大功率传递定理 maximum power transfer theorem
最大转矩 maximum torque
转移函数 transfer function
中性线 neutral conductor
阻抗 impedance

部分习题参考答案

第1章

1-1 5W，-10W，-4A，-2A

1-2 （1）1W，（2）-1W，（3）-1W，（4）1W

1-3 （1）36W，518.4×10^3J

（2）144×10^{-3}kW·h，0.07元

1-4 （1）-90V，60V

（2）元件1、2是电源，3、4、5是负载

（3）-560W，-540W，600W，320W，180W，功率平衡

1-5 -1A，1A，-2A，1V，4V，-1V

1-6 a）5Ω，b）2Ω

1-7 5A，-78V，6Ω

1-8 2.5V，1.2mA

1-9 a）0W，2W，b）-2W，4W，c）0W，4W

1-10 （1）$P_{U\mathrm{s}}=120\mathrm{W}$，$P_{I\mathrm{s}}=-80\mathrm{W}$

（2）$P_{U\mathrm{s}}$不变，$P_{I\mathrm{s}}=-180\mathrm{W}$

1-11 36W，-4W

1-12 100W

1-13 （1）S闭合前，0.91A，0A，0.91A；当S闭合时，0.91A，0.45A，1.36A

（2）电流将减小

（3）200W电灯的电阻为242Ω，100W电灯的电阻为484Ω

（4）$W=100\mathrm{J}$

（5）不会烧毁

（6）熔断器断

1-14 216J

1-15 0.13A

1-16 （1）30W

（2）-2A

1-17 -45V，7A，-20V，1A

1-18 2V

1-19 1V

1-20 0.5A，0.25A，60V

1-21 （1）10V，0.5Ω

（2）0.5Ω，50W

1-22 40W， -20W， -20W

1-23 $P_{2V上}=-2W$ 发出功率，$P_{2V左}=3W$ 吸收功率，$P_{1V}=-0.5W$ 发出功率，$P_{2I}=-2W$发出功率

1-24 （1）10V，8V

（2）9V，4V

1-25 5V

1-26 0A，12.5V

1-27 （1）0V

（2）$P_{I_{s1}}=-6mW$，负载；$P_{I_{s2}}=6mW$，电源；$P_U=6mW$，电源

第2章

2-1 5A

2-2 1.2A

2-3 12V

2-4 1A，5W

2-5 4W

2-6 6Ω

2-7 $\frac{1}{3}$A，$\frac{1}{9}$A

2-10 5.88V

2-11 2V

2-12 4A

2-13 $\frac{44}{3}$V

2-14 -3A

2-15 $\frac{3}{5}$A

2-17 2V

2-18 3.36A

2-19 开关闭合时 $U_B=7V$；开关断开时 $U_B=7.8V$

2-20 开关断开时：0V；开关闭合时：5.7V

2-21 （1）85.6W，3.75A，放电

（2）6.46W，-2.4A，充电

2-22 15.83A，8.33A

2-25 3V，4.5V

2-26 $\frac{4}{5}$A

2-27 （1）5A

（2）30V，9.33A

2-29 1Ω，1Ω，2V

2-30 0.64W 9Ω

2-31 8Ω，32W

第3章

3-1 a）$u=20\dfrac{di}{dt}$mV，b）$u=-10\dfrac{di}{dt}$mV，c）$i=0.1\dfrac{du}{dt}$mA，d）$i=-0.1\dfrac{du}{dt}$A

3-2 a）1.1μF，b）5nH，c）20nH，d）0.09μF

3-3 （1）$u(t)=\begin{cases}2t & 0\leqslant t\leqslant 1\\ 2 & 1\leqslant t\leqslant 3\\ t-1 & 3\leqslant t\leqslant 4\\ 3 & t\geqslant 3\end{cases}$

（2）0W

（3）8J

3-4 $4e^{-t}$A，$t\geqslant 0$

3-5 $3e^{-2t}$V，$t\geqslant 0$

3-6 （1）$i(t)=\begin{cases}2t^2, & 0\leqslant t<2\\ -4t^2+24t-24, & 2\leqslant t<3\\ 12, & t\geqslant 3\\ 0, & t<0\end{cases}$

（2）32W

（3）16J

3-7 a）0A，1.5A

b）0.75A，1A

c）1.5A，3A

d）6A，0A

3-8 −2.25A，2.5A

3-9 1000V

3-10 1.5A，−3V

3-11 $5e^{-2t}$V，$t\geqslant 0$

3-12 $2e^{-8t}$A，$-16e^{-8t}$V

3-13 $(1-4e^{-2t})$A，$t\geqslant 0$

3-14 $\dfrac{U_s}{R}(1-e^{-\frac{R}{2L}t})$A，$t\geqslant 0$

3-15 $12e^{-100t}$mA，$60e^{-100t}$V，$t\geqslant 0$

3-16 $20(1-e^{-25t})$V

3-17 $(1.8-1.6e^{-\frac{5}{9}t})$A，$(1.2-2.4e^{-\frac{5}{9}t})$A

3-18 $[18e^{-0.5t}+4.8(1-e^{-0.5t})]$V

3-19 $(1-e^{-4.5t})$A

3-20 0.02s

第4章

4-1 (1) 100V，15.9Hz，60°

(2) 14.14V，50Hz，$\frac{\pi}{4}$

(3) 5V，5Hz，45°

(4) 141.4V，0.8Hz，$-\frac{\pi}{2}$

4-2 (1) $\dot{U}_m = 100\angle 60°$V

(2) $\dot{U}_m = 10\sqrt{2}\angle 45°$V

(3) $\dot{I}_m = 5\angle 45°$A

(4) $\dot{I}_m = 100\sqrt{2}\angle -90°$A

4-3 (1) $i(t) = 144\sin(\omega t + 56.3°)$ A

(2) $i(t) = 112\sqrt{2}\sin(\omega t - 26.6°)$ A

(3) $u = 50\sin(\omega t + 126.9°)$ V

(4) $u = 100\sqrt{2}\sin(\omega t - 126.9°)$ V

4-4 $u_R = 20\sin(400\pi t + 30°)$ V，$u_L = 25.12\sin(400\pi t + 120°)$ V，$u_C = 19.9\sin(400\pi t - 60°)$ V

4-5 6Ω，15.89mH

4-6 0.367A，103V

4-7 $u(t)$超前 $i_s(t)$

4-8 $i(t) = 1.12\sqrt{2}\sin(1000t + 33.4°)$ A

4-9 $\dot{I}_R = 0.2\angle 0°$A，$\dot{I}_C = 0.5\angle 90°$A，$\dot{I}_L = 0.4\angle -90°$A，$\dot{I} = 0.224\angle 26.6°$A

4-10 20μF

4-11 10A，141V

4-12 $10\sqrt{2}$A，$10\sqrt{2}\Omega$，$5\sqrt{2}\Omega$，$10\sqrt{2}\Omega$

4-13 $1\angle 16.2°$

4-14 18.8W，14.1var，23.4V·A，0.8

4-15 $2.24\angle 26.6°$A,44.8V·A,0.89

4-16 (1) 2859W，0.8

4-17 50Ω，0.2H，5μF

4-18 $(10 \pm j10)\Omega$

4-19 15.7Ω，0.1H

4-20 524Ω，0.5，2.58μF

4-21 0.44，63.9°

4-22 0.27A，0.27A，0.553A，0.364A

4-23 39.3A

4-24 11.56A，20A

第5章

5-1 800Ω

5-2 27.5V，1A，220W，220W

5-3 2，2.5mA，5mA

5-4 150V

5-5 8.7kW，8kW，92%

5-6 50W，210V，0.25，3.27×10^{-3}Wb，225W

5-7 330V，5A

5-8 （1）90，30

（2）0.27A

第6章

6-1 23%，35.8N·m

6-2 3000r/min，2955r/min，0.75Hz

6-3 2.0

6-5 （1）5A，14.8N·m；（2）0.053，2.65Hz

6-8 $T_N=26.5$N·m，$T_{st}=47.8$N·m，$T_{max}=58.4$N·m

当电压降低20%时，$T'_{st}=30.6$N·m，$T'_{max}=37.4$N·m

满载运行时，因为$T_L=T_N=26.5$N·m$<T'_m$，所以降压后能在新的平衡点以新的转速稳定运行。满载起动时，因为$T_L=T_N=26.5$N·m$<T'_{st}$，降压后可满载直接起动。

参 考 文 献

[1] 秦曾煌. 电工学 [M]. 6 版. 北京: 高等教育出版社, 2004.
[2] 李瀚荪. 电路分析基础 [M]. 4 版. 北京: 高等教育出版社, 2006.
[3] 史仪凯. 电工技术应用 (电工学 III) [M]. 北京: 科学出版社, 2005.
[4] 姚仲兴, 姚维. 电路分析原理 [M]. 北京: 机械工业出版社, 2005.
[5] 张永瑞, 王松林, 李小平. 电路分析 [M]. 北京: 高等教育出版社, 2004.
[6] 孙梅, 刘长国, 邱淑贤. 电工学 (非电类) [M]. 北京: 清华大学出版社, 2006.
[7] 罗勇. 电工电子技术 [M]. 武汉: 武汉理工大学出版社, 2008.
[8] 盖茨 (Gates E D). 电工与电子技术 [M]. 李宇峰, 王勇, 李新宇, 译. 北京: 高等教育出版社, 2004.
[9] 畅玉亮, 张国光. 电工与电子技术 [M]. 北京: 化学工业出版社, 2005.
[10] 施振金. 电机与电气控制 [M]. 北京: 人民邮电出版社, 2007.
[11] 黄国治, 傅丰礼. Y2 系列三相异步电动机技术手册 [M]. 北京: 机械工业出版社, 2004.
[12] 周庆贵. 电气控制技术 [M]. 北京: 化学工业出版社, 2006.
[13] 王晓军, 杨庆煊, 许强. 可编程控制器原理及应用 [M]. 北京: 化学工业出版社, 2007.
[14] 林春方. 电气控制与 PLC 原理及应用 [M]. 上海: 上海交通大学出版社, 2008.
[15] 孙传友, 孙晓彬, 张一. 感测技术与系统设计 [M]. 北京: 科学出版社, 2004.
[16] 沙占友. 集成化智能传感器原理与应用 [M]. 北京: 电子工业出版社, 2004.
[17] 汉泽西, 肖志红, 董浩. 现代测试技术 [M]. 北京: 机械工业出版社, 2006.
[18] 叶挺秀, 张伯尧. 电工电子学 [M]. 2 版. 北京: 高等教育出版社, 2004.
[19] 邱关源. 电路 [M]. 4 版. 北京: 高等教育出版社, 1999.
[20] 胡斌. 图表细说电子工程师速成手册 [M]. 北京: 电子工业出版社, 2006.
[21] 聂典. Multisim9 计算机仿真在电子电路设计中的应用 [M]. 北京: 电子工业出版社, 2007.